Künstliche Intelligenz im Ingenieurbau
3. und 4. November 2025
Technische Akademie Esslingen

Herausgegeben von
Prof. Dr.-Ing. Niels Bartels und Prof. Dr. Tobias Maile

Künstliche Intelligenz im Ingenieurbau

Digitale Transformation, Strategien und Anwendungen für Bauingenieure und Architekten

Tagungshandbuch 2025

Medienpartner

db
deutsche bauzeitung

expert

TAE weiterbilden weiterkommen

Bibliografische Information der Deutschen Nationalbibliothek

Die Deutsche Nationalbibliothek verzeichnet diese Publikation in der Deutschen Nationalbibliografie; detaillierte bibliografische Daten sind im Internet über http://dnb.dnb.de abrufbar.

expert verlag
Ein Unternehmen der
Narr Francke Attempto Verlag GmbH + Co. KG
Dischingerweg 5 · D-72070 Tübingen
E-Mail: info@verlag.expert
Internet: www.expertverlag.de

Technische Akademie Esslingen e. V.
An der Akademie 5 · D-73760 Ostfildern
E-Mail: bauwesen@tae.de
Internet: www.tae.de

Printed in Germany

ISBN 978-3-381-14861-5
eISBN (ePDF) 978-3-381-14862-2

Vorwort

Künstliche Intelligenz (KI) ist aus unserem Alltag nicht mehr wegzudenken. Und auch im Bauwesen gewinnt KI immer mehr an Bedeutung. Verschiedene Anwendungsfälle werden bereits erprobt und diskutiert, nicht zuletzt vor dem Hintergrund und Ziel, die Effizienz, Nachhaltigkeit, Performance und Qualität über den Lebenszyklus von Bauwerken zu optimieren.

Hierbei zeigt sich jedoch, dass mit unterschiedlichen Sichtweisen auf die KI geschaut wird und die Anwendungsbereiche stark variieren. Im Bauwesen zeigt sich ein unterschiedlicher Reifegrad beim Einsatz Künstlicher Intelligenz: Während einige Unternehmen KI gezielt zur Unterstützung komplexer Planungs- und Entscheidungsprozesse einsetzen, nutzen andere sie bislang nur für einfache Routineaufgaben wie Protokollierung oder Textverarbeitung – oder eben noch gar nicht.

KI ist mit großen Erwartungen, aber auch mit Vorbehalten verbunden – typisch für neue Technologien. Neben einem Change Management ist es daher wichtig, sich über die Erfahrungen, Möglichkeiten und aber auch Risiken auszutauschen und daraus Herangehensweisen für das eigene Unternehmen abzuleiten.

Diese Möglichkeit bietet das 1. Symposium Künstliche Intelligenz im Ingenieurbau, bei der Vortragende aus Praxis und Forschung zusammenkommen, um die aktuellen Trends und Themen zu besprechen. Das Programm und die Beiträge zeigen die Vielfalt von KI im Ingenieurbau auf, von der Analyse von Bauprojektdaten, der Erkennung von Bauschäden über digitale Zwillinge bis hin zu erweiterten Realitäten. Die Autorinnen und Autoren der Fachbeiträge schaffen mit ihren inspirierenden Beiträgen einen realistischen, praktischen und zukunftsorientierten Blick auf die Möglichkeiten und Herausforderungen des Einsatzes von KI im Ingenieurbau.

ChatGPT, Google Gemini, Claude.ai, Perplexity und Midjourney sind längst Teil unseres Alltags geworden – sie unterstützen uns beim Denken, Schreiben, Gestalten. Diese Werkzeuge zeigen eindrucksvoll, wie leistungsfähig KI bereits ist. Die nächste Herausforderung liegt darin, dieses Potenzial sinnvoll in den Ingenieurbau zu übertragen – mit Augenmaß und Verantwortung. Denn bei aller Faszination für automatisierte Lösungen bleibt der Mensch mit seiner Kreativität, seinem Urteilsvermögen und seiner Erfahrung unverzichtbar. KI ist ein mächtiges Werkzeug – doch die kreative Gestaltung, das kritische Denken und die Verantwortung bleiben beim Menschen. Genau darin liegt die Stärke einer klugen Integration.

Dieses Symposium bildet den Auftakt, um Künstliche Intelligenz im Ingenieurbau nicht nur zu diskutieren, sondern aktiv zu gestalten. Es geht darum, ins Handeln zu kommen, Erfahrungen zu teilen und konkrete Anwendungen zu entwickeln. Gleichzeitig braucht es neue Wege der Ausbildung, um Fachkräfte für den verantwortungsvollen Umgang mit KI zu befähigen. Nutzen wir diese Gelegenheit, um KI zu einem zugänglichen, praxisnahen Werkzeug für alle Beteiligten zu machen – mit Weitblick und Verantwortung. Die hier angestoßenen Diskussionen und Projekte können Impulse für eine langfristige Transformation des Bauwesens geben.

Prof. Dr.-Ing. Niels Bartels
Prof. Dr. Tobias Maile

Inhaltsverzeichnis

TAE

Grundlagen,
Strategien &
Transformation

Die Zukunft des Ingenieurbaus mit KI

Prof. Dr.-Ing. Niels Bartels
Technische Hochschule Köln, Deutschland

Prof. Dr. Tobias Maile
Technische Hochschule Augsburg, Deutschland

Zusammenfassung
Künstliche Intelligenz (KI) hält zunehmend Einzug in den Ingenieurbau – von automatisierter Bildauswertung über prädiktive Bauprozesssteuerung bis hin zu KI-gestützten Planungssystemen. Während in Forschung und Industrie bereits konkrete Anwendungen existieren und eingesetzt werden, stellen sich für Unternehmenspraxis und Lehre noch Fragen: Welche Kompetenzen sind künftig erforderlich? Welche Technologien sind heute bereits nutzbar? Wo liegen die Herausforderungen? Und wie setze ich KI in meinem Unternehmen ein?

1. Einführung

Künstliche Intelligenz (KI) hat sich in den letzten Jahren von einem technologiegetriebenen Hype zu einem handfesten Werkzeug in zahlreichen Branchen entwickelt – auch im Bauwesen. Insbesondere im Ingenieurbau eröffnen KI-Technologien neue Möglichkeiten, um Planungs-, Überwachungs- und Entscheidungsprozesse effizienter, datenbasierter und robuster zu gestalten. Anwendungen wie die Baufortschrittskontrolle per Drohne, automatische Schadensklassifikation oder KI-gestützte Mengenermittlung sind bereits im Einsatz – doch ihr Potenzial ist noch längst nicht ausgeschöpft.
Dieser Beitrag nähert sich dem Thema KI im Ingenieurbau aus technischer und strategischer Perspektive. Im Mittelpunkt stehen dabei nicht nur die Technologien selbst, sondern auch der Mensch – als Gestalter, Nutzer und Lernender im digitalen Wandel.

2. Was ist überhaupt KI? Und warum ist sie mehr als nur ein Hype?

KI ist ein Teilgebiet der Informatik, das sich mit der Entwicklung von Maschinen und Systemen befasst, die menschenähnliche kognitive Fähigkeiten besitzen – etwa Problemlösung, Lernen, Wahrnehmung, Sprachverstehen oder logische Schlussfolgerungen. Ziel ist es, technische Systeme zu schaffen, die in der Lage sind, Aufgaben intelligent, adaptiv und (teilweise) autonom zu bearbeiten. Dabei geht es nicht nur um Automatisierung, sondern um eine neue Qualität des maschinellen Handelns und Entscheidens. Hierdurch sollen menschliche Prozesse und Handlungen unterstützt werden. Der gegenwärtige KI-Diskurs ist geprägt von enormem Fortschritt in der Praxis, insbesondere durch Machine Learning (ML), Deep Learning (DL) und natürliche Sprachverarbeitung (NLP). Während KI in der Vergangenheit oft mit überzogenen Erwartungen oder Enttäuschungen verbunden war (z. B. „KI-Winter"), lässt sich mittlerweile beobachten, dass sie langfristig einflussreiche Veränderungen in Wirtschaft, Wissenschaft, Gesellschaft und Bildung erzeugt [1].

Ein prägender Ausgangspunkt der KI-Geschichte liegt in der Arbeit des britischen Mathematikers und Logikers Alan Turing, der bereits 1950 in seinem Aufsatz „Computing Machinery and Intelligence" die zentrale Frage stellte: „Can machines think?" [2]. Statt einer festen Definition von Intelligenz schlug Turing den sogenannten Turing-Test vor – eine experimentelle Methode, um festzustellen, ob eine Maschine sich im Dialog mit einem Menschen so verhält, dass sie nicht mehr von einem Menschen zu unterscheiden ist. Obwohl der Test heute nicht mehr als alleiniger Maßstab gilt, war er wegweisend, weil er die Diskussion über maschinelle Intelligenz in konkrete, überprüfbare Bahnen lenkte. Turings Arbeit legte den Grundstein für die theoretische und technische Entwicklung der KI. Seine Ideen beeinflussen bis heute die Forschung – etwa in der Frage, welche Fähigkeiten Maschinen besitzen müssen, um als intelligent zu gelten, und wie sich diese Fähigkeiten messen lassen. Auch die ethische Debatte um Verantwortung, Autonomie und Kontrolle beginnt mit Turing: Schon in den 1950er Jahren warnte er vor den gesellschaftlichen Konsequenzen einer zu leistungsfähigen Maschine [3].
Die Dartmouth-Konferenz im Jahr 1956 gilt als der Gründungsmoment der Künstlichen Intelligenz als wissenschaftliche Disziplin. Denn erstmals wurde dort der Begriff ‚Künstliche Intelligenz' geprägt und ein Forschungsprogramm formuliert, das die Grundlagen für eine eigenständige wissenschaftliche Disziplin legte. KI wird häufig in Wellen öffentlicher Aufmerksamkeit diskutiert, mit zwei sogenannten KI-Wintern, die durch begrenzte Rechnerleistung und fehlende Daten und Forschungsgelder geprägt waren. Seit dem Fokus auf statistische Modelle in den 90iger Jahren, kombiniert mit der Entstehung des Internets (WWW) und damit von Trainingsdaten, hat sich die KI stehts weiterentwickelt. Vom PC, der den Schachweltmeister besiegen kann (IBM Deep Blue), über IBM Watson, der auch menschliche Sprache verarbeiten kann. Seit 2010 ist ein grundlegender Wandel zu beobachten: Die Fortschritte im Bereich des Deep Learning, die Verfügbarkeit großer Datenmengen und

leistungsfähiger Hardware (z. B. GPUs, TPUs) haben zu praxisnahen Durchbrüchen geführt, etwa bei Sprachmodellen (BERT, GPT), Bildverarbeitung (z. B. Midjourney und DALL-E) oder autonomen Systemen. 2022 wurde mit ChatGPT die generative KI dann Mainstream. Die Entwicklung ist in Abbildung 1 dargestellt und zeigt auch die aktuellen Entwicklungen wie KI-Agenten, den zunehmenden Fokus auf Kontext sowie erste Regulierungen, wie den EU AI Act.

2.1 Entwicklung der KI

Die Entwicklung der Künstlichen Intelligenz verlief nicht linear, sondern in technologischen Etappen, die jeweils durch bedeutende Durchbrüche in Forschung und Anwendung geprägt waren. Diese Fortschritte haben nicht nur das allgemeine Verständnis und die Leistungsfähigkeit von KI-Systemen verändert, sondern auch konkrete Anwendungsfelder im Bauwesen beeinflusst – von der automatisierten Zustandsanalyse über digitale Planung bis hin zur dokumentationsgestützten Entscheidungsunterstützung. Drei zentrale Meilensteine lassen sich hervorheben:

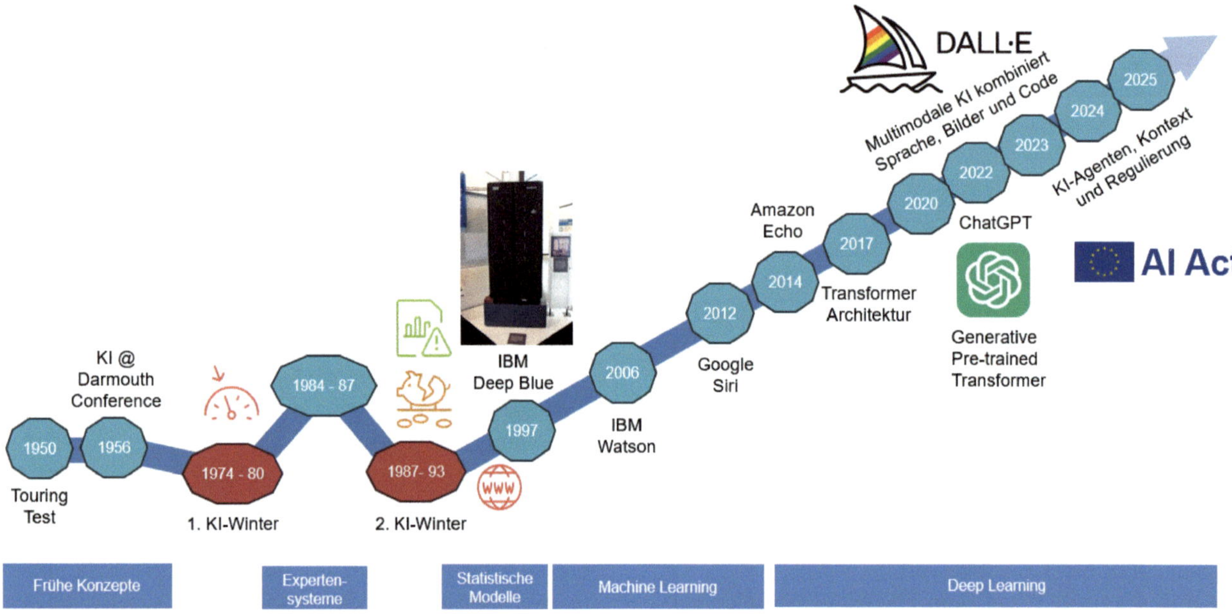

Abbildung 1: Historische Entwicklung von KI

Zudem ist KI mittlerweile tief in gesellschaftliche und wirtschaftliche Prozesse eingebettet – etwa in der Logistik, Medizin, Verwaltung oder eben auch im Bauwesen. Ihre Fähigkeit, komplexe Aufgaben automatisiert zu lösen, verändert Berufsbilder und macht KI zu einem zentralen Transformationsfaktor, dem sich auch das Bildungssystem stellen muss [4]. Insbesondere im Hochschulbereich und in der Ingenieurausbildung spielt KI deshalb eine immer größere Rolle – sowohl als Studieninhalt als auch als Werkzeug zur individualisierten Lehre, automatisierten Bewertung und Datenanalyse. Sie bietet neue Potenziale für das Lernen, erfordert jedoch auch ein kritisches Verständnis von Risiken, wie algorithmische Verzerrung, fehlende Transparenz oder hohe Umweltkosten durch Rechenleistung [5].

1. Deep Learning (seit den 2010er Jahren): Ein entscheidender Wendepunkt war die Etablierung von Deep Learning-Technologien, insbesondere durch den Einsatz von Convolutional Neural Networks (CNNs) für Bildverarbeitung und Mustererkennung. Diese Modelle ermöglichten erstmals eine hochpräzise Analyse visueller Daten und haben u. a. zu Durchbrüchen in der Bauwerksüberwachung, Schadensklassifikation, Fortschrittskontrolle auf Baustellen oder Qualitätssicherung beigetragen [6].
2. Transformer-Modelle (seit 2017): Mit der Veröffentlichung des Transformer-Architekturmodells durch Vaswani et al. (2017) begann eine neue Ära der natürlichen Sprachverarbeitung [7]. Modelle wie BERT [8] oder GPT [9] ermöglichen ein tiefes kontextuelles Sprachverständnis, das für Anwendungen wie automatisierte Baudokumentation, semantische Analyse von Normen und Vorschriften oder intelligentes Wissensmanagement in Bauprojekten zunehmend relevant wird.

3. Diffusionsmodelle oder multimodale generative Modelle (seit 2020): Eine weitere technologische Neuerung stellt die Entwicklung von Diffusionsmodellen dar [10]. Diese generativen Verfahren ermöglichen die hochqualitative Erzeugung von Bildern, Texten und Plänen und eröffnen neue Möglichkeiten für gestützte Entwurfsprozesse, visuelle Simulationen und kreative Variantenbildung im Planungsalltag. Sie werden zunehmend auch in der architektonischen Frühphase, bei Visualisierungen oder in der Lehre eingesetzt.

Die Entwicklung ist weiterhin dynamisch und KI entwickelt sich ständig fort.

2.2 Formen der KI

Um die Integration von Künstlicher Intelligenz (KI) mit dem Bauwesen zu ermöglichen, ist eine präzise Klassifikation der unterschiedlichen Formen und Teilgebiete von KI erforderlich. Diese Systematisierung hilft, um mögliche Implementierungen im Unternehmen zu verstehen sowie zur Identifikation relevanter Kompetenzen für zukünftige Bauingenieur:innen im Umgang mit intelligenten Systemen. Zunächst kann nach Formen von Künstlicher Intelligenz unterschieden werden:

1. Schwache KI (Narrow AI): Diese Form der KI ist auf die Lösung klar abgegrenzter Aufgaben spezialisiert. Sie agiert innerhalb definierter Parameter und verfügt über kein allgemeines Verständnis außerhalb ihres Anwendungsbereichs. Beispiele aus dem Bauwesen sind Chatbots für das Anfragemanagement auf Baustellen, Empfehlungssysteme in Planungssoftware oder automatisierte Klassifizierungen in der Bauschadensanalyse. Schwache KI ist derzeit die am weitesten verbreitete Form und dominiert kommerzielle Anwendungen [1, 11].
2. Starke KI (General AI): Diese hypothetische Form von KI wäre in der Lage, komplexe kognitive Aufgaben domänenübergreifend ähnlich wie ein Mensch zu bearbeiten – mit Fähigkeiten wie Schlussfolgern, Planen und Problemlösen in völlig neuen Kontexten. Im Bauwesen könnte dies etwa bedeuten, dass eine KI eigenständig Bauprojekte analysiert, plant und koordiniert. Derzeit existiert jedoch keine funktionierende starke KI, sie bleibt Gegenstand der Grundlagenforschung [1, 11].
3. Superintelligente KI: Superintelligenz beschreibt ein potenzielles Zukunftsszenario, in dem Maschinen die gesamte menschliche Intelligenz übertreffen – nicht nur in Rechenleistung, sondern auch in Kreativität, emotionalem Verständnis und strategischer Planung. Obwohl dieser Zustand noch rein spekulativ ist, wird in der Forschung zunehmend auf ethische, sicherheitstechnische und gesellschaftspolitische Fragestellungen hingewiesen [12]. Für die Baupraxis ist diese Entwicklung (noch) nicht relevant, sollte aber im Rahmen interdisziplinärer Technikethik thematisiert werden.

Das Zusammenspiel zwischen diesen Bereichen der KI ist in Abbildung 2 dargestellt.

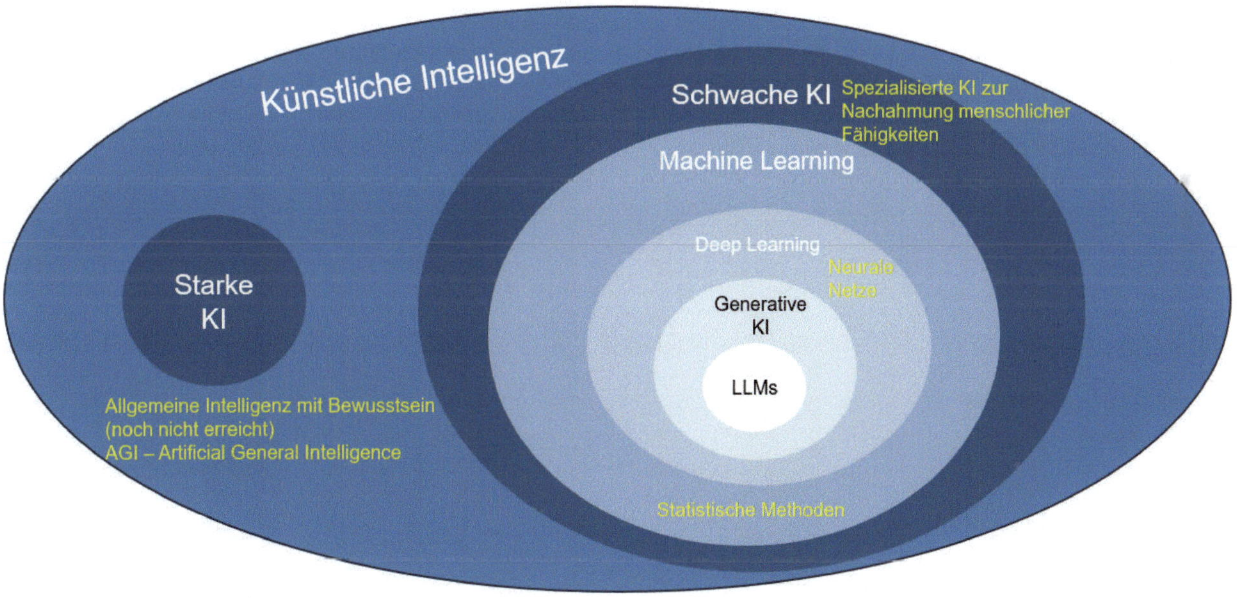

Abbildung 2: Bausteine der Künstlichen Intelligenz

Für das Bauwesen sind insbesondere die folgenden Teilgebiete der KI interessant:

1. Maschinelles Lernen (ML): ML umfasst Verfahren, bei denen Algorithmen auf Basis großer Datenmengen Muster erkennen und Prognosen treffen und gehört zum Supervised Learning (SL). Im Bauwesen werden ML-Methoden u. a. zur Kosten- und Terminschätzung, zur Erkennung von Sicherheitsrisiken, Monitoring oder im Facility Management eingesetzt [13].
2. Deep Learning (DL): Deep Learning ist eine Spezialisierung des ML, bei der mehrschichtige neuronale Netze eingesetzt werden, um komplexe, nichtlineare Zusammenhänge zu modellieren. Besonders in der automatisierten Bildverarbeitung, etwa zur Risserkennung an Bauwerken oder zur Drohnenbildanalyse auf Baustellen, ist DL inzwischen weit verbreitet [14, 15].
3. Natural Language Processing (NLP) als Teil der generativen KI: NLP umfasst die Verarbeitung und Generierung natürlicher Sprache und bildet die Grundlage für sogenannte Large Language Models (LLMs). Im Bauwesen kann diese Technologie zur automatisierten Analyse von Leistungsverzeichnissen, zur semantischen Auswertung von Baunormen, oder zur sprachgestützten Interaktion mit Bauwerksmodellen genutzt werden [16, 17].
4. Computer Vision: Dieser Teilbereich befasst sich mit der Analyse und Interpretation visueller Informationen (z. B. Bilder, Videos). In der Baupraxis wird Computer Vision für Baustellenmonitoring, Qualitätssicherung oder die automatisierte Fortschrittsdokumentation eingesetzt [18].
5. Reinforcement Learning (RL): RL basiert auf dem Prinzip von Versuch und Irrtum: Ein Agent lernt durch Belohnung, welche Handlungen zum Ziel führen. Im Bauwesen sind RL-Ansätze noch weniger verbreitet, kommen jedoch in Planungsalgorithmen, bei der Ressourcenoptimierung, dem Betrieb von Gebäuden (z. B. Technischer Gebäudeausrüstung) oder der Robotik auf Baustellen zum Einsatz [19].
6. Unsupervised Learning (USL): Unüberwachtes Lernen umfasst Verfahren, die Muster und Strukturen in ungelabelten Daten erkennen, ohne dass vorher definierte Ausgaben vorgegeben werden. Typische Methoden sind Clustering und Dimensionsreduktion. Im Bauwesen wird es beispielsweise zur Analyse großer Sensordatenmengen, zur Anomalieerkennung in Bauwerkszuständen oder zur Gruppierung ähnlicher Projekte für Benchmarking eingesetzt. [13]

Diese Unterscheidung verdeutlicht die Vielfalt und Spezifität der KI-Technologien und illustriert anhand von Beispielen alle drei grundlegenden Lernparadigmen (SL, RL, USL), deren Einsatzpotenziale im Bauwesen kontinuierlich wachsen.

3. KI im Ingenieurbau – Realität oder Zukunftsmusik?

KI ist längst mehr als eine abstrakte Vision für den Ingenieurbau. Sie wird zunehmend in Planungs-, Bau- und Betriebsprozesse integriert – teils noch experimentell, teils bereits mit klar messbarem Nutzen. Während manche Anwendungen heute schon produktiv im Einsatz sind, stecken andere noch in der Erprobungsphase. Die Grenze zwischen Realität und Zukunft verschiebt sich dabei kontinuierlich.

Eine Umfrage, die im Rahmen von Studierendenprojekten an der TH Köln durchgeführt wurde, zeigt hierbei, dass in den letzten Jahren eine Veränderung im Umgang mit KI stattgefunden hat. Die Nutzung von KI hat demnach in den letzten Jahren zugenommen [20]. Diese Entwicklung ist in Abbildung 3 dargestellt.

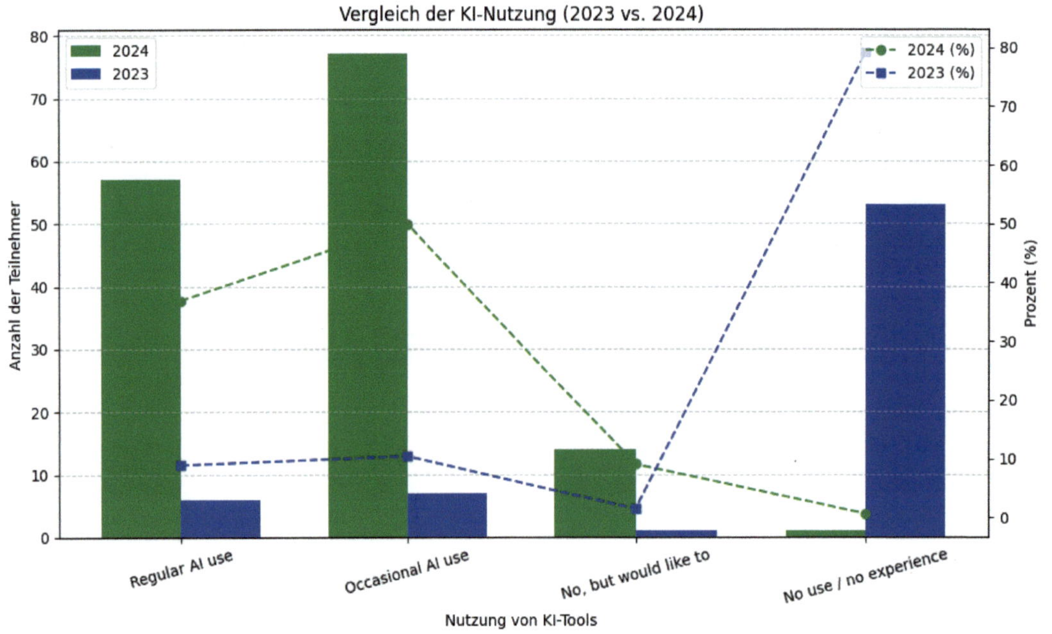

Abbildung 3: Entwicklung der KI-Nutzung und Entwicklung zwischen 2023-2024 (n = 289), eigene Darstellung auf Basis von [20]

Ein genauer Blick auf die Toolnutzung zeigt, dass diese vor allem im Bereich allgemeiner Tools und keiner bauspezifischen Tools liegt. Diese sind in Abbildung 4 dargestellt.

Abbildung 4: Genutzte Tools gemäß Umfrage (n = 156), eigene Darstellung auf Basis von [20]

Internationale Perspektive: Während Deutschland noch stark auf Pilotprojekte und Bildungsinitiativen setzt, sind Länder wie die USA und China bereits weiter in der praktischen Implementierung von KI im Bauwesen – etwa durch den Einsatz autonomer Baumaschinen oder KI-gestützter Projektsteuerung in Großprojekten. Skandinavische Länder wiederum gelten als Vorreiter in der Integration von KI in nachhaltige Bauprozesse und digitale Genehmigungsverfahren. Ein internationaler Vergleich zeigt: Deutschland hat technologisch aufgeholt, muss jedoch bei der Skalierung und Standardisierung von KI-Anwendungen noch nachziehen.
Nachfolgend werden deshalb einige bauspezifische Beispiele erläutert, um diese besser in Unternehmen zu verankern.

3.1 Inspirierende Beispiele (z. B. Planung, Simulation, Bauüberwachung)

KI kann über den gesamten Lebenszyklus von Bauwerken eingesetzt werden [21]. Hierbei entwickeln sowohl etablierte Hersteller (z. B. Autodesk) als auch Start-Ups Lösungen, die am Markt helfen sollen [22].
Erste KI-basierte Entwurfsassistenzsysteme wie Spacemaker (heute Forma, beide von Autodesk) nutzen Algorithmen zur Standortanalyse und Massenstudien (Belichtung, Wind, Lärm). Aktuell erweitern spezialisierte Systeme wie Architectures oder Spacio diese Ansätze und ermöglichen die KI-gestützte Generierung vollständiger Grundriss- und Layoutvarianten. Diese Tools berücksichtigen funktionale Anforderungen, regulatorische Vorgaben und Flächenoptimierung und bieten damit eine echte Entwurfsunterstützung auf Gebäudeebene.
In der Tragwerksplanung unterstützen generative Ansätze die Variantenbildung und Simulation statischer Systeme.
Machine-Learning-Modelle können darüber hinaus dazu eingesetzt werden, um Materialverhalten vorherzusagen, z. B. bei nichtlinearen Boden-Baugrund-Interaktionen oder bei der Lebensdauerabschätzung von Betonbauwerken unter Umwelteinflüssen [23]. Auch Struktursimulationen profitieren durch KI von schnellerer Ergebnisgenerierung bei hoher Komplexität.
Computer-Vision-Technologien ermöglichen die automatisierte Erkennung von Rissen, Verformungen oder fehlenden Bauteilen anhand von Bild- und Videodaten aus Drohnen oder Baustellenkameras. Hier wird Deep Learning zur visuellen Qualitätskontrolle eingesetzt – mit zunehmender Genauigkeit und Robustheit.
KI-gestützte Systeme wie ALICE Technologies nutzen Optimierungsalgorithmen zur Simulation und Planung komplexer Bauprozesse. Dabei können Termine, Ressourcen und Risiken automatisch aufeinander abgestimmt werden – besonders relevant im Großprojektmanagement.

3.2 Aktuelle Anwendungen und zukünftige Potenziale von KI im Bauwesen

Zahlreiche KI-Anwendungen haben bereits Einzug in den Ingenieurbau gehalten und werden erfolgreich in der Praxis eingesetzt.

- **Bildanalyse für Schäden und Mängel:** Mit Hilfe von Convolutional Neural Networks (CNNs) lassen sich strukturelle Schäden – etwa Risse in Tunnelwänden oder Betonoberflächen – automatisiert erkennen und bewerten. Diese Technologien kommen insbesondere bei der Bauwerksüberwachung zum Einsatz und erhöhen sowohl Effizienz als auch Objektivität der Inspektionen.
- **Dohnenbasierte Baufortschrittskontrolle:** Drohnen liefern hochauflösende Bilddaten von Baustellen, die mithilfe von KI-basierten Bildverarbeitungsverfahren analysiert werden. So lässt sich der Baufortschritt automatisiert dokumentieren und mit dem Soll-Zustand aus dem BIM-Modell abgleichen – inklusive Abweichungsanalyse in Echtzeit.
- **Automatisierte Mengenermittlung und Kostenschätzung:** KI-gestützte Werkzeuge ermöglichen die extraktive Analyse digitaler Baupläne und 3D-Modelle zur automatisierten Ableitung von Mengen, Massen und Kosten. Diese Systeme steigern die Planungsgenauigkeit und reduzieren zeitaufwendige manuelle Arbeitsschritte.
- **Chatbots zur Wissensvermittlung auf Großbaustellen:** Intelligente Dialogsysteme bieten Arbeiter:innen, Polier:innen und Bauleiter:innen jederzeit Zugang zu projektspezifischem Wissen – etwa in Form interaktiver FAQs oder Sicherheitsanweisungen. So werden Informationsflüsse optimiert und Wissensverluste reduziert.
- **Maschinelles Lernen für Termin- und Risikoprognosen:** ML-Modelle analysieren historische Projektdaten sowie Echtzeit-Informationen, um potenzielle Terminverzögerungen oder Kostenüberschreitungen frühzeitig zu erkennen. Diese Ansätze verbessern das Risikomanagement und die Entscheidungsfindung in komplexen Bauvorhaben.

Neben den bereits etablierten Anwendungen kündigen sich weitere vielversprechende Entwicklungen an, die den Ingenieurbau grundlegend transformieren könnten:

- **Sprachgesteuerte Planungssysteme mit BIM-Anbindung:** Integrierte Sprachschnittstellen werden künftig die direkte Interaktion mit Planungssoftware ermöglichen – etwa zur Abfrage von Modellparametern oder zur Modifikation von Bauteilen. Damit eröffnen sich neue Formen der Mensch-Maschine-Kollaboration.
- **Multimodale KI-Systeme:** Neue Modellarchitekturen wie GPT-4o kombinieren Sprachverarbeitung, Bildanalyse und 3D-Interaktion in einem System. Im Bauwesen könnten solche multimodalen Modelle simultan Pläne interpretieren, Anfragen verstehen und Entwürfe generieren – etwa durch Kombination von Textbeschreibung und visuellen Planinformationen.
- **Prädiktive Instandhaltung:** Die kontinuierliche Überwachung von Bauwerken mittels Sensorik und KI ermöglicht eine zustandsbasierte Instandhaltungsstrategie. Anomalien werden frühzeitig erkannt, und Wartungszyklen können bedarfsgerecht optimiert werden – was sowohl die Betriebssicherheit als auch die Lebensdauer von Infrastrukturen verbessert.
- **KI-generierte Leistungsverzeichnisse:** Basierend auf BIM-Modellen und semantischer Analyse können künftig automatisiert Ausschreibungstexte und Leistungsverzeichnisse erstellt werden. Das reduziert Planungsaufwand und minimiert Übertragungsfehler zwischen Planung und Vergabe.
- **Adaptive Assistenzsysteme auf der Baustelle:** Intelligente Exoskelette, die Bewegungen aktiv unterstützen und mit lernfähigen Algorithmen arbeiten, sind ebenso denkbar wie smarte Schutzhelme, die über visuelle oder akustische Signale auf Gefahren hinweisen – und so die Sicherheit und Ergonomie auf der Baustelle verbessern.

Eine beispielhafte Darstellung der Themenfelder ist in Abbildung 5 dargestellt

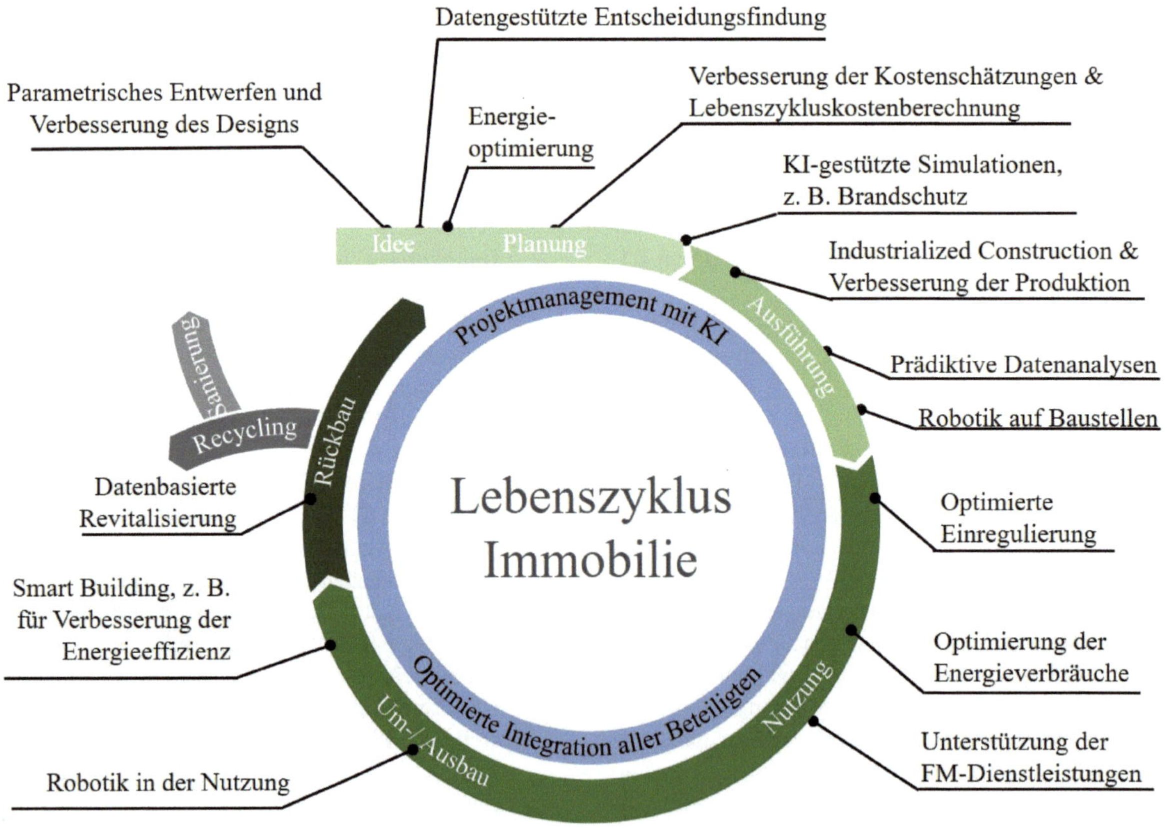

Abbildung 5: Beispielhafte Themenfelder der Anwendung von KI im Ingenieurbau

Diese Beispiele stellen einen kleinen Auszug dar. Da KI ein sehr dynamisches Feld ist, können sich jedoch jederzeit Veränderungen ergeben.

4. Chancen und Herausforderungen von KI

Obwohl die Anwendungsfälle endlos zu sein scheinen, bietet der Einsatz von KI neben den vielen Chancen auch Herausforderungen für den Ingenieurbau. Diese werden nachfolgend kurz anhand einer SWOT-Analyse in Tabelle 1 dargestellt. Einzelne Aspekte werden anschließend in den beiden nachfolgenden Abschnitten noch einmal detaillierter erläutert.

Die Bauwirtschaft steht unter wachsendem Druck, ihre Umweltwirkungen zu minimieren. KI kann hier als Enabler für nachhaltiges Bauen wirken – etwa durch Optimierung von Materialeinsatz, Lifecycle-Analysen auf Basis von BIM-Daten oder energieeffiziente Betriebsstrategien für Gebäude. Auch in der Kreislaufwirtschaft – z. B. beim Rückbau und Recycling von Baustoffen – lassen sich durch KI relevante Potenziale heben.

KI verändert nicht nur Werkzeuge, sondern auch Arbeitsweisen im Ingenieurbau. Interaktive Systeme wie sprachgesteuerte Planungsassistenten, kollaborative Robotik oder visuelle KI-Dashboards schaffen neue Schnittstellen zwischen Mensch, Maschine und Modell. Dadurch entsteht ein tiefgreifender Wandel in der Projektkommunikation und Entscheidungsfindung – hin zu stärker datengetriebenen, adaptiven Prozessen.

Tabelle 1: SWOT-Analyse für KI im Ingenieurbau

Strength (Stärken)	Weaknesses (Schwächen)
• Effizienzsteigerung: KI ermöglicht schnellere Planung, Baufortschrittskontrolle und Management • Datengetriebene Entscheidungen: Bessere Prognosen zu Kosten, Terminen und Risiken. • Automatisierung: Entlastung der Fachkräfte, Fokussierung auf kreative, strategische Tätigkeiten. • Bessere Zustandsüberwachung und Instandhaltung: Einsatz von Computer Vision und Sensorik.	• Geringe Erklärbarkeit (Black Box): Viele KI-Modelle sind nicht transparent oder nachvollziehbar für Anwender:innen. • Mangelnde Standards und Normen: Der rechtliche und regulatorische Rahmen ist oft unklar. • Fehlendes Know-how: Große Wissenslücken in der Baupraxis, aber auch in Hochschulcurricula. • Hoher Daten- und Rechenbedarf: Insbesondere bei Deep Learning hohe Infrastrukturkosten und Energieverbrauch
Opportunities (Chancen)	**Threats (Gefahren)**
• Digitale Transformation vorantreiben: KI kann Katalysator für Innovation und Wettbewerbsfähigkeit sein. • Neue Geschäftsmodelle und Berufsbilder: z. B. KI-gestützte Planungsservices oder digitale Bauleitung. • Nachhaltigkeit stärken: Optimierung von Materialeinsatz, Energieverbrauch und Kreislaufwirtschaft durch KI. • Bildung und Forschung neu denken: Integration von KI in Lehre, Weiterbildung und interdisziplinäre Projekte.	• Technologische Abhängigkeit: Gefahr von Lock-in-Effekten bei proprietären KI-Lösungen. • Akzeptanzprobleme in der Belegschaft: Widerstände gegenüber Automatisierung und Veränderung. • Fehlentscheidungen durch fehlerhafte Daten: Potenziell gravierende Auswirkungen im sicherheitskritischen Umfeld. • Ethische und gesellschaftliche Fragen ungeklärt: z. B. Datenschutz, Verantwortung und Kontrolle.

4.1 Chancen durch KI

KI bietet insbesondere im Hinblick auf die Effizienzsteigerung und Automatisierung, Nachhaltigkeit durch datenbasierte Entscheidungen sowie Zusammenarbeit Chancen.

KI-Systeme ermöglichen beispielsweise eine signifikante Steigerung der Effizienz entlang der gesamten Wertschöpfungskette im Bauwesen. Automatisierte Mengenermittlungen, prädiktive Termin- und Kostenprognosen oder optimierte Logistikprozesse führen zu messbaren Zeit- und Ressourceneinsparungen. Auch repetitive Tätigkeiten in Planung und Ausführung können durch KI-basierte Werkzeuge entlastet werden – was Fachkräfte stärker auf komplexe und kreative Aufgaben fokussieren lässt.

4.2 Herausforderungen und Akzeptanz

Demgegenüber stehen auch Herausforderungen, insbesondere in Bezug auf die Akzeptanz. Herausforderungen ergeben sich insbesondere im Hinblick auf Vertrauensaufbau und Nachvollziehbarkeit der Ergebnisse, Verantwortung und Haftung sowie Widerstände und Veränderungsbereitschaft (Change Management).

Der Einsatz von KI im Bauwesen ist häufig mit Unsicherheit verbunden – insbesondere, wenn Entscheidungen automatisiert getroffen werden. Ein zentrales Prob-

lem stellt die Erklärbarkeit komplexer Modelle dar, z. B. bei Deep-Learning-Anwendungen. Um Vertrauen bei Ingenieur:innen, Auftraggeber:innen und Behörden zu schaffen, müssen KI-Systeme transparent und nachvollziehbar gestaltet sein.
Mit der Delegation von Entscheidungen an KI-Systeme stellen sich neue Fragen der Verantwortung: Wer haftet bei Fehlprognosen, falscher Mengenermittlung oder sicherheitsrelevanten Fehleinschätzungen? Derzeit fehlen noch klare rechtliche Rahmenbedingungen für den KI-Einsatz in baulichen Entscheidungsprozessen – was insbesondere bei sicherheitskritischen Anwendungen (z. B. Tragwerksplanung oder Bauüberwachung) zu Unsicherheiten führt. Ein erster Schritt zur Klärung rechtlicher Rahmenbedingungen ist der EU AI Act, der künftig auch für KI-Anwendungen im Bauwesen relevant sein wird – insbesondere im Hinblick auf Transparenzpflichten, Risikoklassifizierung und Dokumentationsanforderungen bei sicherheitskritischen Systemen.
Die Implementierung KI-gestützter Systeme erfordert nicht nur technische Infrastruktur, sondern auch einen kulturellen Wandel. Viele Fachkräfte äußern Vorbehalte gegenüber KI – sei es aus Sorge um Arbeitsplatzverdrängung oder aufgrund mangelnden Verständnisses für die Funktionsweise. Hier bedarf es gezielter Weiterbildungsmaßnahmen, partizipativer Implementierungsstrategien und klarer Kommunikationsformate, um Akzeptanz zu fördern und Ängste abzubauen. Deshalb ist es notwendig, bereits im Studium den Umgang mit KI zu erlernen.

4.3 Implementierung in Unternehmen

Die erfolgreiche Integration von Künstlicher Intelligenz (KI) in Bauunternehmen hängt maßgeblich von vier zentralen Faktoren ab: personellen, finanziellen und technologischen Ressourcen sowie dem organisationalen Know-how.
Viele mittelständische und selbst große Bauunternehmen sehen sich mit einem Dilemma konfrontiert: Einerseits erkennen sie das Potenzial von KI für Effizienzsteigerung, Fehlerreduktion und neue Geschäftsmodelle. Andererseits fehlen häufig die notwendigen Voraussetzungen, um diese Technologien systematisch einzuführen und langfristig zu nutzen.
Personelle Ressourcen betreffen nicht nur die Verfügbarkeit von KI-Expert:innen, sondern vor allem die Befähigung des vorhandenen Personals. Ohne Schulungen und gezielte Weiterbildungen fehlt es Ingenieur:innen, Bauleiter:innen oder Kalkulator:innen an der nötigen digitalen und datentechnischen Kompetenz, um KI-basierte Tools sinnvoll in ihre Arbeitsprozesse zu integrieren. Hierbei müssen auch die Hochschulen einbezogen werden.
Finanzielle Ressourcen sind insbesondere für KMU ein Engpass: Die Anschaffung spezialisierter Software, die Erhebung und Aufbereitung von Daten sowie der Aufbau sicherer IT-Infrastrukturen erfordern erhebliche Investitionen – bei gleichzeitig unsicherer Amortisation und oft fehlenden Fördermodellen.
Technologische Ressourcen wie geeignete Datenarchitekturen, Cloudlösungen oder KI-Plattformen sind in vielen Unternehmen noch nicht vorhanden oder unzureichend skaliert. Gerade in traditionell gewachsenen IT-Strukturen stellt die Integration neuer KI-Systeme eine komplexe Herausforderung dar – insbesondere, wenn sie mit bestehenden BIM-Prozessen verknüpft werden sollen.
Know-how und Kulturwandel bilden die vierte Säule einer erfolgreichen Implementierung: KI ist nicht nur eine Technologiefrage, sondern erfordert einen grundlegenden Wandel in Denk- und Entscheidungsprozessen. Unternehmen müssen nicht nur Technologiekompetenz aufbauen, sondern auch Vertrauen schaffen, Verantwortlichkeiten klären und Akzeptanz fördern. Dazu gehört auch, ethische Fragen wie Transparenz, Haftung und Datenschutz von Beginn an mitzudenken. Insbesondere die zurückhaltende Einstellung aufzugeben und aktiv die Chance zu ergreifen, KI und die Digitalisierung im Unternehmen voranzutreiben.

5. Der Mensch im Mittelpunkt

Trotz aller technologischen Fortschritte bleibt der Mensch auch im KI-gestützten Ingenieurbau der entscheidende Gestalter. KI verändert nicht die Notwendigkeit menschlicher Kompetenz – sie verschiebt jedoch deren Schwerpunkte: von repetitiven Tätigkeiten hin zu kreativer, kritischer und interdisziplinärer Entscheidungsarbeit.

5.1 Die neue Rolle von Bauingenieur:innen

Ingenieur:innen entwickeln sich zunehmend zu Dateninterpret:innen, Systemgestalter:innen und Ethikverantwortlichen. Ihre Aufgaben verlagern sich vom rein technischen Entwerfen hin zur übergreifenden Steuerung komplexer, KI-gestützter Prozesse. Sie müssen verstehen, wie Algorithmen funktionieren, welche Annahmen diesen zugrunde liegen – und wann es geboten ist, technische Entscheidungen zu hinterfragen oder sogar bewusst zu übersteuern.
Beispielsweise bedeutet der Einsatz von KI zur Bauüberwachung oder Kostenschätzung nicht, dass menschliches Fachurteil überflüssig wird – im Gegenteil: Nur wer die Grenzen der eingesetzten Modelle kennt, kann ihre Ergebnisse verantwortungsvoll interpretieren und in sichere, tragfähige Entscheidungen überführen.
Diese veränderten Anforderungen an Bauingenieur:innen spiegeln sich auch in neuen Bildungsformaten wider – etwa im Studiengang „Digitaler Baumeister", der gezielt Kompetenzen in den Bereichen KI, BIM, Datenanalyse und ethischer Entscheidungsfindung vermittelt. Ziel ist es, zukünftige Fachkräfte auf die Rolle als digitale Gestalter:innen im Bauwesen vorzubereiten – mit einem tiefen Verständnis für Technologie, Verantwortung und interdisziplinäre Zusammenarbeit.

5.2 Zukunftskompetenzen

Die Integration von KI-Technologien im Bauwesen erfordert ein neues Kompetenzprofil, das weit über klassische Ingenieurdisziplinen hinausgeht. Zentrale Zukunftskompetenzen sind:

- Daten- und Digitalkompetenz: Grundverständnis für Datenstrukturen, KI-Methoden (z. B. maschinelles Lernen, Computer Vision) und deren Einsatzgrenzen.
- Interdisziplinäre Zusammenarbeit: Ingenieur:innen arbeiten zunehmend an der Schnittstelle zu Informatik, Architektur, Ethik und Betriebswirtschaft.
- Systemisches Denken: Erkennen von Wechselwirkungen zwischen Technologie, Mensch, Umwelt und Organisation.
- Urteilsfähigkeit und kritisches Denken: Bewertung automatisierter Vorschläge, insbesondere in sicherheitskritischen oder ethisch sensiblen Kontexten.
- Veränderungskompetenz (Change Literacy): Fähigkeit, digitale Veränderungsprozesse aktiv mitzugestalten und Kolleg:innen mitzunehmen.

In der Ausbildung bedeutet dies: KI darf nicht nur als Tool gelehrt werden, sondern muss in einen reflektierten, verantwortungsvollen Umgang mit Technik eingebettet werden. Dazu gehört auch, Studierende zu ermutigen, eigene Positionen zu entwickeln – z. B. zur Rolle von KI im Planungsprozess oder zur Frage algorithmischer Verantwortung.

6. Fazit und Ausblick

Der Ingenieurbau der Zukunft ist digital, vernetzt und vorausschauend. KI wird nicht als Ersatz für menschliche Expertise verstanden, sondern als intelligentes Werkzeug, das Ingenieur:innen in ihrer gestalterischen, planerischen und überwachenden Rolle stärkt. In einer solchen Zukunft werden Bauprozesse nicht nur effizienter, sondern auch resilienter, nachhaltiger und transparenter.

Stellen wir uns einen Planungsalltag vor, in dem multimodale KI-Systeme automatisch aus Entwurfsskizzen, Sprachkommentaren und normativen Anforderungen strukturierte Modelle erzeugen. Auf der Baustelle koordinieren adaptive Assistenzsysteme und smarte Sensorik die Abläufe in Echtzeit – während KI-gestützte Simulationen kontinuierlich Rückmeldung geben, ob Ressourcen, Termine und Sicherheitsziele eingehalten werden.

Diese Vision ist keine ferne Utopie – viele der technischen Grundlagen existieren bereits. Der entscheidende Faktor ist nun: der Mensch. Denn nur durch Bildung, Vertrauen und reflektierte Anwendung kann KI ihr Potenzial entfalten.

Internationale Beispiele zeigen, dass gezielte Strategien und Investitionen in KI bereits Wirkung entfalten – Deutschland kann hier von erfolgreichen Ansätzen in den USA, China oder Skandinavien lernen. Damit diese Entwicklung gelingt, braucht es heute gezielte Schritte – in Ausbildung, Praxis und Politik:

1. Curricula modernisieren: KI muss als Querschnittsthema in ingenieurwissenschaftliche Studiengänge integriert werden – praxisnah, kritisch und interdisziplinär.
2. Weiterbildung stärken: Auch Fachkräfte im Beruf benötigen Zugänge zu niedrigschwelligen, anwendungsorientierten Schulungen zu KI im Bauwesen.
3. Pilotprojekte fördern: Unternehmen sollten durch Förderprogramme ermutigt werden, KI-Anwendungen im Kleinen zu testen – etwa für Bauüberwachung, Mengenermittlung oder Wissensmanagement.
4. Datenkultur entwickeln: Die Grundlage jeder KI ist der verantwortungsvolle Umgang mit Daten – rechtssicher, transparent und offen für Kollaboration.
5. Ethik mitdenken: Technikfolgenabschätzung und partizipative Entscheidungsprozesse müssen von Beginn an Teil der KI-Einführung sein – gerade im sicherheitsrelevanten Kontext des Bauens.
6. Kooperationen zwischen Hochschulen und Praxis ausbauen: Gemeinsame Lehrformate, Praxisprojekte und duale Studienmodelle zur Förderung von Transfer und Anwendungsnähe.
7. Open-Source- und Open-Data-Initiativen fördern: Zugang zu Trainingsdaten und Modellen erleichtern, um Innovation und Transparenz zu stärken.

KI-Kompetenz als Teil der Schul- und Berufsausbildung etablieren: Bereits in der schulischen und beruflichen Ausbildung sollten Grundlagen zu Künstlicher Intelligenz, Datenkompetenz und digitaler Transformation vermittelt werden. Dies schafft frühzeitig ein Verständnis für die Rolle von Technologie im Bauwesen und fördert die Anschlussfähigkeit an moderne Studiengänge und Berufsbilder. Auch gewerblich-technische Berufe wie Bauzeichner:in oder Bautechniker:in profitieren von einem praxisnahen Zugang zu KI-Werkzeugen und digitalen Prozessen. Kurzum: Der Wandel hat begonnen. Ob der Ingenieurbau in Zukunft smarter und nachhaltiger wird, hängt nicht allein von technischen Innovationen ab – sondern von unserer Bereitschaft, diesen Wandel menschenzentriert, verantwortungsvoll und mutig zu gestalten.

7. Vision 2035

Und nun – Wo stehen wir in 10 Jahren mit der KI im Bauwesen? Hier möchten wir noch einen visionär utopischen Blick in die Glaskugel wagen.

Im Jahr 2035 sind Bauwerke nicht mehr starre Strukturen aus Beton und Stahl, sondern lebendige, lernende Systeme. Städte atmen, reagieren und passen sich an – an Klima, an Bedürfnisse der Bewohner:innen, an neue gesellschaftliche Rahmenbedingungen.

Planung als Co-Kreation. Ein neues Bauprojekt beginnt nicht mit CAD-Zeichnungen oder der BIM-Methodik, sondern mit einem Gespräch: Bürger:innen, Planer:innen und KI-Systeme entwickeln gemeinsam Szenarien. Die KI entwirft in Sekunden ganze Quartiere, optimiert sie auf Klimaneutralität, Ressourcenschonung und soziale Vielfalt – und visualisiert sie so immersiv, dass jede:r Beteiligte die Zukunft begehen, hören und fühlen kann, bevor der erste Spatenstich erfolgt.

Baustellen ohne Stillstand. Die Baustellen von 2035 wirken wie orchestrierte Ökosysteme. Autonome Baufahrzeuge bewegen sich im Takt einer KI-gesteuerten Logistik, Drohnen liefern Materialien punktgenau, und Roboterhunde überwachen Sicherheit und Qualität. Menschliche Fachkräfte agieren als Dirigent:innen: Sie überwachen, entscheiden, greifen situativ ein – und werden von KI-Assistenzsystemen unterstützt, die Risiken

vorhersagen und Lösungen vorschlagen, bevor Probleme entstehen.
Gebäude als Mitbewohner. Fertige Bauwerke sind keine passiven Objekte mehr, sondern aktive Partner. Sie regulieren Energieflüsse selbstständig, sammeln Regenwasser, erzeugen Strom, optimieren Raumklima und kommunizieren mit ihren Nutzer:innen. Häuser erinnern sich an individuelle Vorlieben, Quartiere tauschen Energie untereinander aus, und Brücken melden selbstständig, wann sie gewartet werden müssen.
Neue Rollen für Menschen. Bauingenieur:innen von 2035 sind mehr als Planer:innen und Konstrukteur:innen – sie sind Übersetzer:innen zwischen Mensch, Umwelt und Maschine. Ihr Werkzeugkasten umfasst nicht nur Beton und Stahl, sondern auch Daten, Algorithmen und narrative Szenarien. Sie sind Gestalter:innen von Möglichkeitsräumen, die Verantwortung für ökologische, soziale und kulturelle Werte übernehmen.
Eine neue Baukultur. KI hat die Produktivität vervielfacht – aber vor allem hat sie Zeit und Raum für das freigemacht, was früher oft zu kurz kam: die soziale Dimension des Bauens. Stadtquartiere werden nicht nur schneller errichtet, sondern auch lebenswerter gestaltet. Nachhaltigkeit ist kein Ziel mehr, sondern ein selbstverständliches Nebenprodukt intelligenter Systeme.
2035 ist das Bauwesen ein Spiegelbild einer Gesellschaft, in der Technologie und Mensch nicht konkurrieren, sondern gemeinsam eine gebaute Umwelt erschaffen, die flexibel, resilient und zutiefst menschlich ist. Die Grundlagen dafür legen wir bereits heute – mit datengetriebener Planung, offenen Standards und interdisziplinärer Ausbildung.

Literatur

[1] *Haenlein, M.; Kaplan, A.:* A Brief History of Artificial Intelligence: On the Past, Present, and Future of Artificial Intelligence. *In:* California Management Review 61 (2019), Heft 4, S. 5-14. https://doi.org/10.1177/0008125619864925.

[2] *Turing, A.:* Computing Machinery and Intelligence. *In:* Mind LIX (1950), Heft 236, S. 433-460. https://doi.org/10.1093/mind/LIX.236.433.

[3] *Turing, A.:* Intelligent Machinery, A Heretical Theory – 1951. *In: Copeland, B.J.* (Hrsg.): The Essential Turing. Oxford University Press, Oxford, 2004, S. 465-475.

[4] *UNESCO:* AI and education – Guidance for policy-makers, 2021, https://teachertaskforce.org/sites/default/files/2023-07/2021_UNESCO_AI-and-education-Guidande-for-policy-makers_EN.pdf [Zugriff am: 23.07.2025].

[5] *Leslie, D.:* Understanding artificial intelligence ethics and safety: A guide for the responsible design and implementation of AI systems in the public sector 2019.

[6] *Goodfellow, I.; Bengio, Y.; Courville, A.:* Deep Learning. The MIT Press, Boston, 2016.

[7] *Vaswani, A.; Shazeer, N.; Parmar, N. et al.:* Attention Is All You Need Ausgabe Juni 2017.

[8] *Devlin, J.; Chang, M.-W.; Lee, K. et al.:* BERT: Pre-training of Deep Bidirectional Transformers for Language Understanding Ausgabe Oktober 2018.

[9] *Radford, A.; Wu, J.; Child, R. et al.:* Language Models are Unsupervised Multitask Learners, San Francisco Ausgabe 2019.

[10] *Ho, J.; Jain, A.; Abbeel, P.:* Denoising Diffusion Probabilistic Models Ausgabe Juni 2020.

[11] *Russel, S.; Norvig, P.:* Artificial Intelligence, Global Edition – A Modern Approach. Peargon Education Limited, London, 2021.

[12] *Bostrom, N.:* Deep Utopia – Life and Meaning in a Solved World. Ideapress Publishing, 2024.

[13] *Xu, Y.; Zhou, Y.; Sekula, P. et al.:* Machine learning in construction: From shallow to deep learning. *In:* Developments in the Built Environment 6 (2021), S. 100045. https://doi.org/10.1016/j.dibe.2021.100045.

[14] *Cha, Y.-J.; Choi, W.; Büyüköztürk, O.:* Deep Learning-Based Crack Damage Detection Using Convolutional Neural Networks. *In:* Computer-Aided Civil and Infrastructure Engineering 32 (2017), Heft 5, S. 361-378. https://doi.org/10.1111/mice.12263.

[15] *Lou, Y.; Meng, S.; Zhou, Y.:* Deep learning-based three-dimensional crack damage detection method using point clouds without color information. *In:* Structural Health Monitoring 24 (2025), Heft 2, S. 657-675. https://doi.org/10.1177/14759217241236929.

[16] *Chung, S.; Moon, S.; Kim, J. et al.:* Comparing natural language processing (NLP) applications in construction and computer science using preferred reporting items for systematic reviews (PRISMA). *In:* Automation in Construction 154 (2023), S. 105020. https://doi.org/10.1016/j.autcon.2023.105020.

[17] *Hussain, F.; Mehta, S.; Soy, M. et al.:* Natural Language Processing for Construction Management: A Literature Review. *In: Shane, J.S.; Madson, K.M.; Mo, Y. et al.* (Hrsg.): Construction Research Congress 2024. American Society of Civil Engineers, Des Moines, Iowa, 2024, S. 607-618.

[18] *Sami Ur Rehman, M.; Shafiq, M.T.; Ullah, F.:* Automated Computer Vision-Based Construction Progress Monitoring: A Systematic Review. *In:* Buildings 12 (2022), Heft 7, S. 1037. https://doi.org/10.3390/buildings12071037.

[19] *Al Sayed, K.; Boodi, A.; Sadeghian Broujeny, R. et al.:* Reinforcement learning for HVAC control in intelligent buildings: A technical and conceptual review. *In:* Journal of Building Engineering 95 (2024), S. 110085. https://doi.org/10.1016/j.jobe.2024.110085.

[20] *Rosenbaum, J.M.:* Strategien für die Implementierung von Künstlicher Intelligenz in der Baubranche. Köln, TH Köln, Masterarbeit, 2025.

[21] *Pieterwas, J.; Schönheit, T.; Bartels, N.:* Künstliche Intelligenz im Lebenszyklus von Immobilien. *In: Haghsheno, S.; Satzger, G.; Lauble, S. et al.* (Hrsg.):

Künstliche Intelligenz im Bauwesen. Springer Fachmedien Wiesbaden, Wiesbaden, 2024, S. 3-23.

[22] *Lauble, S.; Bartels, N.; Gehder, S. et al.:* Optimierung des Gebäudele-benszyklus – KI und Big Data als Schlüssel zur Nachhaltigkeit. *In: Diederichs, C.J.; Nübel, K.; Schubert, A. et al.* (Hrsg.): Kompendium nachhaltige Bauwerke: Hochbauten. Springer Fachmedien Wiesbaden, Wiesbaden, 2025.

[23] *Wani, S.R.; Suthar, M.:* Utilizing machine learning approaches within concrete technology offers an intelligent perspective towards sustainability in the construction industry: a comprehensive review. *In:* Multiscale and Multidisciplinary Modeling, Experiments and Design 8 (2025), Heft 1. https://doi.org/10.1007/s41939-024-00601-5.

Generative KI im Bauwesen: Stärken und Schwächen

Prof. Dr.-Ing. habil. Joern Ploennigs
Universität Rostock, Deutschland

Zusammenfassung
Das Bauwesen steht unter dem Druck sinkender Produktivität und wachsender Komplexität. Aktuelle Fortschritte in generativer Künstlichen Intelligenz (KI) eröffnen neue Möglichkeiten, diese Herausforderungen anzugehen. Der Beitrag analysiert zentrale Ansätze in deren Stärken und Schwächen, um daraus Anwendungsmöglichkeiten abzuleiten. Während diese Modelle vor allem in Entwurfsphasen, dem Dokumentenmanagement und der Kommunikation nützlich sind, stoßen sie bei räumlichen und kausalen Daten an Grenzen. Daher wird die Entwicklung spezialisierter Building Foundation Models (BFMs) vorgeschlagen, die räumlichen, zeitlichen und kausale Zusammenhänge abbilden.

1. Einleitung

Generative KI-Modelle wie ChatGPT, Claude, Gemini für Text oder Dall-E, Midjourney, StableDiffusion für Bilder und Videos erfreuen sich massiv wachsender Benutzerzahlen. Sie eignen sich nicht nur für die Beantwortung trivialer Fragen, sondern können auch im beruflichen Kontext eingesetzt werden. Die Frage ist, welche Ansätze auch im Bauwesen genutzt werden können.

Das Bauwesen ist traditionell eine sehr konservative Branche, die Technologien nur langsam adaptiert. Infolgedessen verzeichnet die Branche in den letzten 20 Jahren einen Produktivitätsrückgang von 14 %, was im starken Kontrast zur Branche Informationstechnik steht, in dem die Produktivität um 71 % gewachsen ist [1]. In diesem Hochdigitalisierten Branche lassen sich solche Technologien deutlich einfacher einsetzten. Mit skurrilen Konsequenzen da die Programmierer die KI-Lösungen erstellen, Gefahr laufen durch sie abgelöst zu werden. Das Bauwesen kann nicht rein digital sein und besteht aus vielen kleinteiligen und komplexen, zum Teil sehr individuellen Aufgaben, wo sich solche Technologien schlechter einsetzten lassen. Auf der anderen Seite gerät das Bauwesen zunehmend unter Druck, diese Probleme anzugehen. Eine aktuelle Analyse von McKinnsey [2] zeigt, dass der Fachkräftemangel im Bauwesen global steigt und nicht ausgeglichen werden kann. Das Ergebnis der Analyse: Es ist unvermeidlich, dass das Bauwesen digitaler werden muss.

Dabei darf man nicht übersehen, dass das Bauwesen in der Vergangenheit ein wichtiger Treiber für digitale Innovationen war. Konrad Zuse, der Erfinder des ersten funktionsfähigen Computers, war Bauingenieur. Und auch Ivan Sutherland entwickelte 1964 mit Sketchpad die erste CAD-Software für das Bauwesen, inklusive grafischem Bildschirm und digitalem Eingabestift. Über viele Jahre galt CAD als eine der anspruchsvollsten Anwendungen der Computertechnik und leitete im Bauwesen den Übergang vom analogen zum digitalen Entwurf ein. Das brachte spürbare Produktivitätsgewinne.

Gleichzeitig wurden die Schwächen sichtbar. Bauprojekte sind fast immer Gemeinschaftsleistungen vieler Firmen. Der Austausch von CAD-Daten führte dadurch regelmäßig zu Versionskonflikten. Um dieses Problem zu lösen, entstand Anfang der 1990er-Jahre die Idee, ein standardisiertes Austauschformat mit definierten Prozessen einzuführen, das Building Information Modeling (BIM). BIM hat die Zusammenarbeit vereinfacht und die Arbeit effizienter gemacht, auch dadurch, dass sich daraus objektorientierte Werkzeuge entwickelt haben, die viele Entwurfsschritte erleichtern. Doch konnte BIM nicht alle Produktivitätsprobleme lösen. Einerseits, weil Aufgaben durch BIM stärker in frühe Entwurfsphasen verlagert werden. Andererseits, weil ein Grundproblem bestehen bleibt: Jedes Bauwerk ist ein Unikat. Das führt zu individuellen Entwürfen und zu spezifischen Abläufen auf der Baustelle, die viele manuelle Schritte erfordern. BIM kann diese Vielfalt zwar strukturieren, sie aber nicht automatisieren. Und gerade diese Automatisierung ist der Schlüssel, um Produktivität messbar zu steigern. Erst wenn Aufgaben zuverlässig und ohne Qualitätsverlust an Maschinen übergeben werden können, werden Fachkräfte entlastet.

Dabei besteht die Einzigartigkeit von Bauwerken, aus der Kombination standardisierter Elemente. Baustoffe sind in Datenbanken katalogisiert und rund 3.900 digitale Normen reglementieren viele Planungsschritte. Selbst Freiformen entstehen aus systematischen Entwurfsvorgehen. Das eigentliche Hindernis für Automatisierung liegt somit nicht in der Individualität des Endprodukts, sondern in der enormen Vielfalt möglicher Eingangsdaten. Dieses Phänomen ist in der Informatik als kombinatorische Explosion bekannt. Programmiersprachen bestehen ebenfalls aus standardisierten Bausteinen und dennoch benötigte es lange Zeit den Menschen, um daraus funktionierenden Code zu erzeugen. Mit den jüngsten Fortschritten in generativer KI können nun KI-Modelle viele einfache Programmieraufgaben übernehmen. Somit stellt sich die Frage, ob dies auch im Bauwesen möglich sein kann.

Aus der bisherigen Analyse wird deutlich, dass die Digitalisierung im Bauwesen in den letzten Jahren zwar erhebliche Fortschritte gemacht hat, dies jedoch nicht unmittelbar zu einer Produktivitätssteigerung führte. Vielmehr entsteht zunächst eine exponentiell wachsende Datenmenge, da sich Daten in digitalen Prozessen akkumulieren. Auch auf der Baustelle hat sich der Einsatz digitaler Werkzeuge deutlich verbreitet, von präzisen Messgeräten bis hin zum Smartphone, das sich zur zentralen Plattform für Kommunikation, Projektmanagement und Dokumentation entwickelt hat. Damit wird der mobile Zugriff auf digitale Informationen zwar erleichtert, gleichzeitig aber auf kleinere Benutzeroberflächen verlagert. Dieser Trend dürfte sich mit der Einführung von Augmented-Reality-Brillen und sprachbasierten Schnittstellen noch verstärken. Die Herausforderung besteht somit darin, dass immer größere Datenmengen verfügbar werden, während die Darstellungsmöglichkeiten schrumpfen. Um diese Situation zu bewältigen, sind Technologien erforderlich, die nicht nur eine reine Suche ermöglichen, sondern Daten kontextbezogen zusammenfassen, verdichten und gezielt bereitstellen. Konkret bedeutet dies: Steht auf der Baustelle ein Problem mit einem bestimmten Bauteil an, muss das System in der Lage sein, automatisch die relevanten Entwurfsdokumente, die Änderungshistorie, die begleitende Kommunikation sowie mögliche Lösungsvorschläge bereitzustellen.

2. Geschichte der Künstlicher Intelligenz

In der öffentlichen Wahrnehmung wird Künstliche Intelligenz (KI) als eine neuartige Technologie wahrgenommen. Tatsächlich reicht ihre Entwicklung jedoch bis in die 1940er-Jahren zurück. Damals arbeiteten Neurologen und Mathematiker zusammen, um die Funktionsweise biologischer Neuronen mathematisch zu beschreiben. Ziel war es einerseits, die Informationsverarbeitung im menschlichen Gehirn besser zu verstehen und andererseits technische Systeme zu entwickeln, die in der Problemlösung vergleichbare Fähigkeiten aufweisen. Diese frühen Ansätze Künstlicher Neuronaler Netzwerke (KNN) führten zu ersten positiven Ergebnissen, sodass 1955 der Begriff „Künstliche Intelligenz" geprägt wurde. Er sollte Systeme kennzeichnen, die menschenähnliche Intelligenz aufweisen. In diesem Kontext formulierte Alan Turing den bis heute maßgeblichen „Turing-Test" [4], in dem ein System dann als intelligent gilt, wenn ein menschlicher Beobachter in einem Blackbox-Szenario nicht zwischen der Interaktion mit einem Menschen und Maschine unterscheiden kann.

Auf diese Phase der Euphorie im sogenannten ersten „KI-Sommer" folgte bald Ernüchterung. Die damals verfügbaren Netzwerke waren zu klein, um komplexe Aufgaben bewältigen zu können und für größere Netzwerke fehlte die Rechentechnik. Die Enttäuschung führte zum ersten „KI-Winter", der erst in den 1980er-Jahren durch neue Lernverfahren beendet wurde. Insbesondere der Backpropagation-Algorithmus führte zu einem erneuten Aufschwung. Damit konnten komplexere Architekturen wie rekursive neuronale Netze (RNN), Convolutional Neural Networks (CNN) oder Long Short-Term Memory-Netze (LSTM) trainiert werden. Allerdings zeigte sich, dass deren Leistungsfähigkeit stark von der Verfügbarkeit großer Datenmengen und hoher Rechenkapazität abhing, die zu diesem Zeitpunkt noch nicht gegeben war.

Parallel hierzu entwickelte sich die symbolische KI, die bereits seit Mitte der 1950er-Jahre verfolgt wurde. Ihr Ansatz beruht auf der Annahme, dass Intelligenz durch faktenbasierte, logische Entscheidungsprozesse bestimmt wird. Es wurden regelgetriebene, deterministische Verfahren entwickelt die in Form sogenannter Expertensysteme komplexe Entscheidungs-probleme lösen sollten. Ein prominentes Beispiel ist „Deep Blue" von IBM, das 1989 erstmals einen menschlichen Schachspieler besiegte, indem es eine Vielzahl möglicher Züge analysierte und anhand festgelegter Regeln die jeweils beste Entscheidung auswählte.

Obwohl solche Systeme in streng strukturierten Domänen erfolgreich waren, ließ sich dieser Ansatz nicht auf komplexe, dynamische Realweltszenarien übertragen. Infolgedessen setzte nach einer Phase erhöhter Aufmerksamkeit ein weiterer „KI-Winter" ein, der bis etwa 2012 andauerte.

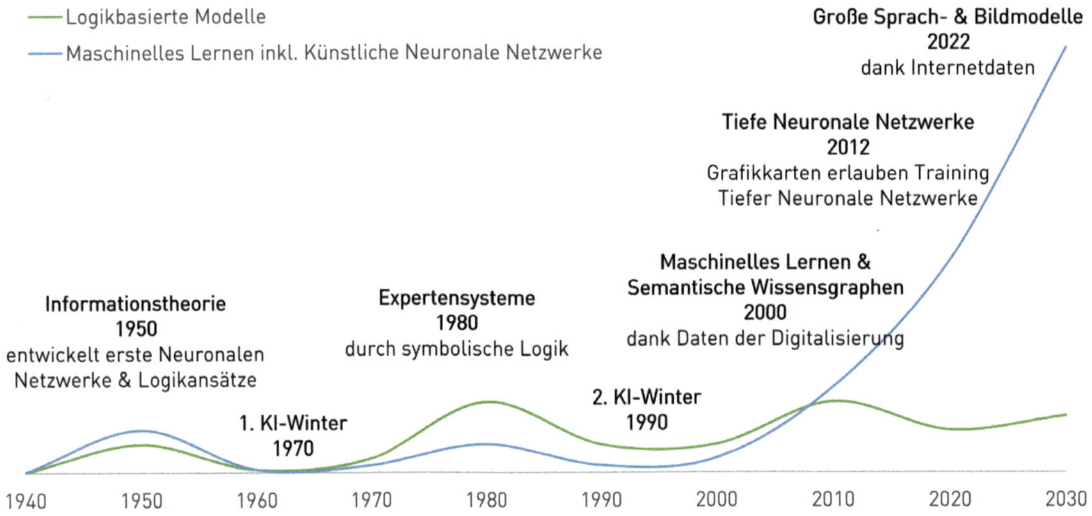

Abb. 1: Wandel von Methoden in der KI von traditionellen semantischen Reasoning und ML-Modellen in 2012 über den Aufstieg von Neuronalen Netzwerken bis 2022 und Innovation von Sprach- und Bildmodelle in 2022

Zu Beginn der 2010er-Jahre lassen sich in der KI zwei wesentliche Forschungsrichtungen unterscheiden (vgl. Abb. 1). Auf der einen Seite standen semantische, logische Modelle, die klassische symbolische Logiksysteme um semantische Informationen erweiterten. Diese Semantik erlaubt es Bedeutungszusammenhänge in der Logik explizit abzubilden und so regel-basierte Wissensstrukturen aufzubauen. Diese Ansätze fanden insbesondere Anwendung beim Aufbau großer Wissensgraphen, etwa beim Google Knowledge Graph, der Informationsfenster bei Suchanfragen generiert, oder bei Wikidata als strukturierte Datenbasis von Wikipedia.
Parallel dazu gewannen Anfang der 2010er-Jahre auch Modelle des Maschinellen Lernens (ML) an Bedeutung. Der zentrale Treiber hierfür war die fortschreitende Digitalisierung, die in nahezu allen Bereichen zu einer rapide wachsenden Verfügbarkeit von Daten führte. Bis dahin basierten diese ML-Ansätze primär auf statistischen Verfahren. Diese wurden ab 2012 zunehmend durch Künstliche Neuronale Netze (KNN) abgelößt. Damals hat man es geschafft die Berechnung der KNN hochparallel auf Grafikprozessoren (GPUs) auszulagern unter Nutzung der bereits 2007 von NVIDIA veröffentlichen CUDA-Bibliothek. Damit waren die zuvor bestehende Skalierungsproblem der KNN überwunden: steigende Datenmengen trafen auf hoch-parallele Trainings-Hardware. Dies leitete eine neue Phase des sogenannten „KI-Sommers" ein, die bis heute anhält. KNN etablierten sich als dominierendes Modell im Maschinellen Lernen. Die in den 1950er-Jahren formulierte Hoffnung, dass neuronale Netze vielseitig einsetzbar sein könnten, bestätigte sich zunehmend. Mit dem exponentiellen Wachstum verfügbarer Daten und der kontinuierlichen Leistungssteigerung von GPUs konnten immer größere und leistungsfähigere Modelle trainiert werden. Besonders die Textverarbeitung (Natural Language Processing, NLP) und die Bildverarbeitung (Computer Vision, CV) profitierten von den im Internet verfügbaren Datenmengen.
Ein entscheidender Entwicklungsschritt war die Einführung neuer KNN-Architekturen wie Transformer-Modelle und Diffusionsmodelle. Diese ermöglichten die Entwicklung großskaliger Modelle mit Milliarden Parametern, die Sprache und Bilder nicht nur analysieren, sondern in semantische Konzepte überführen und daraus eigenständig neue Inhalte generieren konnten. Solche generativen Modelle eröffneten die Möglichkeit, unstrukturierte Daten nicht nur anwendungsbezogen zu verarbeiten, sondern automatisiert zu interpretieren und in beliebigen Kontexten neu zu erzeugen.

3. Generative KI im Bauwesen

3.1 LLM – Große Sprachmodelle

Die vorangegangene Analyse verdeutlicht, dass KI-Systemen umfangreich sind und ebenso in den Bereichen der Robotik, Optimierung, Wissensgraphen und Maschinelles Lernen eingesetzt werden. Jedoch gab es in den letzten Jahren insbesondere bei großskaligen generative Sprach- und Bildmodelle relevante Entwicklungen, auf die im Folgenden näher eingegangen wird.
Große Sprachmodelle (Large Language Models, LLMs) wie *ChatGPT*, *Gemini*, *Claude*, *LLaMA* oder *DeepSeek* stellen gegenwärtig die leistungsfähigsten generativen KI-Systeme zur Textverarbeitung dar. Sie sind in der Lage, Texte zusammenzufassen und auf Anfragen sprachlich kohärente Antworten zu generieren. Sie entstanden aus jahrelanger Forschung im Bereich der Textverarbeitung (Natural Language Processing, NLP) mit der Zielsetzung Texte zusammenzufassen und Fragen dazu zu beantworten. Hierbei stellte sich trotz komplexer KNN-Modelle heraus, dass traditionelle KNN-Modelle nicht gut darin sind die großen kontextuellen Zusammenhänge in Texten zu erfassen. So hängt die Bedeutung von Worten in Texten nicht nur vom unmittelbaren Wortnachbarn in einem Satz ab, sondern von kontextuellen Bezügen über Sätze und Absätze hinweg. Zum Beispiel steht in diesem Text die Abkürzung „KI" nicht für „Konstruktiven Ingenieurbau", sondern für „Künstliche Intelligenz", obwohl er über das Bauwesen handelt. Dies Problem wurde 2017 mit der Transformer-Architektur gelöst. Dies ist eine spezielle Form eines KNN, das mithilfe von Aufmerksamkeitsmechanismen (Attention) in der Lage ist, diese kontextuellen Abhängigkeiten über Satz- und Absatzgrenzen hinweg zu modellieren [5]. Dadurch kann ein tiefes LLM in seinen tieferen Schichten nicht nur direkte Wortzusammenhänge lernen, sondern Begriffe abstrahieren und diese in Wahrscheinlichkeiten gelernten Assoziationsketten verknüpfen. Somit extrahiert das LLM in seinen Eingangsschichten abstrakte Begriffe aus den Texten, verknüpft auf Basis der gelernten Assoziationen und generiert auf seiner Ausgabeseite daraus wieder einen Text indem es die Begriffe sequenziell in Worte fast. Es ist dabei jedoch zu berücksichtigen, dass LLMs keine konzeptionellen Überlegungen im menschlichen Sinne anstellen, also z. B. in Gedankenmodellen theoretisieren. Sondern sie generieren Antworten rein auf Basis ihres Sprachmodels, indem sie Wortfolgen nach Wahrscheinlichkeiten aneinanderreihen, mit dem Ziel eine zufriedenstellende Antwort zu geben. Abbildung 2 zeigt ein solches tiefes neuronales Netz in vereinfachter Form: Auf der linken Seite wird eine Eingabe mit Kontextinformationen in einzelne Worte zerlegt und in numerische Vektoren (Embeddings) überführt. Diese durchlaufen mehrere verdeckte Schichten des Netzes, wodurch Wahrscheinlichkeiten berechnet werden, welches Wort in der Antwort mit größter Wahrscheinlichkeit folgen sollte. Auf dieser Basis wählt das Modell iterativ das nächste Wort aus. Die wortweise Antwort eines LLMs in ChatGPT ist also keine nette Animation, um den Nutzer während der Antwort zu beschäftigen, sondern der sequentielle Antwortprozess. Trotz dieses rein probabilistischen Mechanismus entwickeln Sprachmodelle aufgrund ihrer Größe mit Milliarden von Parametern ein bemerkenswert gutes Sprachverständnis, das insbesondere für das Bauwesen drei zentrale Stärken mit sich bringt.

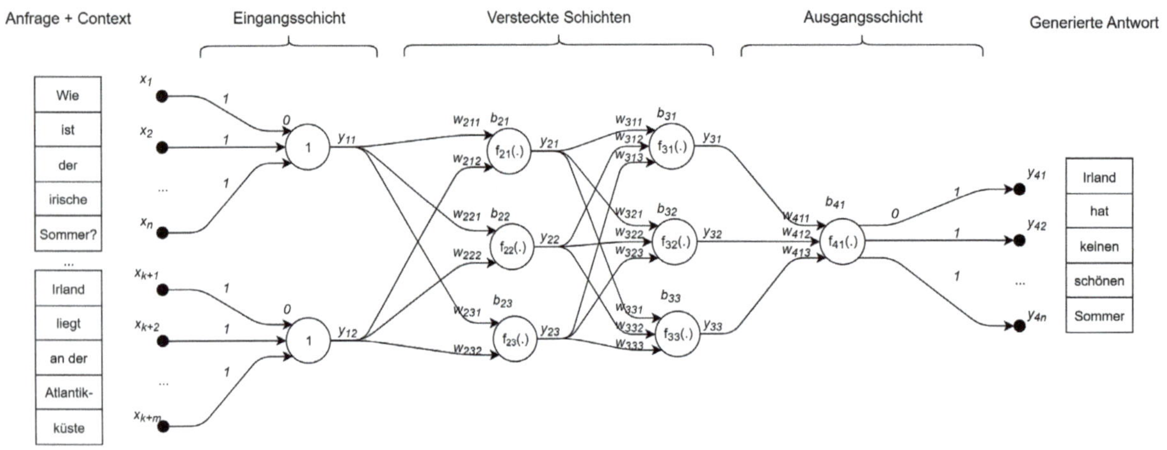

Abb. 2: Einfache Darstellung eines LMM für eine Text-Generierung zum Wetter in Irland. Das Modell Verbindet den gegebenen Kontext (Atlantik) mit implizitem Wissen (Atlantik=schlechtes Wetter) zu einer Antwort

Stärken von LLM: Das Kernziel von LLMs ist die *Generierung* kohärenter Texte in verschiedenen Sprachen und Formaten. Neben der Beantwortung von Fragen umfasst dies auch Übersetzungen, die Anpassung der Terminologie an unterschiedliche Zielgruppen sowie die Ausgabe sprachähnlicher Datenformate (z. B. JSON) oder Programmcode. Dabei ist zwischen implizitem Wissen, also dem im Modell gespeicherten Allgemeinwissen aus den Trainingsdaten, und spezifischem Wissen zu unterscheiden, das durch kontextuelle Eingaben ergänzt wird. Eigene Untersuchungen zeigen, dass Sprach- und Bildmodelle über ein verlässliches Grundverständnis architektonischer Stile verfügen [5]. Ein weiteres Kernziel von LLMs war es seither umfangreiche Texte wie E-Mails, Normen, Arbeitsaufträge oder technische Analysen zielgerichtet *zusammenzufassen*. Hierzu werden die betreffenden Dokumente als Kontext in die Anfrage integriert (Prompting, Abb. 3). Das Modell generiert daraufhin eine kontextspezifische Antwort. Diese Eigenschaft ist besonders relevant im Umgang mit den stetig wachsenden Mengen von Daten in der Normung und der Projektkommunikation. Zudem können durch die wiederholte Übergabe vorheriger Konversationsteile Assistentensysteme mit dialogischer Kontinuität aufgebaut werden. Dieser Fähigkeit des LLMs auf Angaben im Kontext schnell und spezifisch *anzupassen* ist ein weniger bekanntes Kernziel von LLMs. Sie sind auf eine hohe Anpassungsfähigkeit trainiert, um so spezifisch wie möglich antworten zu können. Bereits wenige Beispiele im Kontextfenster genügen, um das Modell auf spezifische Anforderungen zu konditionieren. Das wird *Few-Shot Learning* genannt. Zusätzlich können Modelle durch gezieltes Nachtrainieren auf Fachinhalte angepasst werden. Dies geschieht durch Finetuning-Algorithmen wie *LoRa* oder *Textual Inversion*. Während *LoRa* das Erlernen neuer Zusammenhänge ermöglicht, erlaubt *Textual Inversion* eine Anpassung der Gewichtungen im Embedding, um beispielsweise fachspezifische Begriffe abzubilden. Da die Modelle über ein grundlegendes Sprachverständnis verfügen, müssen lediglich die Bedeutungen und Gewichtungen domänenspezifischer Begriffe nachjustiert werden. Dadurch lassen sich LLMs an spezifische textbasierte Aufgaben im Bauwesen anpassen, etwa für die Interpretation von Vorschriften oder die Unterstützung in der Kommunikation.

Schwächen von LLM: Trotz ihres breiten Anwendungspotenzials weisen LLMs gravierende Schwächen auf. Besonders relevant im Ingenieurwesen ist das sogenannte *Halluzinieren*. Hierbei handelt es sich um das Phänomen, dass LLM auf Anfrage inhaltlich falsche, jedoch plausibel klingender Aussagen erzeugen. Dieses Halluzinieren steckt intrinsisch in den Modellen und ist nicht zu verhindern. Es resultiert aus dem probabilistischen Ansatz der KNN: Da die Modelle nicht explizit z. B. in einer Datenbank speichern, sondern implizit aus Wahrscheinlichkeiten von Assoziationen in seinen tieferen Schichten erzeugen, gibt es auf jede Frage auch eine wahrscheinliche scheinbar konsistente Antwort. Da es keinen gesonderten Denkprozess gibt, sind sie nicht in der Lage zuverlässig zwischen korrekten und falschen Aussagen zu unterscheiden. Gerade im Ingenieurwesen stellt dies ein erhebliches Risiko dar, da fehlerhafte Antworten potenziell zu Fehlentscheidungen führen können. Studien deuten zudem darauf hin, dass dieses Problem nicht allein durch eine Vergrößerung der Modelle oder durch zusätzliche Trainingsdaten gelöst werden kann, sondern intrinsisch in den Modellen verankert ist.

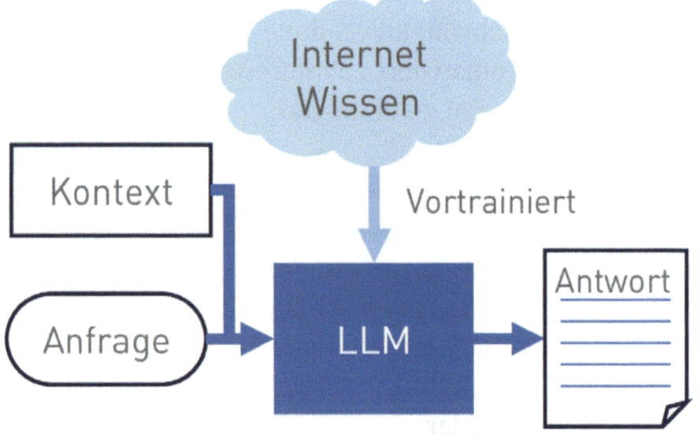

Abb. 3: TextGenerierung mit LLM

Anwendungen von LLM: Die Stärken und Schwächen von LLMs legen nahe, ihren Einsatz auf Tätigkeitsbereiche zu konzentrieren, in denen potenzielle Halluzinationen keine kritischen Auswirkungen haben. Dazu zählen zum Beispiel Aufgaben in der Projektkommunikation z. B. Übersetzungsaufgaben. Ebenso eignen sich einfache Fachfragen, die dem allgemeinen Wissen entstammen und daher im Trainingskorpus der Modelle gut abgedeckt sind. Ein weiterer sinnvoller Anwendungsbereich ist die automatische Zusammenfassung von Dokumenten. Hierbei ist jedoch zu berücksichtigen, dass LLMs vor allem bei stark textlastigen Inhalten zuverlässig arbeiten. Dokumente, die viele technische Zeichnungen, Tabellen oder komplexe Visualisierungen enthalten (z. B. Normen), sind für diesen Zweck weniger geeignet. Zudem basieren die erzeugten Zusammenfassungen ausschließlich auf sprachlichen Strukturen und nicht auf explizitem Domänenwissen. Dies kann dazu führen, dass relevante Fachbegriffe nicht korrekt identifiziert und in den Zusammenfassungen nicht berücksichtigt werden.

3.2 LVM – Große Bildmodelle

Große KI-Bildmodelle (Large Vision Models, LVM; auch Vision Language Models, VLM) wie *DALL·E*, *Midjourney* oder *Stable Diffusion* weisen funktionale Parallelen zu großen Sprachmodellen (LLMs) auf. Während sie im Kern ebenfalls Sprachmodelle nutzen, um Benutzereingaben (Prompts) semantisch zu interpretieren, ersetzen sie den Textgenerator durch ein Diffusionsmodell. Dieses ist darauf trainiert, nicht Silben, sondern direkt Pixel aneinanderzureihen und dadurch Bilder zu erzeugen. Anders als Text, werden die Bilder nicht sequenziell Pixel für Pixel erzeugt. Hier hat sich gezeigt, dass auch tiefe Neuronale Netzwerke keine Bilder direkt erzeugen können. Stattdessen nutzt man bei Diffusionmodellen einen Trick: Man trainiert die Modelle nicht auf die Bilderzeugung, sondern darauf Bilder nur zu reparieren. Hierfür verrauscht man Bilder und trainiert das Modell darauf dieses Rauschen zu reparieren. Bei der Bilderzeugung gibt man dem Modell nun ein Rauschen und repariert es so lange bis ein echtes Bild daraus wird (Abb. 4). Durch diesen Trick reduziert man die Problemkomplexität.

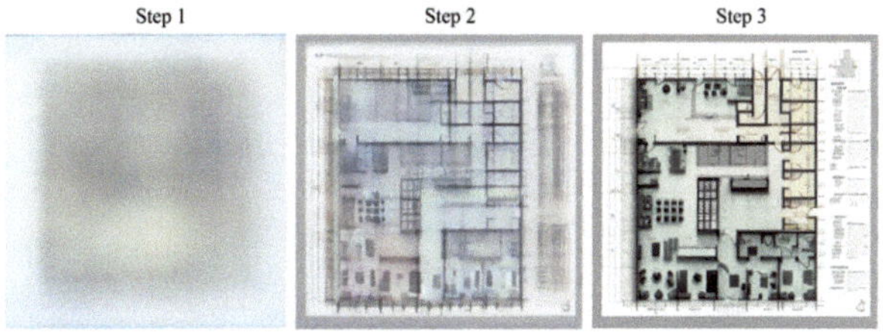

Abb. 4: Diffusion Model Steps

Stärken von LVM: Die zentralen Stärken lassen sich analog zu LLMs in drei Fähigkeiten gliedern. Die primäre Fähigkeit der LVM ist es sehr schnell Bilder zu *generieren* oder zu vervollständigen. Dies erlaubt die Erstellung von Bildern, etwa für Marketing-Zwecke, Konzeptexploration, Stadtplanung oder Grundrisse. Dies kann in früheren Entwurfsphasen genutzt werden, in der Nutzerkommunikation, oder aber in der Dokumentation wie der Kolorierung von CAD-Modellen. Ein weiterer wichtiger Vorteil liegt in der Fähigkeit Bilder zu analysieren und *zusammenzufassen*. Dies erlaubt die klassische Objekterkennung z.B. zur Beschreibung von Fotos zur Baufortschrittsdokumentation oder damit sich Bauroboter besser auf der Baustelle zurechtfinden. Der Vorteil zu traditioneller Objekterkennung ist, dass die Modelle kein vorheriges oder nur minimales Training erfordern. Auch hier lassen sich diese Modelle durch gezieltes *Few-Shot-Learning* spezifisch an die Aufgaben anpassen. Damit lassen sich Bildgeneratoren erzeugen, die zum Beispiel Grundrisse entwerfen können.

Schwächen von LVM: Bildgenerierende KI-Modelle stoßen im Baukontext schnell an ihre Grenzen. Zwar sehen die erzeugten Bilder auf den ersten Blick gut aus, doch enthalten sie häufig räumliche, inhaltliche und technische Fehler. So sind oft Details, Proportionen oder Perspektiven inkorrekt. Das liegt daran, dass die Modelle keine echte semantische und räumliche Vorstellung vom Inhalt haben. Sie kombinieren Pixel auf Basis von Wahrscheinlichkeiten, nicht auf Basis von technischem Verständnis. Daher fehlt es an wichtigen Aspekten wie 3D-Raumverständnis, Baubarkeit, oder Materialeigenschaften. Aufgrund des fehlenden 3D-Verständnisses sind konsistente Ansichten desselben Objektes aus verschiedenen Blickwinkeln kaum möglich.

Anwendungen von LVM: Die Schwächen der Bildmodelle schränken ihren Nutzen stark auf frühe Entwurfsphasen ein. Deshalb werden die Modelle vorwiegend für einfache Stimmungsfotos, Konzeptstudien, oder zur Kolorierung von 3D-Renderings benutzt. Hierbei hängt die Bildqualität stark von der Qualität und Länge des Prompts ab (Abb. 5). Untersuchungen von Prompts aus der Praxis zeigen, dass längere und deskriptivere Prompts deutlich erfolgreicher sind [7].

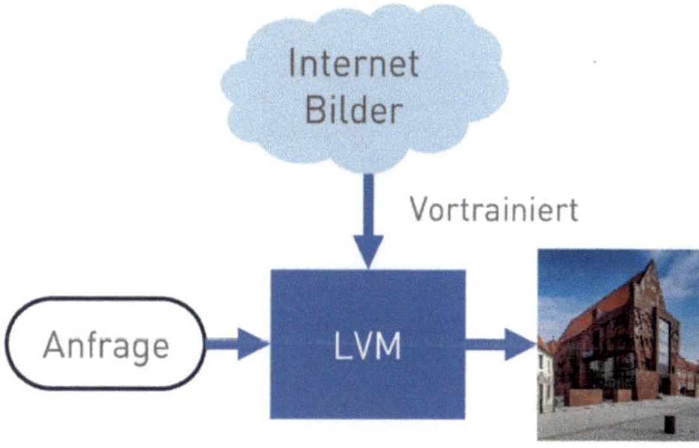

Abb. 5: Bildgenerierung mit LVM

3.3 MLLM – Multi-Modale Modelle

Wie bereits dargestellt, basieren große Bildmodelle auf Sprachmodellen. Vor diesem Hintergrund liegt es nahe, Modelle zu entwickeln, die nicht nur Text oder Bilder, sondern auch Datenformate verarbeiten können, die beides und weiteres wie Audio beinhalten. Solche Systeme werden als multimodale Modelle bezeichnet. Ihr zentraler Vorteil besteht darin, verschiedene Modalitäten miteinander zu verknüpfen. So kann beispielsweise ein Bild analysiert werden, um potenzielle Probleme zu identifizieren. Auf dieser Basis kann ein LLM Lösungsvorschläge generieren, die anschließend von einem Reasoning-Modell in konkrete Handlungsanweisungen überführt und schließlich über ein Text-to-Speech-Modell ausgegeben werden. Dieses Vorgehen wird als Prompt- oder Modellverknüpfung (*chaining*) bezeichnet.

Stärken von MLLM: Durch die Kombination verschiedener Modalitäten lassen sich Probleme lösen die Bild- und Textverarbeitung erfordern und daraus integrierte Abläufe erzeugen. So lassen sich komplementärere Informationen kombinieren, die eine differenzierte Analyse und Bearbeitung komplexer Aufgaben erlaubt. So lassen sich Bilder zur Identifikation von Problemen heranziehen, während Sprachmodelle Lösungsvorschläge formulieren und diese in konkrete Handlungsanweisungen überführen. Zudem eröffnen multimodale Systeme erweiterte Interaktionsformen: Nutzer können über Spracheingaben, Texte oder Bilder flexibler mit den Modellen interagieren. Beispielsweise können Architekturskizzen mit textuellen Anforderungen kombiniert werden, um gezielt passende Bilder zu generieren. Schließlich bieten multimodale Modelle Potenziale für kreative Anwendungen, etwa bei der Generierung von Konzeptentwürfen, die implizites Kontextwissen wie historische Bauformen einbeziehen und mit modernen Elementen kombinieren.

Schwächen von MLLM: Trotz dieser Vorteile weisen multimodale Modelle erhebliche Einschränkungen auf. Grundsätzlich bestehen diese MLLM intern meist nur aus einem LLM und einem LVM die je nach Aufgabe über ein Routing gezielt angesprochen werden. Damit können sie nicht die Nachteile dieser Modelle überwinden, sondern verstärken sie zum Teil. Ein zentrales Problem ist hierbei die Neigung zur Halluzination, die sich über mehrere Modalitäten hinweg verstärken kann. Implizites Wissen führt nicht selten zu ungenauen oder verzerrten Darstellungen, etwa bei architektonischen Details oder bautechnischen Elementen. Hinzu kommt eine mangelnde Konsistenz zwischen den Modalitäten: Text- und Bildausgaben sind nicht immer vollständig aufeinander abgestimmt, sodass Widersprüche in den generierten Ergebnissen auftreten können. Darüber hinaus überwinden die multimodalen Modelle nicht fehlende semantische und räumliche Verständnis. Sie können geometrische Strukturen, Materialeigenschaften oder bautechnische Logik nicht zuverlässig erfassen, was ihre Anwendbarkeit einschränkt. Schließlich hängt die Qualität der Ergebnisse stark von der Präzision der Eingaben ab. Unscharf formulierte Prompts oder unvollständige Kontextinformationen führen schnell zu unbrauchbaren Resultaten.

Anwendungen von MLLM: Im Bauwesen sind multimodale Modelle daher nur dann einzusetzen, wenn konsistente, technisch belastbare Ergebnisse nicht zuverlässig gewährleistet werden müssen oder die Ergebnisse vom Menschen kontrolliert werden. Dann können MLLM durchaus beachtliche Ergebnisse liefern, wie an zwei Beispielen gezeigt werden soll.
Das obige Beispiel in Abb. 6 zeigt, wie ein detaillierter Prompt für ein Bild von einem LLM generiert wird. Als Beispiel wurde in Abb. 7 der untenstehende Prompt von ChatGPT generiert auf die Frage: „Generiere ein Prompt für ein Bild für das Archäologische Museum in Rostock“. Zu beachten ist, dass das LLM einiges an implizitem Wissen zu der Altbaustruktur der Stadt zu dem Prompt hinzufügt. Auch in den Bildern zeigt sich, wie die Backsteinfassaden traditioneller Speicher der Hansestadt aufgegriffen und mit modernen offenen Fassaden kombiniert werden.

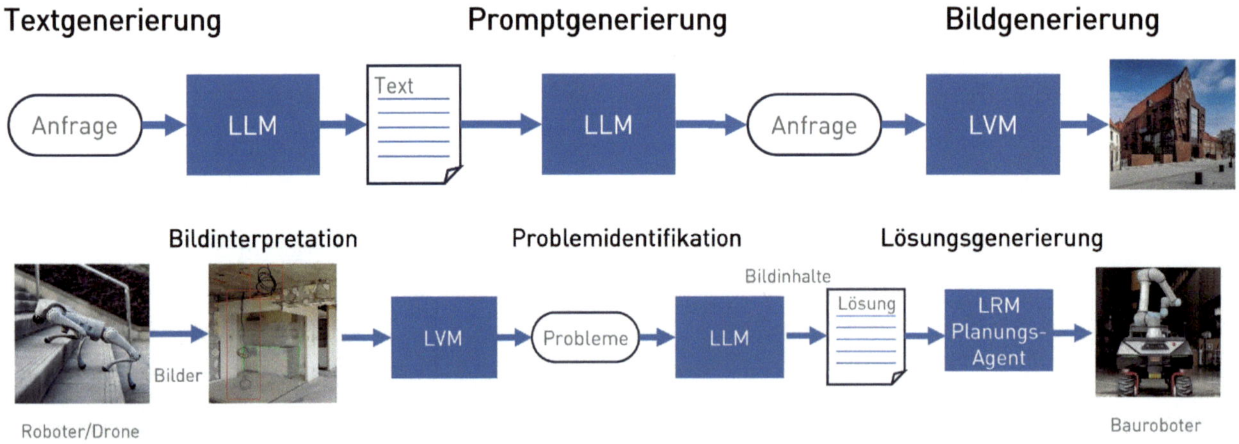

Abb. 6: Zwei Beispiele für ein Promptverkettung: (Oben) Ein detaillierter Prompt für ein Bild wird durch ein LLM generiert. (Unten) Ein Bild durch ein LVM nach Fehlern analysiert und dann generiert ein LLM passende Lösungsvorschläge, für die dann von einem LRM eine Ausführung geplant wird.

3.4 LRM – Große Reasoning Modelle

Um die Problematik des Halluzinierens einzudämmen, wurden in den vergangenen Jahren unterschiedliche Ansätze entwickelt. Ein wesentlicher Fortschritt sind sogenannte Large Reasoning Models (LRM), bei denen *DeepSeek R1* als prominentes Beispiel gilt. Der Ansatz besteht darin, Sprachmodelle dazu zu befähigen, ihre Antworten schrittweise herzuleiten, zu erklären und auf Inkonsistenzen zu prüfen. Auf diese Weise wird ein expliziter Validierungsprozess erzwungen, der ausnutzt, dass Halluzinationen statistisch stark variieren und somit für das Modell nicht reproduzierbar sind. Durchläuft das Modell den Prompt mehrfach in einzelnen Iterationen, so werden dadurch halluzinierte Fakten durch widersprüchliche Aussagen vom LLM selbst aufgedeckt (Ähnlich wie wenn man ein LLM direkt fragt, ob die vorherige Antwort richtig ist). Dieses Verfahren ist besonders geeignet, um einfache Halluzinationen zu erkennen und kurze Schlussfolgerungen nachvollziehbar zu begründen.

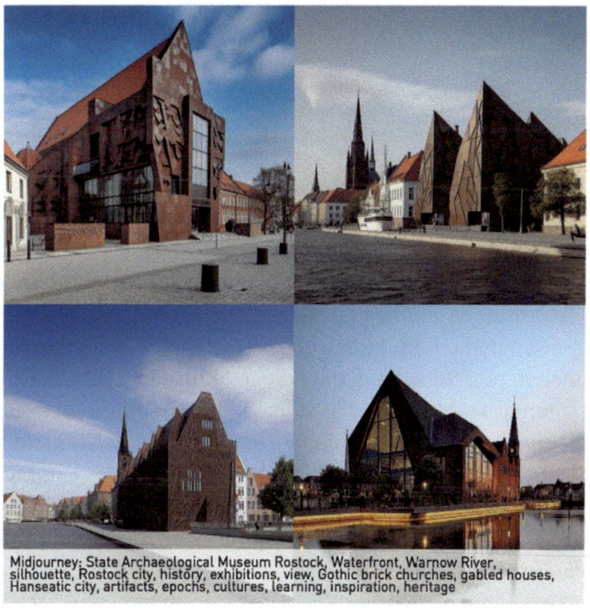

Abb. 7: Generierte Beispielbilder für einen Entwurf für das Archelogisches Museum in Rostock.

Stärken von LRM: Das iterative Vorgehen bei LRM reduziert probabilistische Halluzinationen deutlich und kann dadurch zuverlässigere Antworten liefern. Dies nutzt man insbesondere bei komplexeren Aufgaben wie die Aufgabenplanung bei Robotern in Abb. 6 unten. Das Chain-of-thought Reasoning bei dem das LLM aufgefordert wird in kleinen Schritten zu denken, erlaubt korrigierende Eingriffe durch den Nutzer. Es wird insbesondere bei der Code-Generierung für komplexere Aufgaben eingesetzt oder zur Erklärbarkeit.

Schwächen von LRM: Trotz dieser Fortschritte bleiben LRMs in ihren Fähigkeiten begrenzt. Zwar können sie probabilistische Halluzinationen teilweise entlarven, aber nicht vollständig ausschließen. Ferner sind sie nicht in der Lage, komplexe logische Strukturen vollständig abzubilden. Dies liegt darin begründet, dass ihr probabilistischer Reasoning-Ansatz auf statistischen Wahrscheinlichkeiten basiert und nicht auf deterministischer Logik. Damit unterscheiden sich LRMs grundlegend vom traditionellen symbolischen Reasoning, das vor 2012 die KI-Forschung dominierte. Symbolische Verfahren beruhen auf formaler Aussagenlogik und ermöglichen stringente, deterministische Entscheidungsprozesse. Probabilistische Systeme wie LRMs können solche Verfahren nur approximativ nachbilden, wodurch ihre Ergebnisse bei komplexeren Problemstellungen unscharf oder inkonsistent bleiben. Dieses grundlegende Unterschiedsverständnis ist für die Einordnung aktueller Entwicklungen von zentraler Bedeutung [6].

3.5 RAG – Retrieval Augmented Generation

Ein weiteres zentrales Problem im Zusammenhang mit Halluzinationen großer Sprachmodelle betrifft die Verfügbarkeit und Nutzung von explizitem Wissen. Traditionell wird solches Wissen in Datenbanken gespeichert. Um Sprachmodellen den Zugriff hierauf zu ermöglichen, wurde die Methode der *Retrieval-Augmented Generation* (RAG) entwickelt. Dabei wird eine Suchmaschine, die auf eine explizite Wissensdatenbank zugreift, mit einem Sprachmodell kombiniert. RAG wird nicht nur zur Abfrage strukturierter Datenbanken (z. B. durch automatische Generierung von SQL-Abfragen) eingesetzt, sondern gilt vor allem als primärer Ansatz zur Analyse von Dokumenten.

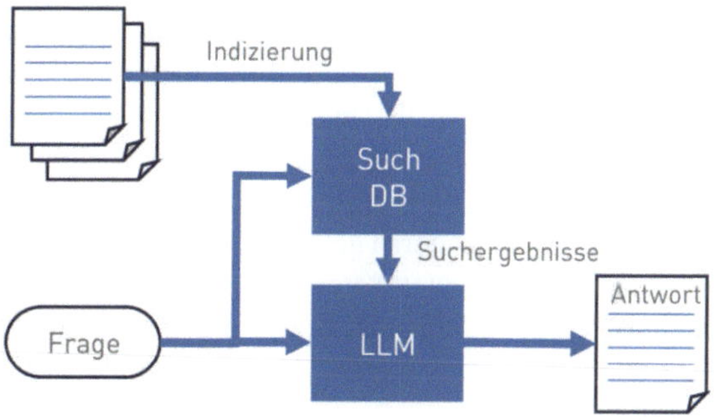

Abb. 8: Indizierung und Suche mit RAG

In diesem Verfahren werden kleine Textabschnitte oder tabellarische Inhalte aus Dokumenten extrahiert und in einer Vektordatenbank gespeichert (Abb. 8). Die Stärke der Vektordatenbank ist es, dass sie mit Hilfe der Text-Embeddings schnell passende Textpassagen zum Nutzerprompt finden können. Die relevanten Passagen werden anschließend gemeinsam mit der ursprünglichen Anfrage als Kontext an das LLM übergeben, das daraus eine zusammenfassende Antwort generiert.

Stärken von RAG: Der große Vorteil von RAG-Ansätzen ist es, dass sich ein LLM leicht um zusätzliches domänenspezifisches Wissen erweitern lässt. Damit lassen sich auch projektspezifische Fragen beantworten und komplexe Dokumentordner schnell durchsuchen. Dies funktioniert insbesondere bei Textdokumenten sehr gut, wo Informationen sehr dicht in geschlossenen Abschnitten stehen, wie zum Beispiel Definitionen. Dann kann die

Vektordatenbank sehr gezielt diese Informationen nachschlagen und durch das LLM aufarbeiten lassen. Geeignet sind insbesondere Formate wie E-Mails, Gutachten oder beschreibende Dokumente.

Anwendungen von RAG: RAG finden in der Praxis oft Anwendung, um ChatBots zu bauen, die einzeln oder integriert in ChatTools wie MS Teams oder Slack benutzt werden, um größere Dokumentensätze zu durchsuchen.

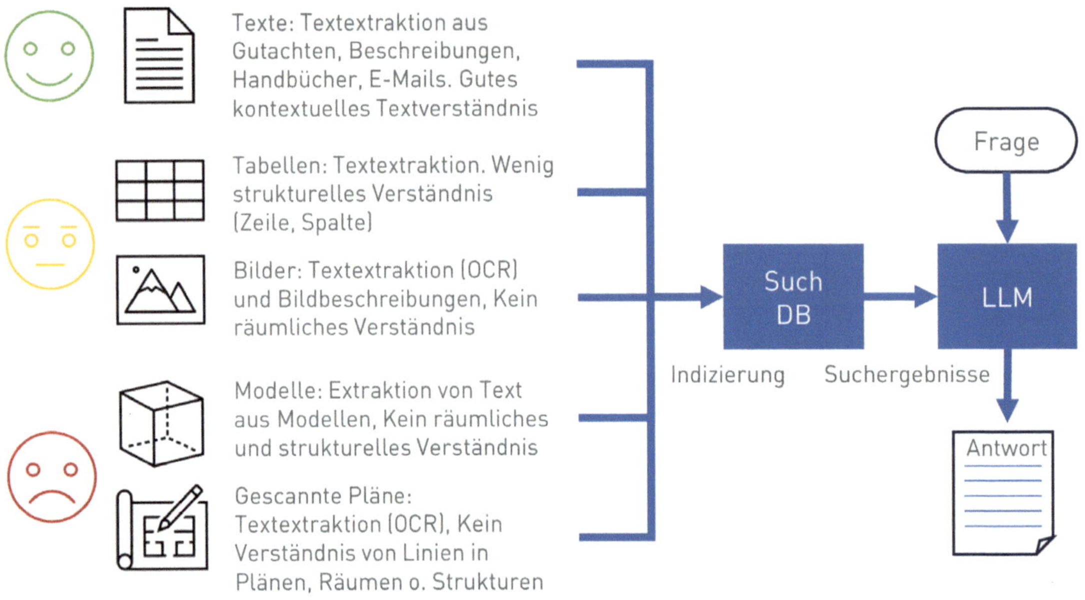

Abb. 9: Indizierung verschiedener Dokumente in einem RAG. Die Dokumente sind unterschiedlich gut für RAG geeignet. Primär wird Text extrahiert und indiziert. Komplexe Formate werden nicht erfasst.

Schwächen von RAG: Die Leistungsfähigkeit dieses Ansatzes ist jedoch durch mehrere Faktoren begrenzt. Zum einen können die Modelle schlecht mit nicht-textlichen Inhalten umgehen (Abb. 9). Dokumente mit vielen tabellarischen Inhalten, da diese im RAG-Prozess nicht als strukturierte Daten, sondern als unstrukturierte Textblöcke erfasst werden. Dadurch gehen semantische und kontextuelle Informationen verloren. Vergleichbare Schwierigkeiten ergeben sich bei der Verarbeitung bildbasierter Informationen wie Fotografien, Diagrammen oder Plänen. Viele RAG-Systeme nutzen hier optische Zeichenerkennung (OCR), um Textelemente aus Bildern zu extrahieren und in der Vektordatenbank zu speichern. Auch in diesem Fall fehlt jedoch die Abbildung der semantischen und kontextuellen Zusammenhänge. Zusätzlich lässt sich das Halluzinieren der Sprachmodelle nicht vollständig vermeiden, insbesondere dann, wenn die Suche keine oder unpassende Ergebnisse liefert. Hier hängt die Qualität der Antworten maßgeblich von der Qualität der Vektordatenbank, der vorgelagerten Textextraktion und der Präzision der Ähnlichkeitsberechnungen durch die Embeddings ab. Besonders problematisch ist dies bei sehr fachspezifischen Inhalten, die spezifische Embeddings benötigen. Auch sollte ein RAG nicht zur Aggregation benutzt werden, da die Vektordatenbanken immer nur Textausschnitte liefern und somit nicht vollständige Informationen liefern. Ein Beispiel hierfür sind IFC-Modelle, die primär geometrische und topologische Informationen enthalten und nur wenige Textinformationen bereitstellen.

Damit lassen sich Suchmaschinen für die aktuelle Projektdokumentation, historische Dokumentensammlungen, oder für Standards aufbauen. Grundsätzlich ist jedoch darauf zu achten, dass die aufgelisteten Schwächen systematisch sind. Die Systeme kombinieren immer nur wenige Textabschnitte, die von der Vektordatenbank auf Basis der Ähnlichkeit zum Prompt geliefert werden. Die Konzepte hinter der Semantischen Ähnlichkeit von Embeddings ist für Nutzer dabei nicht unbedingt intuitiv, wodurch Ergebnisse erratisch erscheinen. Ferner sollten sie nicht für Aufgaben wie Aggregationen genutzt werden, wenn diese nicht spezifisch indiziert werden.

3.6 GraphRag/GNN – Wissensgraphen

Obwohl LLM gut mit strukturierten Formaten wie Code umgehen können, scheitern sie im Bauwesen im Verständnis von Bauplänen insbesondere BIM-Formaten. Dies liegt nicht nur daran, dass ihnen das räumliche Verständnis fehlt, sondern auch weil die Formate sehr Graphbasiert sind. Sie lassen sich also nicht sequenziell als Sprache oder Code interpretieren, sondern weisen eine hohe strukturelle Verknüpfung auf, die so nicht in der natürlichen Sprache vorkommt. Somit stellt sich die Frage, ob passende Graphmodelle besser geeignet sind.

Diese gibt es im Bauwesen seit einigen Jahren bereits in Form von semantischen Ontologien. Ontologien stellen dabei strukturierte Modelle dar, in denen die relevanten Begriffe eines Anwendungsbereichs (z. B. *Gebäude*, *Bauherr*, *Genehmigung*, *Organisation*) definiert und deren Beziehungen zueinander modelliert werden (z. B. *Bauherr betreibt Gebäude*). Aus diesen Struktu-

ren entsteht ein Wissensgraph. Dieser ist Vergleich zu IFC-Modellen einfacher, da sie keine Geometrien abbilden, sondern semantische Zusammenhänge erfassen. Zunehmend wächst das Interesse, diese deterministischen Eigenschaften auch für KI-Verfahren zu nutzen. Dabei erweist sich als Vorteil, dass Wissensgraphen im Gegensatz zu unstrukturierten Textmodellen in LLMs eine höhere Eindeutigkeit aufweisen. Zudem ermöglichen sie symbolisches Reasoning, das über die probabilistischen Verfahren von LRMs hinausgeht. Dadurch können auch bei komplexen Fragestellungen korrekte und nachvollziehbare Schlussfolgerungen abgeleitet werden.
Ein besonders dynamisches Forschungsfeld stellt in diesem Zusammenhang *Graph-Retrieval-Augmented Generation (Graph-RAG)* dar. Hierbei werden Wissensgraphen mit Sprachmodellen kombiniert, um Abfragen nicht nur über Text-Embeddings, sondern über die Struktur des Graphen zu steuern. Im Unterschied zu klassischem RAG, das auf Vektordatenbanken basiert, ermöglicht Graph-RAG eine semantisch präzisere und konsistentere Kontextsuche, da logische Relationen im Graphen direkt berücksichtigt werden. Dies verbessert die Qualität der generierten Antworten, da die Modelle auf explizite, strukturierte Wissensrepräsentationen zurückgreifen können. Insbesondere in BIM-Anwendungen eröffnet dies neue Möglichkeiten, etwa bei der Regelprüfung, der konsistenten Integration von Änderungsinformationen oder der automatisierten Dokumentation komplexer Abhängigkeiten.
Eine besondere Rolle kommt in diesem Zusammenhang Graph-Neuronalen Netzen (GNNs) zu, einer speziellen Form künstlicher neuronaler Netze, die in der Lage sind, Strukturen innerhalb von Wissensgraphen zu lernen (z. B. Relationen wie *Bauherr > Gebäude > Organisation*) und zusätzlich zugrundeliegende Daten zu analysieren (z. B. Flächennutzungen).
Stärken von GraphRag/GNN: Die Nutzung von Wissensgraphen bietet einen Ansatz, um LLMs Zugriff auf deterministisches Wissen zu geben und damit Halluzinationen zu reduzieren. Sie eignen sich insbesondere für stark graphbasierte Daten und die Faktenabfrage von direkten Relationen im Graphen, also z. B. wer der Betreiber eines Gebäudes ist. Auch gut geeignet sind GraphRAG für Inhalte die als Graph dem Nutzer kommuniziert werden können, wie Hierarchien oder Topologien. Wenn diese Strukturen erlernt werden sollen, so werden meist GNNs eingesetzt. Ihre besonderen Stärken liegen in ihrer Fähigkeit, komplexe Abhängigkeiten innerhalb von BIM-Modellen abzubilden und auszuwerten. Sie können Beziehungen zwischen Bauteilen, Räumen, Gebäuden und Organisationen modellieren und dabei sowohl geometrische als auch semantische Informationen integrieren. Zudem sind GNNs robust gegenüber unvollständigen Daten und können so z. B. Fehler reparieren.

Schwächen von GraphRag/GNN: Die Nutzung von Wissensgraphen bringt eigene Herausforderungen mit sich. Wissensgraphen müssen zunächst erstellt werden, wofür auf bestehende Ontologien oder projektspezifische Taxonomien für das Konzeptwissen zurückgegriffen werden kann. Das Instanzwissen muss hierfür spezifisch extrahiert werden und liegt meist nicht direkt vor, wie bei Texten. Alternativ ist eine dynamische Generierung von Wissensgraphen aus Texten mithilfe von LLMs denkbar, beispielsweise durch Frameworks wie *GraphRAG*. Hierbei ist jedoch eine sorgfältige Validierung erforderlich, da andernfalls inkorrekte oder irreführende Zusammenhänge extrahiert werden könnten.
Darüber hinaus gestaltet sich die Wissensabfrage in Graph-RAG-Systemen komplexer als in textbasierten Ansätzen. Während bei Vektordatenbanken die Suche über eine Ähnlichkeitsberechnung zwischen Anfrage und indizierten Textsegmenten erfolgt, ist die Abfrage in Wissensgraphen auf Knotenebene (Konzepte oder Instanzen) beschränkt. Insbesondere wenn die Graphen sehr viele Instanzen besitzen, wie bei IFC, kommt es zu großen Redundanzen, die kaum unterscheidbar sind. Befinden sich ferner relevante Knoten weit voneinander entfernt, können die Beziehungen zwischen ihnen nur schwer identifiziert werden. Dabei stellt sich oft die Frage, wie nachvollziehbar langkettige Relationen aus dem Graphen für die Nutzer sind. Wissensgraphen sind daher besonders geeignet zur Extraktion spezifischer Relationen, weisen jedoch Einschränkungen bei der Identifikation unspezifischer oder kontextübergreifender Zusammenhänge auf.

Anwendungen von GraphRag/GNN: Graph-RAG Ansätze werden in der Praxis meist zusammen mit einfachen RAG-Ansätzen verwendet. Der Graph dient hierbei zur Modellierung strukturierter Informationen wie Dateimetadaten, Organisationstrukturen und Ontologien; während textbasierte Dokumente in vektorbasierten RAGs gespeichert werden. Abfragen werden dann an das graphbasierte und das vektorbasierte RAG gesendet und dann vom LLM gemischt weiterverarbeitet. Dadurch kann man zwar graphbasierte Daten besser speichern, nutzt aber die eigentlichen Vorteile der Graphen wie symbolisches Reasoning nicht aus. GNN werden bisher vorwiegend in der Wissenschaft verwendet, um komplexe Graphstrukturen zu lernen und diese vorherzusagen. Sie eignen sich für Aufgaben wie die automatisierte Regelprüfung in BIM-Modellen, die Erkennung von Inkonsistenzen, die Optimierung von Bau- und Tragwerksentwürfen sowie die Prognose von Leistungskennzahlen im Betrieb.

3.7 Agentic AI zur Prozessautomation

In den vergangenen Monaten hat sich das Konzept der KI-Agenten als Alternative zu monolithischen Chatbots für alle Anwendungsfälle oder hochspezialisierten Chatbots für einzelne Aufgabenstellungen herausgebildet. KI-Agenten sind spezialisierte Systeme mit einer klar abgegrenzten Funktion, innerhalb derer sie Entscheidungen treffen und eigenständig Lösungswege auswählen können. Da eine vollständig autonome Arbeitsweise aufgrund des Risikos von Halluzinationen problematisch ist, spricht man in diesem Zusammenhang häufig von *agentischen KIs*. Diese verfügen über eine begrenzte Autono-

mie und werden gezielt auf bestimmte Aufgabenbereiche ausgerichtet.
Agentische KIs kommunizieren untereinander über Programmierschnittstellen (APIs) oder über neue Standards wie das *Model Context Protocol* (MCP) mit einem zentralen LLM, was aufgrund der Zuverlässigkeit meist ein LRM ist. Auf diese Weise können mehrere Agenten zu komplexeren Verarbeitungsketten verschaltet werden, die das LRM nach Bedarf anfragt, um umfassendere Aufgabenstellungen zu bearbeiten. Software-Frameworks wie *LangChain* oder *LangFlow* bieten hierfür modulare Strukturen, die die flexible Konfiguration solcher Systeme und den Aufbau komplexer Verarbeitungspipelines ermöglichen.

Stärken der Agentic AI: Ein wesentlicher Vorteil von KI-Agenten liegt in ihrer Spezialisierung. Durch eine klar definierte Aufgabenstellung können sie fokussiert arbeiten und dadurch eine höhere Zuverlässigkeit erzielen als generische Chatbots. Zudem lassen sich mehrere Agenten über APIs oder MCP miteinander verknüpfen, sodass komplexere Verarbeitungspipelines entstehen können, die vor allem auch traditionelle Tools wie CAD, Simulation oder Kostenschätzung integrieren. Diese modulare Architektur erlaubt es, Systeme flexibel zu konfigurieren und schrittweise an spezifische Anforderungen anzupassen. Darüber hinaus können KI-Agenten definierte Operationen innerhalb von Dateninfrastrukturen ausführen und damit Aufgaben bearbeiten, die bisher schwer oder gar nicht automatisierbar waren.

Schwächen von Agentic AI: Mit dem Einsatz von Agentic AI sind auch Einschränkungen verbunden. Ihre Autonomie birgt das Risiko das Halluzinationen fehlerhaften Entscheidungen treffen. Deshalb sollten sie nicht vollständig selbstständig agieren können und in kritischen Situationen übergeordnete Kontrollmechanismen nutzen. Zudem hängt ihre Leistungsfähigkeit stark von der Qualität der Schnittstellen und Protokolle ab, über die sie miteinander kommunizieren. Fehlkonfigurationen oder unzureichend definierte Schnittstellen können zu Inkonsistenzen in den Prozessen führen. Schließlich bleibt die Entwicklung und Wartung agentischer Systeme komplex, da für jede spezialisierte Aufgabe geeignete Trainingsdaten, Validierungsmechanismen und Kontrollstrukturen erforderlich sind. Dies limitiert ihre Skalierbarkeit und stellt erhöhte Anforderungen an die Implementierung in bestehenden Dateninfrastrukturen.

Anwendungen von Agentic AI: Agentic AI Systeme sind vorwiegend noch in der Erforschung, wobei die Grenzen zu traditionellen Prompt-Chaining verlaufen. Derzeit entstehen für viele Tools MCP-Schnittstellen mit denen LLM diese verwenden können. Die umgesetzten Szenarien sind allerdings meistens experimentell. Abb. 10 zeigt ein solches Szenario für ein Planungsassistenten der Modelle für die Normenberatung (z. B. RAG) mit einer analytischen Kostenschätzung und simulativen Tools für die Tragwergsprüfung kombiniert und in ein Entwurfstool integriert. Dadurch können diese Tools durch das LRM gezielt angesteuert und integriert werden. Die Hoffnung ist, dass das LRM sich selbst die notwendigen Funktionen raussucht. Dies reduziert zwar den Integrationsaufwand traditioneller automatisierter Toolchains, reduziert aber auch die Zuverlässigkeit durch Halluzinationen. So wurden z.T. Datenbanken gelöscht, weil das LRM es für notwendig hielt. Dementsprechend sollte hier sehr auf Zugriffsbeschränkungen der Tools geachtet werden.

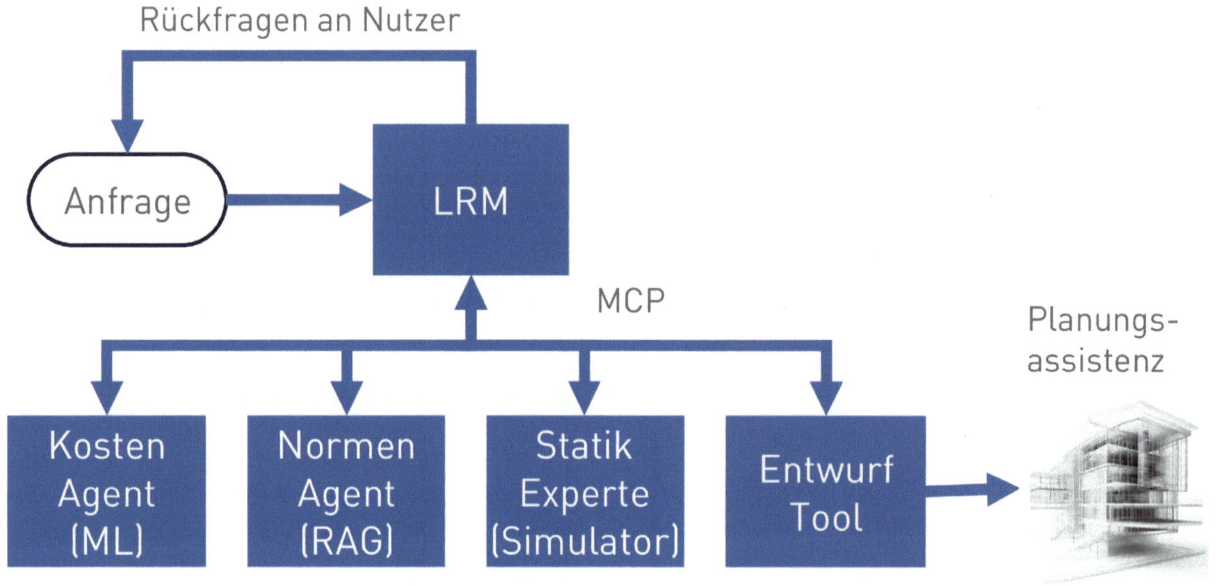

Abb. 10: Konzept einer Agenten-Umgebung zur Assistenz bei der Planung. Hierbei bieten KI-Agenten verschiedene Expertisen an, die durch ein LRM angesprochen werden, um fallspezifische Beratung anzubieten

3.8 BFM – Building Foundation Models

Die bislang diskutierten Ansätze konzentrieren sich im Wesentlichen auf die Verarbeitung von Text- und Bildinformationen. Weder Finetuning noch RAG-gestützte Wissensgraphen sind jedoch in der Lage, komplexe Datenformate wie BIM-Modelle, Punktwolken oder Verkehrsnetzwerke adäquat zu erfassen. Für solche Anwendungsfälle werden spezifisch trainierte Modelle benötigt. In verschiedenen Fachbereichen, etwa der Medizin, Klimaforschung, Mechanik oder Robotik, entstehen solche spezialisierte *Foundation-Modelle*. Für das Bauwesen ergibt sich daraus die Notwendigkeit, *Building Foundation Models* (BFM) zu entwickeln, die räumlichen und zeitlichen Zusammenhänge in Daten und Bauprozessen abbilden und für unterschiedliche Aufgaben trainierbar machen. Abbildung 11 illustriert beispielhafte Ein- und Ausgangsmodalitäten solcher Modelle. Von besonderer Relevanz sind in diesem Zusammenhang Graph-Neuronale Netze (GNNs), da sie die Graphstruktur semantischer IFC-Modelle nutzen können, beispielsweise für Klassifikation, Validierung, Modellreparatur oder die automatisierte Entwurfsunterstützung.

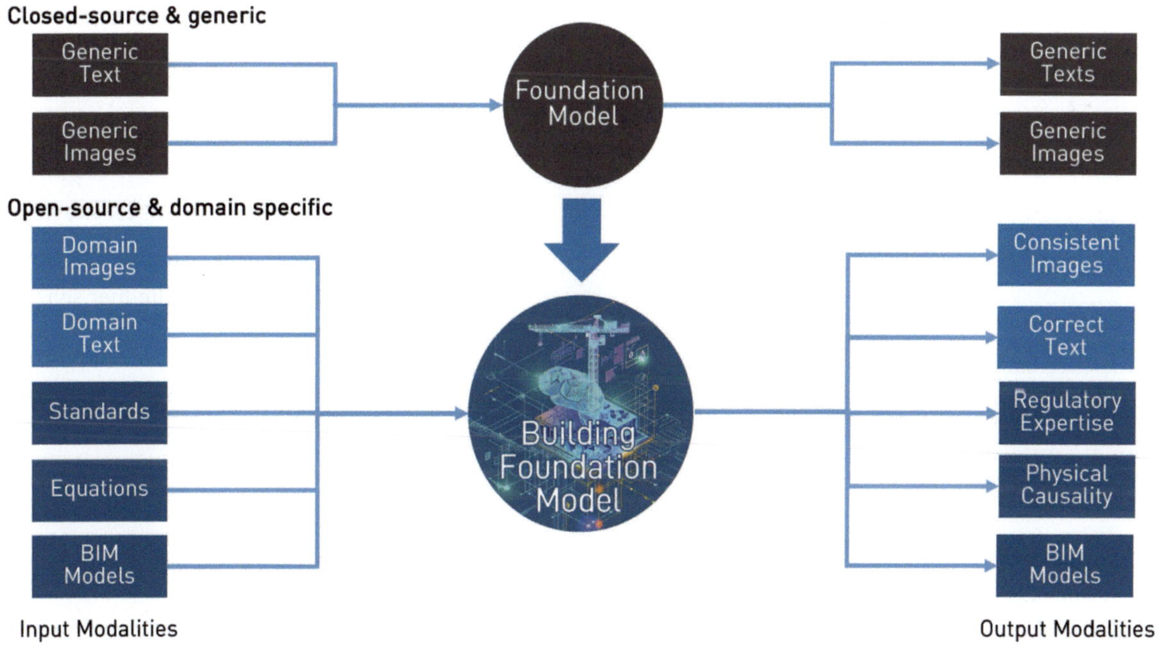

Abb. 11: Die Entwicklung von Building Foundation Models eröffnet viele Möglichkeiten zur angepassten Analyse und Generierung bautypischer Daten (aus [9])

Die Entwicklung und das Training von BFMs erfordern in erster Linie qualitativ hochwertige Datensätze. Deren Erstellung ist anspruchsvoll, da sie das in verschiedenen Dokumenttypen verteilte Fachwissen konsistent abbilden und dabei Urheberrechte bewahren müssen. Zusätzlich müssen Entwurfsentscheidungen und deren Hintergründe nachvollziehbar dokumentiert werden. Darüber hinaus bedarf es spezieller Bewertungsmethoden, mit denen die Korrektheit der Modellergebnisse geprüft werden kann. Dabei ist zwischen kritischen Fehlern, tolerierbaren Abweichungen mit Sicherheitsfaktor und irrelevanten Ungenauigkeiten zu unterscheiden. Eine praktikable Lösung könnte in der gemeinschaftlichen Erstellung und Pflege von Datensätzen durch Datengenossenschaften bestehen.

4. Fazit

Die Analyse zeigt, dass es generative KI-Modelle im Bauwesen erhebliche Potenziale für Effizienzsteigerungen und Automatisierung eröffnet, das jedoch zugleich durch intrinsische Modellgrenzen und domänenspezifische Herausforderungen begrenzt ist. Während große Sprach- und Bildmodelle bereits jetzt in frühen Entwurfsphasen, zum Dokumentenmanagement und zur Kommunikation Unterstützung bieten können, stoßen sie bei der Verarbeitung von domänenspezifischen räumlichen und kausalen Daten an ihre Grenzen. Methoden wie RAG oder Graph-RAG mit Ontologien bieten erste Lösungsansätze, um Fachwissen explizit nutzbar zu machen und Halluzinationen zu reduzieren. Graph-Neuronale Netze (GNNs) erweitern dieses Spektrum, indem sie die Struktur semantischer BIM-Daten für Aufgaben wie Klassifikation, Validierung oder Vorhersage erschließen. Hier fehlt es bisher an praktischen Lösungen.

Zugleich verdeutlicht die Diskussion, dass die intrinsischen Modellgrenzen generischer Modelle damit nicht überwunden werden können. Vielmehr besteht die Notwendigkeit, spezialisierte *Building Foundation Models* (BFMs) zu entwickeln, die räumlichen, zeitlichen und normativen Zusammenhänge im Bauprozess systematisch abbilden. Voraussetzung hierfür sind qualitativ hochwertige, kuratierte Datensätze, die das verteilte Fachwissen des Bauwesens konsistent repräsentieren. Diese können nur durch gemeinsame Anstrengungen in Datengenossenschaften gesammelt werden, um die Potenziale von KI über den gesamten Lebenszyklus von Bauwerken hinweg nutzbar zu machen.

Literatur

[1] Statistisches Bundesamt, Themenbereich 81000, 2024

[2] McKinsey: Delivering on construction productivity is no longer optional, 2024

[4] McKinsey: A new future of work: The race to deploy AI and raise skills in Europe and beyond, 2024

[5] Turing, A. M.: Computing machinery and intelligence (pp. 23-65). 2009

[6] Vaswani, Ashish, et al.: Attention is all you need. NeurIPS 30, 2017

[7] Ploennigs and M. Berger, Generative AI and the History of Architecture. Springer, 2024

[8] Shojaee, P.; Mirzadeh, I.; Alizadeh, K.; Horton, M.; Bengio, S.; Farajtabar, M.: The Illusion of Thinking: Understanding the Strengths and Limitations of Reasoning Models via the Lens of Problem Complexity, Apple, 2025

[9] Ploennigs, J., Berger, M., Wortmann, T., Kirchner, J., Beetz, J., Roitberg, A., Menzel, K., Ommer, B.: Building Foundation Models-Potentials, Challenges and Research Directions for Using LLM and LVM in AEC. EC3. 2025

Bauen im digitalen Zeitalter – Erfolgsstrategien für die Transformation

Von der Digitalisierung zur systematischen Optimierung: Ein strategischer Fahrplan für Unternehmen

Dipl.-Ing. Univ. Arnulf Christa
Christa Consult, Augsburg, Deutschland

Zusammenfassung
Die Digitalisierung eines Bauunternehmens ist ein umfassender Transformationsprozess, der nicht nur den Einsatz neuer Software erfordert, sondern eine grundlegende Optimierung und Vernetzung aller Geschäftsprozesse. Während die Baubranche im Vergleich zu anderen Industrien hinterherhinkt, zeigen erfolgreiche Unternehmen, dass Digitalisierung ein entscheidender Wettbewerbsvorteil sein kann. Ein systematischer Ansatz mit klarer Konzeption, Auswahl geeigneter Software, kontinuierlicher Kommunikation und gezielter Einführung stellt sicher, dass Unternehmen langfristig effizienter, kostengünstiger und attraktiver für Fachkräfte werden.

1. Digitalisierung – warum eigentlich?

Seien wir doch mal ehrlich. Sind Sie es nicht leid, dass Ihnen ständig erklärt wird, wie rückständig die Baubranche ist und wie KI alles verändern wird? Dann zeigt man Ihnen Roboterhunde oder Drohnen, die über das Baufeld schweben. Oder man präsentiert Ihnen überdimensionale 3D-Drucker, die länger für den Aufbau brauchen als Ihre Mitarbeiter, um das ganze Stockwerk zu mauern.

Abb. 1: Baustelle der Zukunft, ChatGPT 30.08.2025

Wenn Sie morgen wieder in Ihrem Betrieb sind, stöhnt die Buchhalterin, wenn Sie die Ergebnisse der Baustellen einsehen möchten. Ihr Kalkulator braucht zwei Wochen für ein dringend benötigtes Angebot. Ihr Planer hat keine Kapazitäten für die Massenermittlung. Ihre Bauleiterin sitzt im Baucontainer und schreibt Berichte, statt die Baustelle zu leiten.

Ich kenne die Abläufe in Bauunternehmen gut. Seit über 30 Jahren arbeite ich als Bauleiter, Kalkulator oder Geschäftsführer. Dabei war ich für Bauunternehmen mit 100 bis über 6.000 Mitarbeitern verantwortlich. Ich habe nicht nur in Deutschland, sondern auch in den USA, Indien und den V. A. E. gesehen, wie Bauprojekte organisiert werden. Robotik wird uns von Jahr zu Jahr dabei helfen, effizienter zu produzieren. In der Vorfertigung von Bauelementen sind Roboter heute jedoch besser eingesetzt als auf der Baustelle. Wir müssen bei der Digitalisierung darauf achten, dass wir wirtschaftlich investieren. Es geht darum, die Effizienz des gesamten Bauprozesses zu steigern. Ein guter Ausweg aus dem Teufelskreis von Überlastung, steigenden Personalkosten und schlechten Ergebnissen ist die durchgängige Digitalisierung aller Unternehmensprozesse. Sie lesen richtig: aller Prozesse. Es nützt wenig, wenn man gleichzeitig mit Klemmbrett und Tablet über die Baustelle laufen muss.

Die Digitalisierung eines Bauunternehmens ist eine große Veränderung. Man kauft nicht einfach Software und ein paar neue Computer, und schon läuft alles wie am Schnürchen. Es ist eine Transformation des gesamten Unternehmens. Dieser Change-Prozess muss gut geplant und durchgeführt werden.

2. Wo steht die Baubranche?

„Die Baustellen des Jahres 2023 könnten in vielerlei Hinsicht denen des Jahres 1923 ähneln, mit manuellen Maurerarbeiten, Papierplänen und Gerüsttürmen. Mit einem Umsatz von 12 Billionen Dollar ist die Architektur-, Ingenieur- und Baubranche (AEC) eine der größten Branchen der Welt, doch in der Vergangenheit gehörte sie zu denjenigen, die am langsamsten digitalisieren und innovieren.“ So beginnt eine Studie von McKinsey & Company [1].

Unsere Branche ist in der Digitalisierung also hinten dran. Haben Sie daher noch viel Zeit? Wenn Sie einen Wettbewerbsvorteil haben wollen, dann sollten Sie handeln. Es gibt nämlich schon Firmen, die eilen der Branche voraus und feiern damit Erfolge.

Goldbeck hat seinen Umsatz in den letzten zehn Jahren auf über 6 Milliarden Euro mehr als verdreifacht. „Wir stellen den Menschen in den Mittelpunkt und begreifen KI als Werkzeug und Assistenzsystem. Unsere Vision ist, eines Tages Gebäude mit KI zu prompten“, betont Jan-Hendrik Goldbeck im letzten Geschäftsbericht [2] seines Unternehmens.

Insgesamt besteht noch ein erheblicher Nachholbedarf. Darauf macht die pwc-Studie vom Februar 2024 „Die Bauindustrie in Krisenzeiten“ [3] aufmerksam. Der Digitalisierungsgrad der Bauindustrie wird dort mit 45 % beziffert. Auffällig ist, dass im Jahresvergleich von 2023 zum Vorjahr sogar ein Rückgang von 3 % ermittelt.

Die Sicht ist auch bei einer durchgehenden Planung in einem Modell auf ein Projekt beschränkt. Ein Bauunternehmen ist aber vor allem dann erfolgreich, wenn die Koordination zwischen den Projekten zu einer guten Auslastung führt. Welche Ressourcen wann auf welchem Projekt benötigt werden, wird hier nicht abgebildet. Auch die Durchgängigkeit der Personalpräsenz auf der Baustelle im Hinblick auf die Lohnbuchhaltung und das Baustellencontrolling wird durch ein organisationsübergreifendes BIM nicht erleichtert.

Viel wichtiger ist es daher, alle internen Prozesse zu digitalisieren und zu optimieren und gleichzeitig über Schnittstellen für Kundenanforderungen offen zu bleiben.

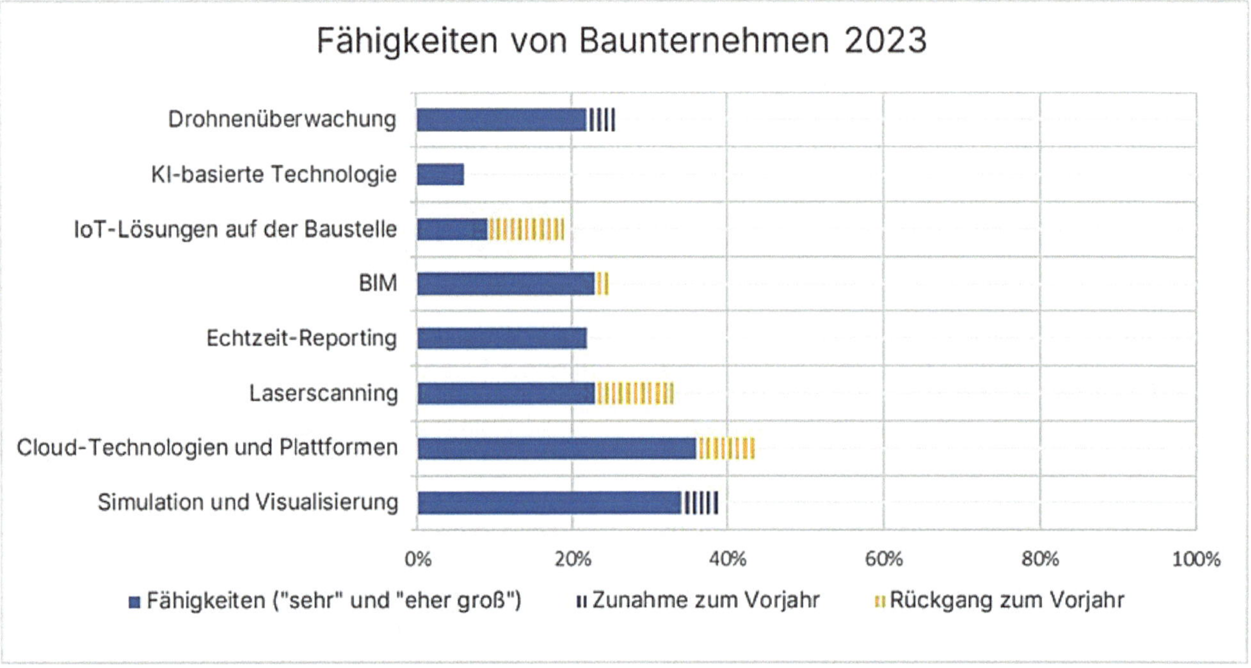

Abb. 2: Quelle: pwc Studie Bauindustrie 2024 [3]

Während viele Unternehmen nur Probleme sehen, erkennen andere Chancen. Die Digitalisierung und die damit verbundene Differenzierung vom Wettbewerb ist eine solche Chance.

Zahlreiche Veröffentlichungen beschäftigen sich mit Building Information Modeling (BIM). „Building Information Modeling beschreibt eine Arbeitsmethode für die vernetzte Planung, den Bau und die Bewirtschaftung von Gebäuden und anderen Bauwerken mithilfe von Software.“[4] Dabei wird vor allem diskutiert, wie durch die Zusammenarbeit aller Projektbeteiligten in einem Datenmodell die Prozesse effizienter gestaltet werden können. Die Planung in einem gemeinsamen Modell durchzuführen und durch weitere Informationen anzureichern, ist heute vor allem für Bauherren von Vorteil. Für Bauunternehmen ist es meist nur von Vorteil, wenn von der Planung bis zur Abnahme alles in einer Hand bleibt.

3. Was versteht man unter Digitalisierung?

Der Begriff „Digitalisierung” bezeichnet den Prozess der Umwandlung analoger Informationen und Prozesse in digitale Formate. Dabei geht es um die Nutzung vernetzter Computer, um die Kommunikation zwischen Menschen und Organisationen effizienter zu gestalten. Schließlich geht es auch darum, wie Prozesse und Tätigkeiten automatisiert und neue Geschäftsmodelle generiert werden können.

Es geht also um weit mehr als nur darum, das Papier durch Dateien auf dem Computer zu ersetzen. Man spricht von drei Stufen der Digitalisierung.

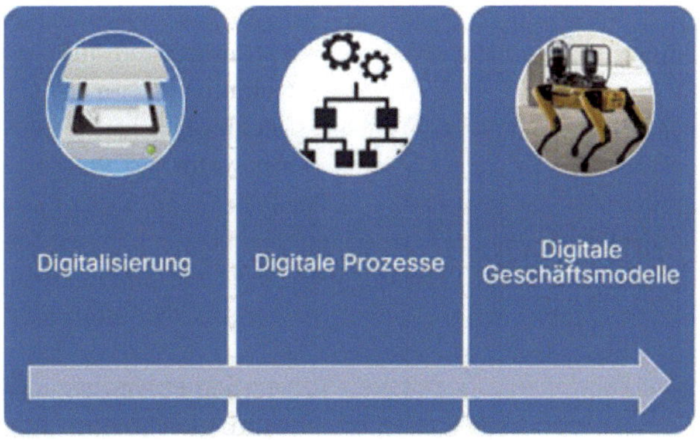

Abb. 3: Drei Stufen der Digitalisierung

In der ersten Stufe wird das Papier einfach durch eine Datei ersetzt. Das Papier wird eingescannt und in einem Dateiformat, auf dem Computer gespeichert. Viele Baufirmen legen diese Dateien heute schon geordnet auf Servern ab. Das nützt aber wenig, wenn nicht jeder Projektbeteiligte – ob auf der Baustelle im Home-Office oder im Büro – jederzeit darauf zugreifen kann. Möglicherweise wird parallel noch eine Papierablage in Ordnern geführt – zur Sicherheit.

In der zweiten Stufe werden die Prozesse tatsächlich vollständig digital abgebildet. Einfache Prozesse, die sich für den Einstieg eignen, sind beispielsweise Urlaubsanträge oder Investitionsentscheidungen. Auch wenn solche Prozesse einfach erscheinen, können sie in größeren Unternehmen recht komplex werden.

Beim Urlaubsantrag muss klar sein, dass der Urlaubsanspruch tatsächlich noch besteht, dass die Vertretung nicht gleichzeitig Urlaub hat und dass auch der Abteilungsleiter und der Chef mit dem Urlaub einverstanden sind. Nach der Genehmigung sollten alle Beteiligten informiert und die Urlaubstage möglichst automatisch verbucht werden. Sollte der Urlaub aus irgendwelchen Gründen doch nicht genommen oder abgebrochen werden, sollte auch die Rückbuchung möglich sein.

Man sieht an diesem kleinen Beispiel, dass auch einfache Workflows im Detail organisiert werden müssen, wenn sie später reibungslos funktionieren sollen.

In der dritten Stufe geht es um durch die Digitalisierung erst mögliche veränderte Geschäftsmodelle. So ist es beispielsweise für den Generalunternehmer von Einfamilienhäusern möglich, große Teile der Planfreigabe, Bemusterung und Auswahl von Optionen inklusive der Mehr- und Minderpreise online zu automatisieren. Das ist eine große Erleichterung und Verbesserung für Bauunternehmer und Bauherren. Der Streit um Mehrkosten, die manchmal erst nach der Ausführung kommuniziert werden, gehört damit der Vergangenheit an.

4. Was kann man sich unter digitalen Geschäftsmodellen vorstellen?

Ein digitales Geschäftsmodell im Ingenieurbau impliziert die systematische Nutzung und Monetarisierung von Wissen, Daten und digitalen Tools. Wertschöpfung wird nicht nur über Dienstleistungen für Projekte, sondern auch über Plattformen, Services oder Produkte erzielt. Der Umsatz verschiebt sich zu wiederkehrenden, skalierbaren digitalen Leistungen.

Wenn man an neue Geschäftsmodelle denkt, denkt man natürlich an ConTech. Startups, die mit Software und anderen Dienstleistungen angetreten sind, die Baubranche zu revolutionieren.

Denkbar wäre aber auch ein Unternehmen, das sich beispielsweise darauf spezialisiert, mit Hilfe von Robotern automatisch Dübel in Parkhausdecken zu bohren, Sprinkleranlagen zu installieren oder Fassaden zu streichen.

Abb. 4: Fischer BauBot, 2024 [5]

Ebenso sind Geschäftsmodelle vorstellbar, die Prozesse wie den Schalungsbau oder die Bewehrungsherstellung vollständig automatisieren. Auch die KI-gestützte Planung, Konstruktion und Kalkulation kompletter Gebäude ist bereits angedacht.

In Zukunft wird Ihre Planung vollständig im BIM-Modell stattfinden. Sie werden in einem digitalen Zwilling nicht nur das künftige Bauwerk, sondern auch den Bauablauf simulieren und optimieren. Damit gehören die meisten Änderungen während der Bauzeit endlich der Vergangenheit an. Sie brauchen keine Argumente mehr, um zu erklären, warum ein gestörter Bauablauf Geld kostet.

5. Warum sollte ich mich als Bauunternehmer damit befassen?

„Da mit der Digitalisierung große Risiken verbunden werden, Einnahmen auch ohne Digitalisierung möglich sind und die Digitalisierung nicht als Gewinntreiber verstanden wird, erfolgt die Digitalisierung häufig mit geringer Priorität", kann man in einer Studie des Fraunhofer IESE zum Stand der Digitalisierung in der Baubranche von 2023 [6] lesen.

Leider gehen viele Unternehmer fälschlicherweise davon aus, dass Investitionen in die Digitalisierung nicht zu höheren Gewinnen führen. Richtig ist, dass die Digitalisierung Risiken birgt. Wie jede größere Veränderung im Unternehmen muss der Prozess sorgfältig geplant und umgesetzt werden. Dann werden die Maßnahmen erfolgreich sein, die Kosten senken, die Baustellen effizienter machen und das Unternehmen auf die nächste Stufe heben.

Viele Bauunternehmer haben bereits alle Kernprozesse digitalisiert oder sind auf dem Weg dorthin. Damit werden die weiter steigenden administrativen Anforderungen

beherrschbar und der Personalaufwand für Verwaltungsaufgaben deutlich reduziert.
Großprojekte beispielsweise in den USA setzen bereits seit Jahren ausschließlich auf digitale Kommunikation und Dokumentation. Die Kunden machen hier den Unterschied. Es ist offensichtlich: Das gilt inzwischen auch für den deutschen Markt.
Wenn Sie glauben, dass die Digitalisierung Ihnen einen Vorteil verschaffen kann, dann sollten Sie Ihr Unternehmen jetzt digitalisieren. Später wird es kein Wettbewerbsvorteil mehr sein.

6. Der Fahrplan zur Digitalisierung

Am Anfang eines Digitalisierungsprojekts steht die Konzeption und die richtige Teamaufstellung. Oft denkt man: „Das macht schon der IT-Verantwortliche." Doch das wäre ein Trugschluss. Denn im Kern geht es nicht um Technik, sondern um die Optimierung der Geschäftsprozesse. Deshalb braucht es eine Rolle, die direkt an die Geschäftsführung angebunden ist – einen Digitalisierungsbeauftragten. Diese Person sollte Kenntnisse im Prozessmanagement, in der Digitalisierung, in der IT und im Change-Management mitbringen. Falls nicht alles vorhanden ist, sollte Zeit für Weiterbildung eingeplant werden, denn auf dem Arbeitsmarkt wird man geeignete Kandidaten kaum schneller finden.

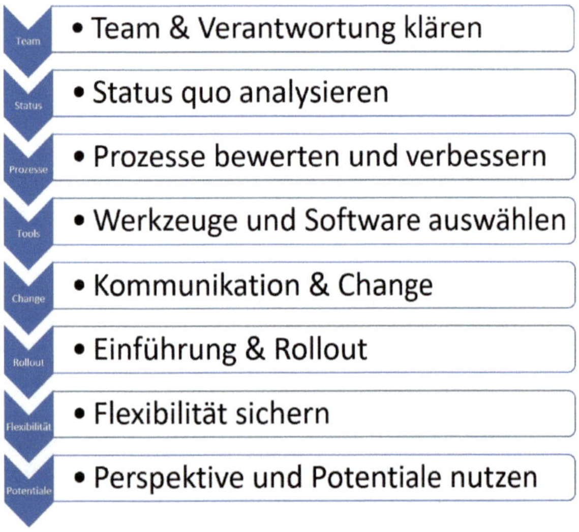

Abb. 5: Roadmap zur Digitalisierung

Dieser Beauftragte baut ein Team auf, in dem alle Abteilungen vertreten sind. Je nach Unternehmensgröße arbeiten die Mitglieder in Vollzeit oder nur stundenweise mit. Entscheidend ist: Sie dürfen nicht an externen Schulungen sparen, denn erprobte Konzepte für die Digitalisierung gibt es bereits in vielen Bereichen. Hilfreich ist es auch, sich mit befreundeten Unternehmen auszutauschen, die vielleicht schon ein Stück weiter sind.
Der erste inhaltliche Schritt besteht darin, sich einen detaillierten Überblick über die bestehende IT-Landschaft und die Datenbankstrukturen zu verschaffen. Ebenso wichtig ist es, sämtliche Unternehmensprozesse präzise zu beschreiben – auch die Abläufe auf den Baustellen. Oft ist das nicht dokumentiert. Nehmen wir den einfachen Urlaubsantrag: In vielen Firmen ist das noch ein Papierformular, das per Hauspost herumgereicht wird. Jeder weiß zwar ungefähr, was damit zu tun ist, aber nirgendwo ist festgehalten, wie der Prozess im Detail abläuft. Solche Beschreibungen müssen jetzt erstellt werden – genauso wie für Preisanfragen, Kalkulationen, Angebotsfreigaben, Personalausschreibungen oder alle anderen Unternehmensprozesse.
Zu jedem Prozess sollte eine Notiz ergänzt werden, wie er sich künftig verbessern lässt. Dabei ist Pragmatismus gefragt: Prozessbeschreibungen dürfen weder zur wissenschaftlichen Arbeit noch zum Dogma werden. Es geht darum, praktikable Grundlagen zu schaffen, die später flexibel angepasst werden können. Bei Bedarf sollte rechtzeitig externe Unterstützung eingeplant werden, auch wenn sie Geld kostet – die Reduzierung von Fehlversuchen und Frust bei den Mitarbeitern ist es meist wert.
Parallel zur Konzeption stellt sich die Frage nach den richtigen Werkzeugen. Studien, etwa vom Fraunhofer-Institut, zeigen: Der größte Nutzen entsteht dann, wenn man Insellösungen vermeidet und stattdessen eine durchgängige Vernetzung schafft – von der Planungssoftware bis hin zu den Maschinen. Das bedeutet, man muss sich im Zweifel auch von liebgewonnenen Tools verabschieden und konsequent darauf achten, dass es für jede Aufgabe nur eine einheitliche Software gibt. Alle nutzen also dasselbe Kalkulationsprogramm, dieselbe Terminplanungssoftware und dieselben Werkzeuge für Kommunikation und Dokumentation.
Bei der Auswahl der Software ist weniger oft mehr. Idealerweise gibt es für jeden Arbeitsplatz ein zentrales Paket, das alle wesentlichen Funktionen abdeckt. Besonders wichtig sind moderne, intuitive Benutzeroberflächen und der gemeinsame Zugriff auf identische Daten – ob im Büro, am Laptop, am Tablet oder am Smartphone. Ebenso unverzichtbar sind offene Schnittstellen, auch zu älteren Formaten wie GAEB oder EFB-Blättern, die in der Branche weiterhin verbreitet sind. Selbstverständlich müssen die Programme die deutschen Datenschutzstandards erfüllen. Meist bedeutet die Umstellung auch, dass eigene Server überflüssig werden und Daten in die Cloud wandern. Solche Veränderungen sollten frühzeitig mit der IT abgestimmt werden.
Jeder Veränderungsprozess lebt von Kommunikation. Digitalisierung darf kein geheimes Projekt sein. Die Fachabteilungen müssen einbezogen, Zeit- und Kostenrahmen klar benannt und der Digitalisierungsbeauftragte allen vorgestellt werden. Ebenso wichtig ist eine laufende Information über Fortschritte, nächste Schritte, aber auch über Rückschläge. Konstruktive Kritik ist ausdrücklich erwünscht – Mitmachen hingegen nicht verhandelbar. Erst wenn der Erfolg sichtbar wird, sollte er auch aktiv gegenüber den Mitarbeitern und externen Stakeholdern kommuniziert werden.
Früher oder später kommt der Punkt der Einführung. Einen festen Zeitrahmen kann man kaum nennen, denn er hängt stark von Prozessen, Digitalisierungsgrad, Mit-

arbeiterkapazitäten und Zielen ab. Wichtig ist, realistisch zu planen und jedes Softwarepaket vor dem Rollout gründlich zu testen – auch im Zusammenspiel mit anderen Anwendungen. Pilotprojekte liefern wertvolle Erkenntnisse und zeigen den Schulungsbedarf auf. Während bei einfachen Workflows wie Krankmeldungen eine kurze Information reicht, erfordern komplexere Systeme gezielte Schulungen – teils beim Anbieter, teils intern oder online. Ganz entscheidend: Der neue digitale Prozess muss den alten konsequent ablösen. Wenn der Papierweg offen bleibt, werden ihn manche Mitarbeiter bis zur Rente nutzen.
Trotz guter Planung kann es immer wieder zu Anpassungen kommen: Funktionen werden nicht geliefert, Schulungen verzögern sich, eine Software entpuppt sich als untauglich. Hier ist Flexibilität gefragt. Wichtig ist, von Anfang an ausreichend Zeit- und Budgetpuffer einzuplanen.
Hat man die ersten Schritte geschafft, eröffnen sich oft ungeahnte Möglichkeiten. Plötzlich stehen alle Unternehmensinformationen strukturiert online zur Verfügung. Künstliche Intelligenz kann in Sekundenbruchteilen Unterlagen für ein Nachtragsangebot zusammenstellen oder aus Gerätedaten neue Erkenntnisse für die Kalkulation liefern. Bauleiter werden entlastet und können sich wieder stärker auf die Baustelle konzentrieren.
Deshalb gilt: Machen Sie keine Zukunftspläne, bevor die Grundlagen der Digitalisierung im Unternehmen stehen. Sobald die Prozesse digitalisiert sind, wird das kreative Potenzial der Mitarbeiter neue Ideen und Geschäftsmodelle hervorbringen, die man sich zuvor kaum vorstellen konnte.

7. Fazit

Die Digitalisierung im Bauwesen ist ein umfassender Transformationsprozess, der weit über die bloße Einführung neuer Software hinausgeht und eine grundlegende Optimierung sowie Vernetzung aller Geschäftsprozesse erfordert. Obwohl die Baubranche in der Digitalisierung im Vergleich zu anderen Industrien nachhinkt, bietet sie einen entscheidenden Wettbewerbsvorteil für Unternehmen, die diesen Weg konsequent beschreiten.
Der Kern der Digitalisierung liegt darin, die Effizienz des gesamten Bauprozesses nachhaltig zu steigern und so dem Teufelskreis aus Überlastung, steigenden Personalkosten und schlechten Ergebnissen entgegenzuwirken. Dies beinhaltet nicht nur die Ablösung von Papier durch digitale Dokumente, sondern vor allem die digitale Abbildung von Prozessen, sowie die Entwicklung neuer digitaler Geschäftsmodelle, die durch die Digitalisierung erst möglich werden.
In Zukunft wird es heißen: „Lass das doch die Softare machen!". Eine vollständige digitalisierte Dokumentation vorausgesetzt, können Sie schon heute das eingehende Nachtragsangebot vollständig automatisiert prüfen [7] und gleich noch den nötigen Schriftverkehr vorbereiten lassen.

Revolutionäre Maschinentelematik kann durch den Einsatz von Sensoren und Kameras, ihr Umfeld verstehen und Prozesse auf Baustellen und in Baurohstoffbetrieben vollständig automatisiert erkennen. Werksleiter erhalten automatisierte Massenflussinformationen in Echtzeit, was Kosten durch reduzierte manuelle Arbeit und Effizienzsteigerungen senkt.

Abb. 6: abaut GmbH, 2025 [8]

Zusammenfassend lässt sich sagen, dass die Digitalisierung keine geringe Priorität haben darf, da sie direkt zu höheren Gewinnen, beherrschbaren administrativen Anforderungen, reduziertem Personalaufwand für Verwaltungsaufgaben und einer Steigerung der Attraktivität für Fachkräfte führt. Unternehmen, die sich jetzt digitalisieren, sichern sich einen Wettbewerbsvorteil, der in Zukunft zur Notwendigkeit wird. Durch die digitale Transformation werden Mitarbeiter entlastet, können sich auf wertschöpfende Tätigkeiten konzentrieren und das kreative Potenzial für neue Ideen und Geschäftsmodelle freisetzen, die das Unternehmen zukunfts- und wettbewerbsstark aufstellen.

Literatur

[1] From start-up to scale-up: Accelerating growth in construction technology. McKinsey & Partners, 2023. Jose Luis Blanco, David Rockhill, Aditya Sanghvi, Alberto Torres

[2] Pressemitteilung zum Geschäftsbericht 23/24 von GoldbeckSeite7.10.09.2024.https://www.goldbeck.de/unternehmen/newsroom/news/geschaeftsjahr-2023-24-positiver-ausblick-bei-herausfordernden-rahmenbedingungen

[3] Die Bauindustrie in Krisenzeiten: Fortschritte bei ESG, Stillstand bei der Digitalisierung. PricewaterhouseCoopers vom Februar 2024 https://www.pwc.de/de/risk-regulatory/risk/capital-projects-and-infrastructure/bauindustrie-unter-druck.html

[4] BIM bei Wikipedia https://de.wikipedia.org/wiki/Building_Information_Modeling

[5] fischer übernimmt BauBot GmbH zu 100 Prozent, Pressemitteilung, Katharina Siegel-Rieck, Fischer Befestigungssysteme. https://www.fischer.group/de-de/newsroom/presseinformationen/fischer-befestigungssysteme/20241018-baubot

[6] Studie: Stand der Digitalisierung in der Baubranche. Fraunhofer IESE. 12.05.2023. Denis Feth, Thomas Jeswein und Stefanie Ludborzs. https://www.iese.fraunhofer.de/blog/digitalisierung-baubranche-studie/

[7] Capmo GmbH, Nachträge automatisiert prüfen https://www.capmo.com/loesungen/kunstliche-intelligenz-ki

[8] abaut Gmbh, Haufwerksanalyse https://www.abaut.de/hauwerksanalyse

New Skills – wie KI die Arbeitswelt im Ingenieurbau verändert

Dipl.-Ing. Christian Richert
kevee consulting gmbh, Köln, Deutschland

Zusammenfassung
Die Tragwerksplanung steht 2025 vor tiefgreifenden Veränderungen: Fachkräftemangel, steigende Projektkomplexität und digitale Anforderungen prägen die Branche. Künstliche Intelligenz (KI) eröffnet neue Potenziale, verändert aber zugleich das Berufsbild. Im Fokus des Beitrags stehen die „New Skills", die Ingenieur:innen künftig benötigen: technologische Kompetenz im Umgang mit Daten und KI-Tools, kommunikative Fähigkeiten zur Vermittlung von Ergebnissen sowie adaptive Kompetenz für lebenslanges Lernen und Change-Management. Studien wie der Future of Jobs Report 2025 zeigen, dass technologische und soziale Fähigkeiten gleichermaßen an Bedeutung gewinnen. Entscheidend ist, Deskilling zu vermeiden und Ingenieurwissen mit KI sinnvoll zu verbinden. So werden Ingenieur:innen zu Übersetzern und Gestaltern einer hybriden Arbeitswelt.

1. Einleitung

Die Baubranche – und insbesondere der Ingenieurbau – befindet sich im Jahr 2025 in einer Phase tiefgreifender Transformation. Während Projekte immer komplexer werden und sich die gesellschaftlichen Anforderungen verschärfen, stehen Unternehmen unter hohem Zeit- und Kostendruck. Hinzu kommen externe Faktoren wie Klimaziele, verschärfte Bauvorschriften und die Notwendigkeit, Ressourcen effizient einzusetzen.
Künstliche Intelligenz (KI) ist dabei nicht mehr nur ein Zukunftsthema, sondern zunehmend ein realer Bestandteil von Planungs- und Bauprozessen. Ihre Anwendungen reichen von automatisierten Bildanalysen über die Generierung konstruktiver Varianten bis hin zu vorausschauender Wartung im Betrieb. Die Geschwindigkeit dieser Entwicklung stellt Bauingenieure, Architekten, BIM-Manager und Entscheider vor eine zentrale Frage: Welche neuen Fähigkeiten („New Skills") werden benötigt, um diese Werkzeuge nicht nur zu nutzen, sondern ihren Mehrwert voll auszuschöpfen?
Erfahrungen aus Unternehmen wie Kevee, die KI bereits in mehreren Bereichen administrativer, aber auch technischer Prozesse einsetzen, zeigen: Die Technologie selbst ist nur die halbe Miete. Entscheidend sind die Menschen, die sie bedienen, interpretieren und in den Gesamtkontext einbetten. Damit verändert KI nicht nur Werkzeuge – sie verändert Rollen, Arbeitsweisen und das Berufsbild des Ingenieurs grundlegend.

2. Status Quo – Wo steht der Ingenieurbau 2025?

Die Ausgangslage ist geprägt von drei Megatrends, die auch ohne KI den Ingenieurbau vor enorme Herausforderungen stellen:

2.1 Fachkräftemangel

Der Mangel an qualifizierten Bauingenieuren ist seit Jahren ein strukturelles Problem. Diverse Statistiken zeigen, dass viele tausend Ingenieur:innen fehlen, um alle offenen Stellen zu besetzen. Der Demografiewandel in Kombination mit den prognostizierten Zahlen der Studienabschlüsse zeigen eine Verschärfung in den kommenden Jahren. Laut einer aktuellen Umfrage von IWConsult [1] im Auftrag der wesentlichen Berufsverbände, u. a. VBI und BIngK geht die Branche davon aus, dass bis zu 22 % aller Positionen schwer bis gar nicht neu besetzt werden können. Die gravierendste Situation stellt sich im Bereich der Ingenieurbauwerke dar.

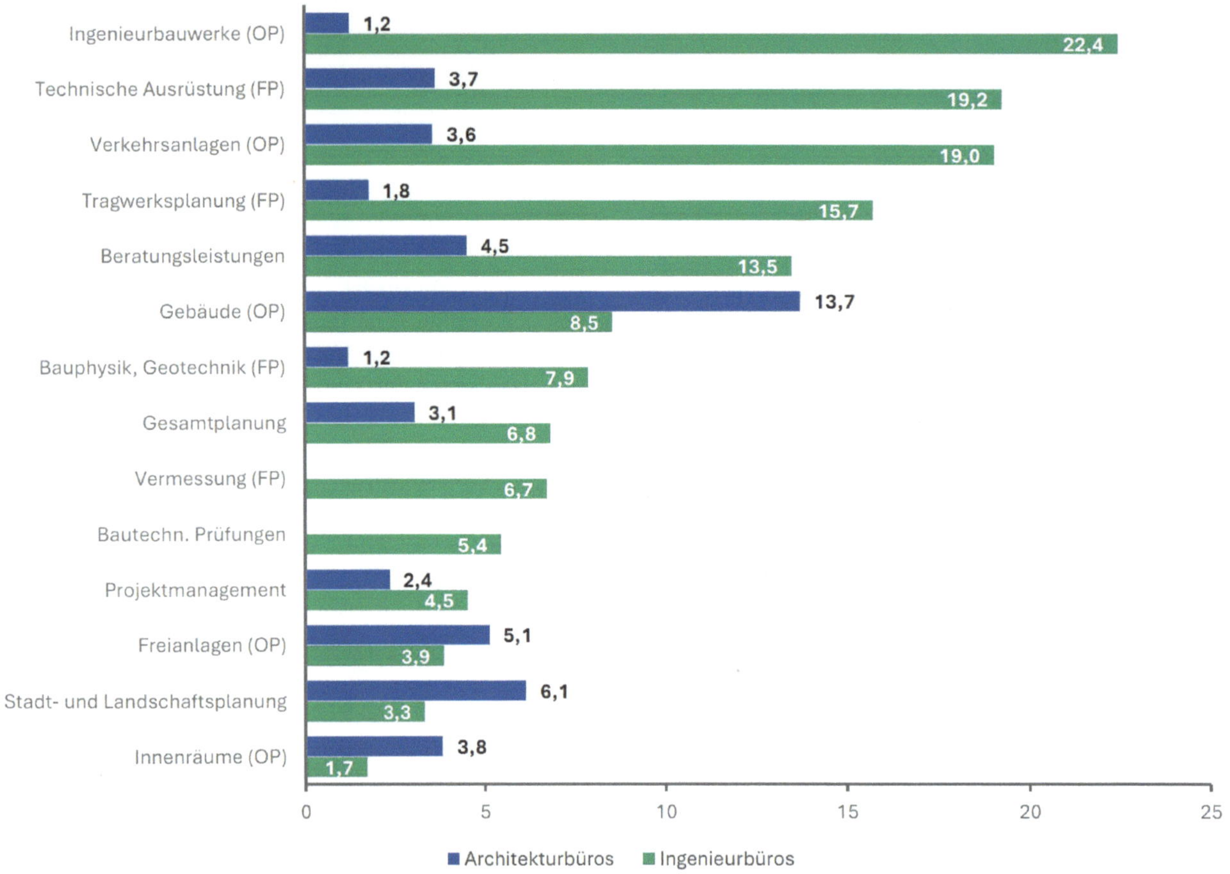

Abb. 1: Anteil in Prozent nicht zu besetzender Stellen gemäß Branchenbefragung – Quelle: IWConsult

2.2 Steigende Komplexität der Projekte

Großprojekte im Infrastrukturbau, Sanierungen im Bestand und multifunktionale Gebäude erfordern immer häufiger interdisziplinäre Teams. In diesen muss die steigende Anzahl an Schnittstellen aktiv bespielt werden. Allerdings auch in den einzelnen Fachbereichen muss eine steigende Anzahl von Kriterien beachtet werden um das Triumvirat von Kosten, Qualität und Terminen erfolgreich zu berücksichtigen. BIM (Building Information Modeling) als hilfreiche Methodik hat sich zwar als Standard etabliert, erfordert aber ein hohes Maß an Daten- und Prozesskoordination. Darüber hinaus liegt der Anteil der Büros, die die BIM-Methodik umfassend eingeführt haben und umsetzen bei unter 10 %.

2.3 Digitalisierung als Fundament

Die vergangenen zehn Jahre haben den Weg für den KI-Einsatz bereitet. BIM, Cloud-basierte Kollaboration und mobile Endgeräte sind längst im Arbeitsalltag angekommen. Dennoch ist der Digitalisierungsgrad sehr unterschiedlich: Während internationale Generalplaner bereits KI-gestützte Workflows testen, arbeiten viele Büros noch mit fragmentierten Softwarelösungen. Es ist darüber hinaus kein Einzelfall, dass das unstrittig unverzichtbare Ingenieur Know-How als Vorwand formuliert wird, um die Handrechnung einer digitalen Lösung vorzuziehen.

3. KI im Jahr 2025

Wir starten nicht auf einer grünen Wiese. Vielmehr knüpfen neue Werkzeuge an bestehende digitale Infrastrukturen an – oder scheitern daran, wenn diese unzureichend ausgebaut sind. Für die „New Skills" der kommenden Jahre ist deshalb nicht nur technologisches Verständnis entscheidend, sondern auch die Fähigkeit, bestehende Prozesse kritisch zu prüfen und für KI zu öffnen.
Mit der Integration von KI in bestehende Prozesse verändern sich die Aufgaben von Ingenieurinnen und Ingenieuren jedoch grundlegend. Viele klassische Routinetätigkeiten werden automatisiert oder unterstützt, während die Rolle der Fachkräfte sich stärker auf übergeordnete Aufgaben verlagert: Verständliche Kommunikation zu komplexen Fragestellungen, präzise Ergebniserläuterungen und die Vermittlung von Inhalten an unterschiedliche Zielgruppen – vom Bauherrn über die Genehmigungsbehörde bis zum eigenen Projektteam – gewinnen massiv an Bedeutung. Wer in der Lage ist, technische und KI-generierte Ergebnisse klar und zielgruppengerecht zu übersetzen, wird nicht nur als Planer, sondern auch als Gestalter von Entscheidungsprozessen unverzichtbar bleiben.

3.1 Besonderheiten Ingenieurbau

Die vorgenannten Aspekte gelten für die Planungsbranche insgesamt. Der Ingenieurbau zeichnet sich durch bestimmte Aspekte aus, die die Randbedingungen verstärken, sowohl in begünstigender als auch in erschwerender Hinsicht.

Die öffentliche Hand als Auftraggeber ist nicht zwingend der größte Innovator, gleichwohl existieren BIM und Datenstandards eher als in privatwirtschaftlich geprägten Planungsbereichen. Auch die früh involvierten Ausführenden legen häufig wert auf verlustfreie Datenübergabe. Definierte Standards in der ZTV-Ing. sind anerkannt und begünstigen Datenkonformität und den zukünftigen Einsatz von KI auch im technischen Bereich.
Die eingebundenen Planungsbereiche sind vielfach weniger fragmentiert und es wird stärker aus einem Guss geplant.
Darüber hinaus entwickeln sich über die Planung hinaus im Ingenieurbau aus den Anforderungen an Wartung und Instandhaltung Einsatzbereiche von KI, die z. B. im Hochbau weniger relevant in der Breite sind.
Die Offenheit gegenüber dem Einsatz von KI im Bereich des Monitorings kann bereits heute die Effizienz deutliche steigern und den damit verbundenen Aufwand reduzieren.
Durch die Verknüpfung zur öffentlichen Hand kommt dem Aspekt der Datensicherheit und des Datenschutzes eine besonders große Bedeutung zu, der man sich im Gegenzug bewusst sein muss.

4. Was bedeutet „New Skills" im Kontext von KI?

„New Skills" sind keine Modebegriffe, sondern ein echtes Transformationsprogramm für das Berufsbild im Ingenieurbau. Gemeint sind Fähigkeiten, die entweder neu entstehen oder eine ganz andere Gewichtung erhalten, weil KI den Arbeitsalltag verändert.
Während das klassische hintergründige Fachwissen unverzichtbar bleibt, verschiebt sich der Fokus in der täglichen Arbeit. Der „Future of Jobs Report 2025" des World Economic Forum [2] befasst sich mit dieser Veränderung der notwendigen Fähigkeiten. 2025 wird „analytisches Denken" branchenübergreifend immer noch als wichtigste Fähigkeit angesehen, danach allerdings ausschließlich gefolgt von wesentlichen Soft Skills.
Bis 2030 wird ein massiver Anstieg in den Kompetenzen rund um KI und Big Data erwartet, ebenso wiederum in „Kreativem Denken" und sozio-kulturellen Eigenschaften, wie Resilienz, Flexibilität und Agilität.

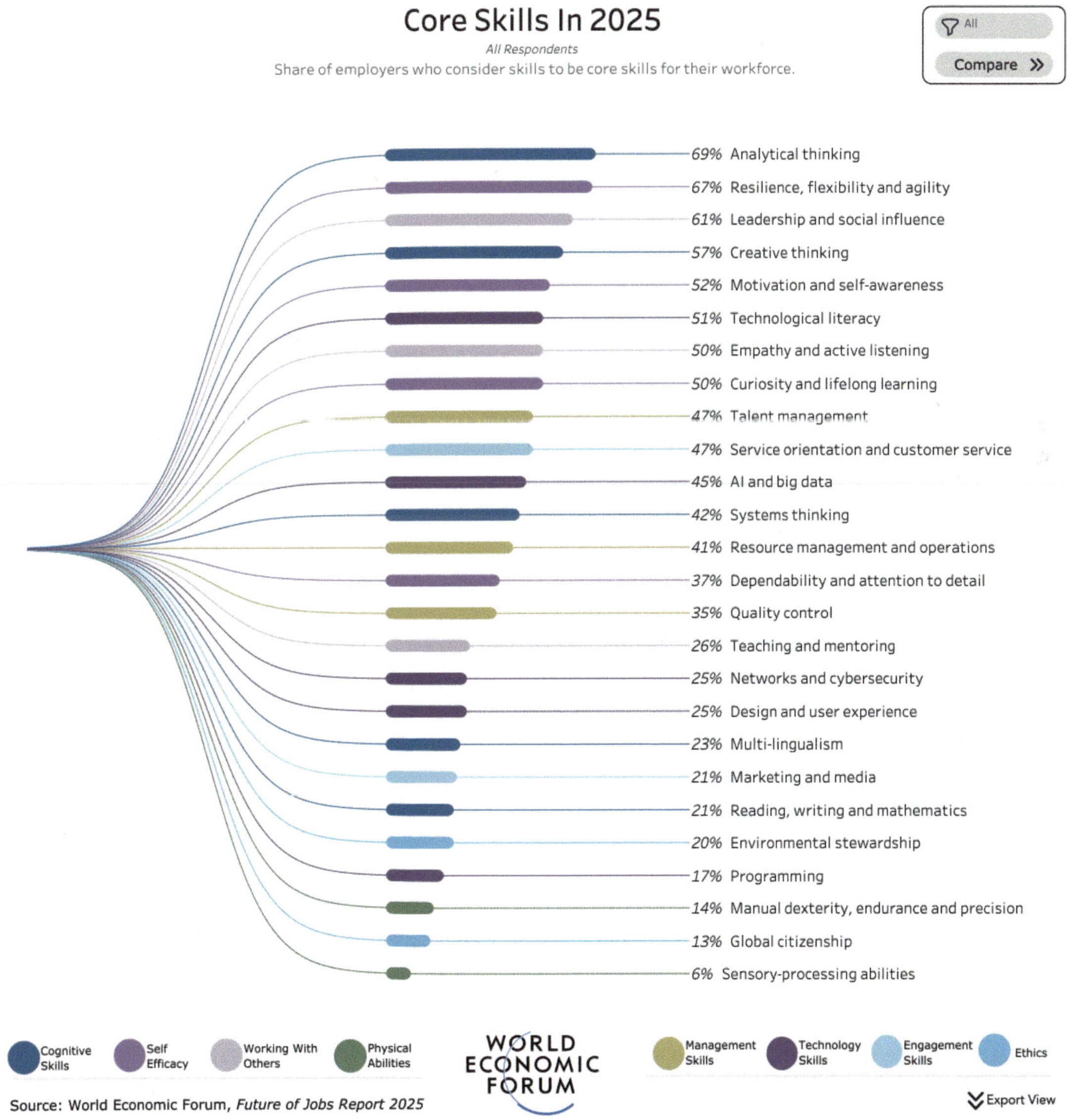

Abb. 2: Kernkompetenzen Branchenübergreifend Quelle: World Economic Forum – Future of Jobs Report 2025

Auffällig ist, dass im Gegensatz dazu, das Programmieren an sich eher stabil gesehen wird und klassischen Ingenieurskompetenzen wie Mathematik und Genauigkeit eine abnehmende Bedeutung zugemessen wird.
Wie können diese Erkenntnisse mit dem entsprechenden Brancheneinblick auf die Ingenieurbranche projiziert werden?

von KI-Ergebnissen einzuschätzen – eine Art „technische Urteilsfähigkeit“ für maschinell erzeugte Resultate.
In der Bau- und Infrastrukturbranche nennen 42 % der Unternehmen fehlende AI Kompetenzen als kritische Hürde für den KI Einsatz – nur unklare Strategien wurden noch häufiger genannt (43 %). [3].

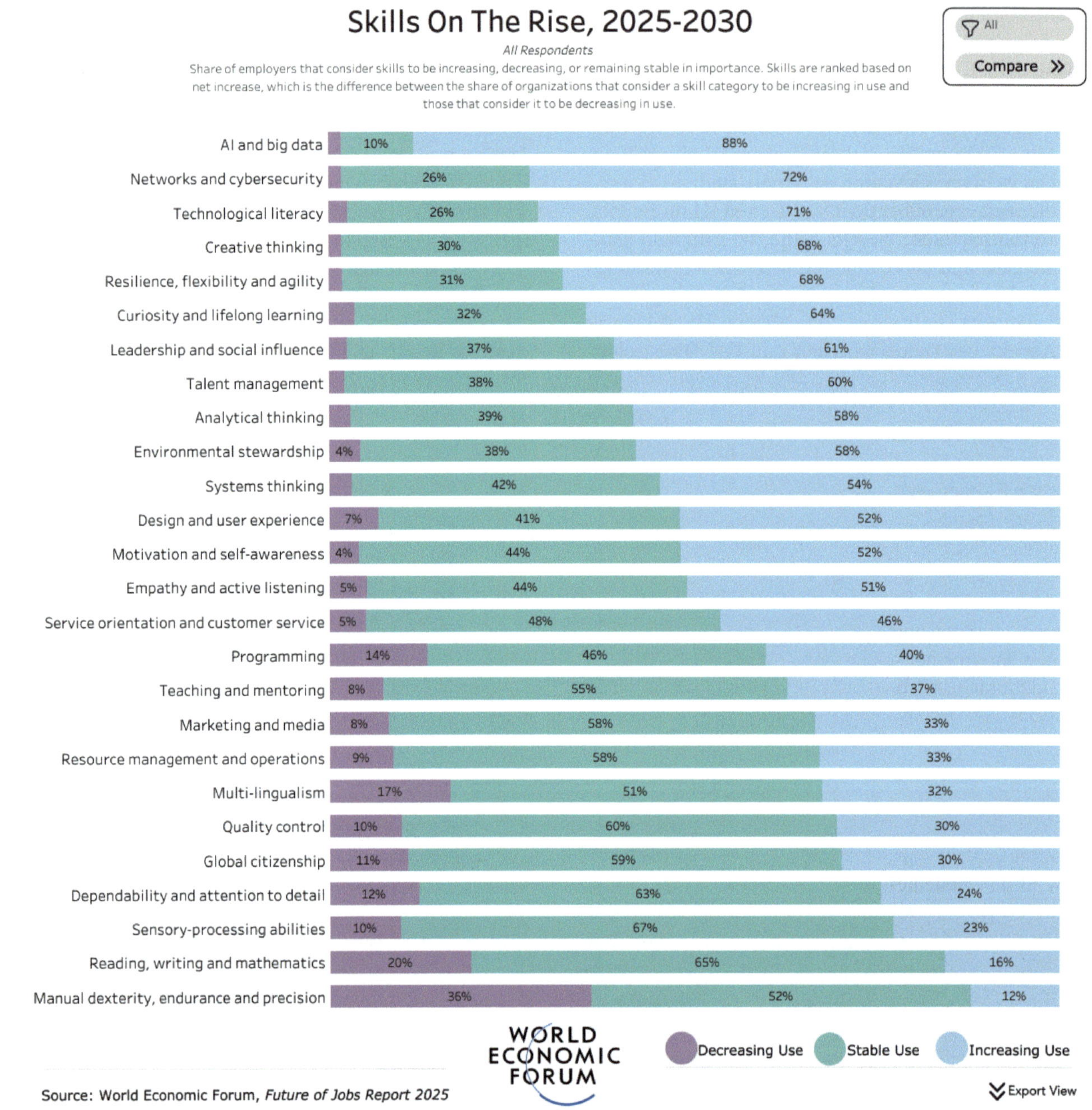

Abb. 3: Veränderung der Kompetenzen bis 2030 – Quelle: World Economic Forum – Future of Jobs Report 2025

Drei Dimensionen von New Skills lassen sich unterscheiden:

4.1 Technologische Kompetenz

Ingenieure müssen nicht – und vielleicht immer weniger – zu Programmierern werden, aber sie brauchen ein solides Verständnis davon, wie KI-Werkzeuge funktionieren, welche Daten sie benötigen und wo ihre Grenzen liegen. Das umfasst auch die Fähigkeit, die Qualität

4.2 Kommunikative Kompetenz

Mit KI ändert sich nicht nur die Art, wie wir Daten erzeugen, sondern auch, wie wir sie interpretieren und vermitteln. KI liefert keine fertigen Wahrheiten – sie erzeugt Ergebnisse, die erklärt, eingeordnet und gegebenenfalls hinterfragt werden müssen.
Das erfordert die Fähigkeit, technische Inhalte verständlich und zielgruppengerecht zu formulieren: Für Auftraggeber ohne technisches Vorwissen ebenso wie für Behör-

denvertreter mit juristischem Fokus oder Fachplaner aus anderen Disziplinen. Darüber hinaus erfordert auch der zielgerichtete Umgang mit Sprachagenten, die heute den größten Breiteneinsatz von KI ausmachen, die Fähigkeit, Anforderungen und Zielstellung eindeutig und möglichst umfänglich zu formulieren. Der Begriff „Prompt Engineering" ist gerade im Vergleich mit hier thematisierten Ingenieurwissenschaften irreführend und muss jedem Ingenieur schwer von den Lippen gehen. Dennoch zeigt sich, dass der zielführende Einsatz von LLM-basierten KI-Tools mit dem Wissen über die geeigneten Formulierungen und erforderlichen Informationen, die man definieren muss, steht und fällt.

4.3 Adaptive Kompetenz

KI verändert Prozesse oft schneller, als es bestehende Strukturen zulassen. Wer in diesem Umfeld erfolgreich sein will, braucht die Fähigkeit, sich und sein Team kontinuierlich anzupassen – sowohl fachlich als auch organisatorisch.

Dazu gehört, neue Tools nicht nur technisch zu beherrschen, sondern auch deren Integration in bestehende Arbeitsabläufe aktiv zu gestalten. Besonders im Ingenieurbau mit seinen engen Schnittstellen zwischen Planung, Ausführung und Betrieb kann dies den Unterschied zwischen Effizienzgewinn und Prozesschaos ausmachen. Eine der wesentlichen Kompetenzen ist diesbezüglich die Bereitschaft des lebenslangen Lernens, und zwar über das eigene Fachgebiet hinaus. Die Geschwindigkeit der Entwicklung führt weiterhin dazu, dass bestimmte Kompetenzfelder durch unterschiedliche Generationen besetzt sein werden. In einer sehr klassisch geprägten Planungs- und Baubranche wird es schwerer fallen als in anderen Bereichen, dass der erfahrene Ingenieur vom KI-affinen Studienabgänger etwas lernt und annimmt. Nur so wird aber auch in Zukunft der Kompetenzausbau in den Büros erfolgreich gelingen.

Zwischenfazit:

„New Skills" bedeuten im Ingenieurbau nicht, dass die klassische Ingenieurkunst verschwindet. Aber sie verschiebt sich: vom reinen Erarbeiten von Lösungen hin zum Orchestrieren von Wissen, Technologie und Kommunikation.

5. Konkrete Fähigkeiten und Grenzen

Der Ingenieurbau steht vor einer doppelten Herausforderung: Einerseits müssen immer komplexere Projekte in kürzerer Zeit realisiert werden, andererseits verschiebt sich durch KI die Arbeitsteilung zwischen Mensch und Maschine. Daraus ergeben sich Fähigkeiten, die für Bauingenieure, Architekten und BIM-Manager in naher Zukunft nicht optional, sondern Pflicht werden.

5.1 Fachwissen

Das Fachwissen in den jeweiligen Disziplinen wird unverzichtbar bleiben. Aus Gesichtspunkten der zur Verfügung stehenden Daten im Vergleich zur Vielfalt an technischen Fragestellungen und Zusammenhängen wird es noch eine Weile dauern, bis technisch ausgereifte Lösungen vollständig, korrekt und verständlich durch eine KI erarbeitet werden, so wie wir dies teilweise in Bereichen der Bild- und Videogenerierung erfahren. Das gilt umso mehr bei hochkomplexen Konstruktionen des Ingenieurbaus im Vergleich zu teilweise gleichartigen Gebäuden im Hochbau. KI Tools werden Hilfsmittel auf dem Weg der Erarbeitung des Ergebnisses sein, dass hinterfragt, erläutert und auch verantwortet werden muss. Gleichwohl muss die Frage beantwortet werden, ob Kapazitäten eröffnet werden können, dieses Fachwissen zu erweitern, in dem z. B. althergebrachte Methoden vernachlässigt werden. Kein Ingenieur mittleren Alters vollzieht den Kraftfluss heute noch mit einem Cremona-Plan nach, dennoch muss jede Ingenieur:in in der Lage sein, den Kraftfluss anderweitig plausibel zu prüfen.

5.2 Datenkompetenz – vom Konsumenten zum Kurator

KI ist nur so gut wie die Daten, die sie verarbeitet. Ingenieure müssen in der Lage sein, Datenquellen zu prüfen, zu strukturieren und im Kontext eines Projekts zu interpretieren. Diese Kompetenz beginnt mit dem Verständnis für Bearbeitungs- und Datenstandards. Jeder der in einem Büro mit mehr als drei Mitarbeitern schon einmal versucht hat, neue Bearbeitungsstandards einzuführen, weiß um die Herausforderung. Viele noch so gute analoge Prozesse decken ihre individuellen Schwächen erst auf, wenn man versucht diese zu digitalisieren. Aus diesem Grund kann KI in der technischen Bearbeitung nicht ohne BIM gedacht werden und BIM nicht ohne Datenkonformität. Auch das Bewusstsein über Datensicherheit und Datenschutz muss zunehmend in den Fokus rücken, weil erst mit den Daten die zukünftige Wertschöpfung entstehen wird. Datensouveränität ist nur möglich, wenn der Inhaber der Daten damit umzugehen weiß.

5.3 Prompt-„Engineering" – die Kunst der Maschinenkommunikation

Wer KI-Systeme gezielt einsetzen will, muss lernen, präzise Anfragen zu formulieren, inklusive Kontext, Zielsetzung und gewünschten Ausgabeformaten. Diese Fähigkeit entscheidet oft darüber, ob ein KI-Tool ein wertvolles Ergebnis liefert oder nur oberflächliche Antworten. So selbstverständlich sich das anhört, so groß erscheint die Herausforderung. Ein großer Schritt ist getan, wenn exakt diese Einfachheit umgesetzt wird. Es ist ein offenes Geheimnis, dass das Schreiben lesbarer Texte mit vollständigen Informationen heute nicht die Paradedisziplin der Planenden ist. Das zeigt ein Blick in viele Entwurfsberichte und Tragwerksbeschreibungen, wesentliche Bestandteile jeder statischen Berechnung, um die Herangehensweise und die Idee des statischen Konzeptes zu verstehen. Statische Berechnungen aus Zeiten von Bleistift und Tusche weisen oft deutliche verständlichere Beschreibungen und natürlich deutlich weniger Berechnungen auf. Es geht daher auch hier gar nicht um vollkommen neue Kompetenzen, sondern um eine Rückbesinnung auf Altes in neuem Gewand.

5.4 Interdisziplinäre Kommunikationsfähigkeit

KI schafft mehr Schnittstellen zwischen Disziplinen – und damit auch mehr Abstimmungsbedarf. Die Fähigkeit, technische Inhalte so zu erklären, dass sie für Architekten, TGA-Planer, Behörden und Bauherren verständlich sind, wird zum Schlüsselfaktor.

Je stärker der interdisziplinäre oder „integrale“ Ansatz der Projektbearbeitung, desto intensiver die Abstimmung, die Erklärung, der Versuch gegenseitigen Verständnisses und Mitdenkens. Das zeigen heute bereits erfolgreiche BIM Projekte. Die Zeiten der Fokussierung auf die Absicherung der eigenen Fachfragen sind vorbei. Diese Entwicklung intensiviert sich automatisch, wenn der Bedarf an abgestimmten, transparenten Ergebnissen ebenso steigt, wie die Vielfalt der möglichen Untersuchungsvarianten.

Letztlich wird gerade bei steigender Technisierung, Digitalisierung und Automatisierung der Bearbeitung, der Bedarf an Erläuterung von Mensch zu Mensch wachsen. Die Befriedigung dieses Bedarfes an verständlicher Erklärung komplexer Zusammenhänge wird zukünftig einen wesentlichen Unterschied in der Qualität der Planenden definieren.

5.5 Ethik- und Regelwerkskompetenz

Wer sich mit der Anwendung von KI auseinandersetzt, wird zunehmend auch diesbezügliche Regelwerke beachten müssen, so wie Ingenieur:innen es aus der täglichen Arbeit gewohnt sind Der EU AI Act [4] und nationale Regelungen setzen zunehmend klare Rahmenbedingungen, hinken allerdings der rasanten Entwicklung hinterher. Eine Auseinandersetzung mit den nach und nach eingeführten Stufen dieser Regulierungen ist geboten, um keine Grenzen zu überschreiten, die man nicht unmittelbar sieht. Ingenieure müssen wissen, wann ein KI-System als Hochrisiko-KI gilt und welche Pflichten daraus entstehen, von Dokumentationspflichten bis zu Transparenzanforderungen. Viel unmittelbarer sind aber z. B. Datenschutzanforderungen in Verbindung mit den einschlägigen KI-Tools. Wann ist die Nutzung von z. B. ChatGPT noch eine hilfreiche, aber harmlose Unterstützung und ab wann verletzte ich Vertragsbedingungen, weil ich Informationen veröffentliche, deren Vertraulichkeit ich zugesichert habe? Welche internen Rollen und Richtlinien muss ein Unternehmen festlegen, wenn es kommerzielle, aber datensouveräne Systeme anwendet? Der spielerische Umgang ist sinnvoll für den Kompetenzaufbau, muss aber Grenzen haben, wenn es um professionellen Einsatz geht.

Nicht zuletzt macht es Sinn sich mit den Hintergründen von KI auseinander zu setzen, um die öffentliche Diskussion darum zu verstehen. Warum entstehen Ängste beispielsweise um die Arbeitsplatzsicherheit, wie kann ich diesen begegnen und was muss man dafür tun, als Unternehmensinhaber oder Angestellter.

5.6 Change-Management im eigenen Berufsbild

Der Einsatz von KI bedeutet nicht nur technologische, sondern auch kulturelle Veränderung. Führungskräfte müssen Teams auf diesen Wandel vorbereiten, Weiterbildung fördern und Ängste abbauen. Wer dem Wandel aktiv begegnet, kann diesen Mitgestalten. Das ist keine Neuigkeit, die durch KI entsteht, gilt aber für diese Entwicklung genauso wie für andere. Die Geschwindigkeit ist in diesem Fall allerdings stark erhöht verglichen mit vorherigen Strömungen. Daher ist eine grundlegende Kompetenzerweiterung für Changeprozesse dringend geboten, für jeden selbst, umso mehr für Führungskräfte. Die technologische Entwicklung wird weder warten noch an uns vorbeiziehen, wir sind Teil davon oder nicht.

5.7 Deskilling vermeiden

Bei aller Prognose zukünftig erforderlicher Kompetenzen sollte man sich der eigenen bestehenden Fähigkeiten bewusst sein und darauf achten, diese nicht zu verlieren. Zum sogenannten Deskilling gibt es zahlreiche Beispiele und Untersuchungen. Plakativ ist z. B. der Verlust der Fähigkeiten Routen manuell zu planen und sich blind auf google maps und Co. zu verlassen – jeder kennt das. Bezogen auf den beruflichen Bereich besteht ebenso die Gefahr. In den technischen Tätigkeiten ist das Risiko derzeit eingeschränkt solange die beschriebene Interaktion und Involvierung des Menschen stattfindet und erforderlich ist. Die vermeintlichen Nebentätigkeiten wie das Verfassen eines Berichtes oder Gutachtens, die fundierte Recherche zu wissenschaftlichen Themen werden allerdings schneller durch automatisierte Prozesse ersetzt werden können. Die Fähigkeit einflussnehmend und proaktiv KI Systeme zu nutzen wird aber auch davon abhängen, wie sehr der Nutzer in der Lage ist, die Aufgabe, wenn auch mit mehr Aufwand, prinzipiell selbst durchzuführen.

6. Fazit

Die entscheidenden „New Skills“ im Ingenieurbau der Zukunft verbinden Technologieverständnis, Kommunikationsstärke und organisatorische Gestaltungskraft. Wer diese drei Bereiche beherrscht, wird KI nicht nur einsetzen, sondern produktiv in die DNA der eigenen Arbeit integrieren. Absehbar werden „Old Skills“ auch „New Skills“ bleiben müssen, auch wenn diese anders eingesetzt werden. Und teilweise müssen wir für uns selbst aktiv darauf achten, die alten Kompetenzen zu behalten, um neue Fähigkeiten zielführend einzusetzen und bei allem die Agilität aufweisen, anpassungsfähig zu sein, damit die Entwicklung uns nicht überholt.

Literatur

[1] Mitgliederbefragung zur wirtschaftlichen Situation der deutschen Architektur- und Ingenieurbüros 2025 – Endbericht; IWConsult

[2] Future of Jobs Report 2025; World Economic Forum

[3] https://www.constructionleaders.org/2025/06/how-ai-is-changing-construction-workflows/; Construction Leadership Network

[4] EU AI Act: https://eur-lex.europa.eu/legal-content/DE/TXT/HTML/?uri=OJ:L_202401689

SCAN | 2 | BIM | 2 | KI

Effiziente & nutzerfreundliche Bauprojektdatenanalyse durch KI im Ingenieurbau

Prof. Dr. Lisa Lenz
Building Information Cloud GLWG GmbH, Building Information Management GLW GmbH, Scala X GmbH, Technische Universität Darmstadt

Zusammenfassung
Im Ingenieurbau entstehen über den gesamten Lebenszyklus eines Bauwerks – von der Bestandsdigitalisierung über die Planung und den Bau bis zum Facility Management – große Mengen heterogener Daten. Der aktuelle Status quo zeigt, dass diese Daten oft unstrukturiert vorliegen und nicht systematisch miteinander verknüpft sind. BIM-basierte Datenmodelle und geeignete Datenmanagementkonzepte schaffen hier eine strukturierte Grundlage, auf der KI-gestützte Analyseverfahren wie Machine Learning und Predictive Analytics aufbauen können.
Künstliche Intelligenz (KI) ermöglicht die automatisierte Auswertung von Sensordaten, Laserscans und Baustellenberichten und unterstützt sowohl die Prozessoptimierung als auch die Entscheidungsfindung. Erfolgreiche KI-Projekte setzen auf transparente, interaktive Systeme, die Fachwissen – etwa durch Prompt Engineering – aktiv einbinden. Multimodale Modelle, die verschiedene Datenformate kombinieren, eröffnen neue Potenziale für eine ganzheitliche Bewertung und eine zukunftsfähige Mensch-Maschine-Kollaboration im Ingenieurbau.

1. Einführung

Die Bauwirtschaft hat traditionell bedingt große Herausforderungen im Kontext der Digitalisierung zu bewältigen, was insbesondere dadurch begründet ist, dass Daten zwar vorliegen, aber meistens in unstrukturierter Form vorhanden sind. Unstrukturierte und teils strukturierte Daten in verschiedenen Dateiformaten und in unterschiedlicher Form (Text-, Bild-, BIM-Daten) werden abhängig von der Lebenszyklusphase erzeugt und genutzt, aber demnach nicht immer ganzheitlich in Korrelation zueinander gesetzt. Dies führt im speziellen in der Planungs- und Bauphase zu immensen Schnittstellenproblematiken und falschen Entscheidungen, da diese nicht ganzheitlich datenbasiert getroffen werden können. Darüber hinaus stellt die Dauer eines Produkts- bzw. Bauwerkslebenszyklus eine weitere Herausforderung dar, da diese für Ingenieurbauwerke von ca. 25 bis zu 200 Jahren betragen kann und dadurch Prozesse vor allem in der Betriebsphase, wie zum Beispiel Wartungs- und Instandhaltungsprozesse, datenbasiert gut unterstützt werden sollten. Im Folgenden werden die unterschiedlichen Schritte der Entwicklung einer Datenbasis vorgestellt und in einzelne Phasen und Prozesse, von der Bestandsdigitalisierung, über Potenziale in der Planungs- und Bauphase bis hin zum Betrieb eingeordnet. Ein Schwerpunkt wird dabei auf die Kombination von BIM & KI und die auf dieser Grundlage möglichen Chancen gelegt.

2. Entwicklung einer Datenbasis

2.1 Datenqualität

Datenqualität bezeichnet die Eignung von Daten, Anforderungen zu erfüllen und als verlässliche Entscheidungsbasis zu dienen. Sie ist im digitalen Zeitalter entscheidend für den Unternehmenserfolg – schlechte Daten führen zu fehlerhaften Ergebnissen ganz nach dem Prinzip „Garbage In, Garbage Out".[1]
Richard Wang unterscheidet die Datenqualität in vier Kategorien mit 15 Dimensionen, darunter Verständlichkeit, Relevanz, Aktualität, Vollständigkeit und Bearbeitbarkeit.[2]
Wird beispielsweise ein Bautagesbericht betrachtet, enthält dieser u. a. zentrale Projektdaten wie Datum, Wetter, eingesetztes Personal und Geräte sowie besondere Vorkommnisse. Die Datenverfügbarkeit und Informationsqualität beeinflussen direkt die Folgeprozesse bei Auftragnehmer*in (AN) und Auftraggeber*in (AG). Während der AN die Daten für die Planung, Abrechnung und Dokumentation nutzt, dienen sie dem AG zur Prüfung, Freigabe und Fortschrittskontrolle. Die Anforderungen an die Vollständigkeit, Relevanz, Verständlichkeit und Bearbeitbarkeit variieren dementsprechend je nach Perspektive der Projektbeteiligten. Eine Veränderung der Daten durch den AG sollte beispielsweise ausgeschlossen werden, um die Dokumentation nicht zu verfälschen. Eine automatisierte Weiterverarbeitung der Daten wäre hingegen sinnvoll, um deren Potenzial ganzheitlich zu nutzen.[3]

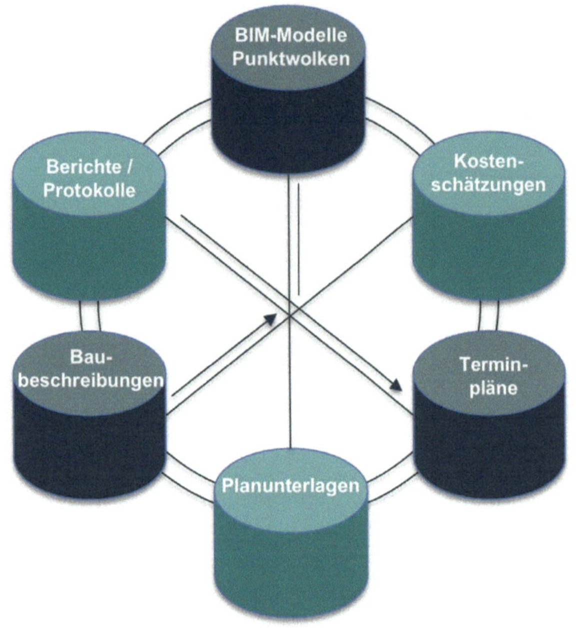

Abb. 1: Datenvarianz in der Bauwirtschaft

2.2 Datenerzeugung

Im Rahmen digitaler Geschäftsprozesse lassen sich grundsätzlich zwei Arten der Datenerzeugung unterscheiden: Manuelle und automatische Verfahren. Die manuelle Datenerzeugung erfolgt durch direkte Eingabe durch Personen, etwa in Softwareanwendungen wie Word oder Excel. Sie ist anfällig für Eingabefehler und inkonsistente Datenstrukturen. Die automatische Datenerzeugung hingegen basiert auf technischen Systemen wie Sensorik, Kameratechnik oder Schnittstellen zu externen Datenquellen (z. B. Wetterdienste) und ermöglicht eine strukturierte, kontinuierliche und skalierbare Datenbereitstellung. Beide Methoden bergen spezifische Risiken hinsichtlich der Datenqualität – etwa durch menschliche Fehler oder technische Defekte.[4]

Im Kontext des Geschäftsprozesses Bautagesbericht zeigt sich, dass eine Kombination beider Methoden sinnvoll ist. Während projektbezogene Informationen wie der Geräteeinsatz oder besondere Vorkommnisse häufig manuell erfasst werden, können standardisierte Daten wie das Datum, das Wetter oder fortlaufende Nummerierungen automatisiert eingebunden werden. Die Integration von Eingabemasken, Drop-Down-Feldern und Schnittstellen zu Lieferscheinen oder Maschinendaten erhöht die Effizienz und reduziert Redundanzen.[5]

Ein weiterer zentraler Aspekt der digitalen Datenerzeugung ist die Bestandsdigitalisierung. Hierbei kommen Technologien wie Laserscanning und 360°-Bildaufnahmen zum Einsatz, um bestehende Gebäude und Anlagen präzise zu erfassen. Die erzeugten Punktwolken und Bilddaten dienen als Grundlage für modellbasierte Auswertungen, Zustandsanalysen und die Ableitung von Maßnahmen. Diese Form der automatisierten Datenerzeugung ist insbesondere für die Integration in BIM-Prozesse und KI-gestützte Auswertungen von hoher Relevanz. Durch die strukturierte und automatisierte Erfassung steigt der Digitalisierungsgrad des Geschäftsprozesses signifikant. Gleichzeitig verbessert sich die Verwendbarkeit der Daten für Folgeprozesse, etwa für automatisierte Abrechnungen, Baufortschrittskontrollen oder die Ableitung von Bauzeitnachträgen. Die Qualität und Konsistenz der Daten wird durch ein vordefiniertes Datenmanagementkonzept nachhaltig gesichert.[6]

2.3 BIM-Datenmanagement

Im Ingenieurbau und generell in der Bauwirtschaft bildet Building Information Modeling (BIM) die Grundlage für ein strukturiertes, bauteilbezogenes Datenmanagement über den gesamten Lebenszyklus eines Bauwerks. Das BIM-Modell dient dabei nicht nur als geometrische Repräsentation, sondern als zentrale Datenplattform, die alphanumerische Informationen wie Materialeigenschaften, CO_2-Emissionen, Kostenkennwerte oder Zustandsdaten integriert.[7]

Die Informationsanforderungen – auch als Level of Information Need (LOIN) bezeichnet – orientieren sich an den definierten BIM-Zielen und -Anwendungsfällen, etwa der Optimierung von Termin- und Kostensteuerung, der Ökobilanzierung oder der automatisierten Zustandsbewertung. So können beispielsweise einem Bauteil wie einer Brücke oder einem Tunnel spezifische Materialdaten zugeordnet werden, um Varianten hinsichtlich Nachhaltigkeit und Lebenszykluskosten zu analysieren.[8]

Die Datenqualität ist im Ingenieurbau von besonderer Bedeutung, da Entscheidungen über Tragfähigkeit, Instandhaltung oder Rückbau auf diesen Informationen basieren. Kriterien wie Aktualität, Vollständigkeit, Konsistenz und Interpretierbarkeit müssen daher bereits bei der Modellstruktur berücksichtigt werden – insbesondere bei sicherheitsrelevanten Bauwerken mit hoher Schadensfolgeklasse.

Die Datenerzeugung erfolgt sowohl manuell, etwa durch Fachplaner oder Bauleiter, als auch automatisiert, z. B. durch die Integration von Laserscandaten, Sensorik oder Drohnenaufnahmen. Im BIM-Prozess muss klar definiert sein, welche Daten wann und durch wen in das Modell eingebracht werden, um eine konsistente und nachvollziehbare Datenbasis zu gewährleisten.

Ein datenbankgestütztes Datenmanagementkonzept, das sich an offenen Standards wie IFC orientiert, ermöglicht die strukturierte Klassifikation und Weiterverarbeitung der BIM-Daten. Die anschließende Datenanalyse dient der Ableitung von Handlungen – etwa zur Optimierung von Bauabläufen, zur Entscheidungsunterstützung bei Variantenvergleichen oder zur automatisierten Dokumentation von Zuständen und Abweichungen.

Im Ingenieurbau schafft ein BIM-basiertes Datenmanagement somit die Voraussetzung für eine transparente, effiziente und nachhaltige Projektsteuerung, insbesondere im Zusammenspiel mit KI-gestützten Analyseverfahren und multimodalen Datenquellen.

2.4 KI-Datenanalyse

Die automatisierte Erzeugung von Erkenntnissen aus großen und heterogenen Datenmengen erfolgt zunehmend durch den Einsatz KI-basierter Datenanalyseverfahren. Diese Verfahren ermöglichen die strukturierte Auswertung komplexer Datenquellen und bilden die Grundlage für eine intelligente Entscheidungsunterstützung in Bauprojekten.[9]

Zu den zentralen Analyseformen zählen:[10]

- Multimediale Analysen: KI extrahiert Informationen aus Audio- und Videodaten, etwa durch Transkription und Mustererkennung.
- Geospatiale Analysen: Raumbezogene Daten werden mit GPS-Informationen kombiniert und statistisch ausgewertet.
- Web Analytics: Nutzungsdaten digitaler Plattformen werden zur Optimierung von Webauftritten analysiert.
- Textbasierte Verfahren: Semantische KI-Modelle identifizieren Schlüsselbegriffe und Bedeutungsstrukturen in Texten.
- Predictive Analytics: Prognosemodelle erkennen Trends und ermöglichen vorausschauende Planung.
- Data Mining: Statistische Verfahren identifizieren Muster und Zusammenhänge in großen Datenbeständen.
- Machine Learning: Algorithmen lernen iterativ aus Daten und verbessern ihre Analysefähigkeit autonom.
- Reporting: KI-generierte Berichte kombinieren tabellarische und grafische Darstellungen mit semantischer Interpretation.

Im Kontext des Bautagesberichts können KI-Modelle strukturierte Informationen wie Wetterdaten, Geräteeinsatz oder besondere Vorkommnisse automatisiert extrahieren und für Folgeprozesse wie die Abrechnung, das Nachtragsmanagement oder die Baufortschrittskontrolle nutzbar machen. Die Kombination aus regelbasierter Datenstrukturierung und lernenden Systemen ermöglicht eine dynamische Anpassung an projektspezifische Anforderungen.

Ergänzend spielt die Bestandsdigitalisierung mittels Laserscanning und 360°-Bildtechnologie eine zentrale Rolle. Die daraus generierten Punktwolken und Bilddaten werden durch KI-gestützte Verfahren analysiert, klassifiziert und in digitale Gebäudemodelle überführt. Dies schafft die Grundlage für automatisierte Zustandsbewertungen, Normenprüfungen und die Integration in BIM- und FM-Systeme.

Durch den Einsatz von KI in der Datenanalyse wird nicht nur die Effizienz gesteigert, sondern auch die Entscheidungsqualität verbessert – insbesondere durch die Fähigkeit, aus unstrukturierten Daten verwertbares Wissen zu generieren.[11]

2.5 Potenzialkategorie: Prozessoptimierung

Die zunehmende Digitalisierung und der Einsatz von Künstlicher Intelligenz eröffnen weitreichende Potenziale zur Prozessoptimierung im Ingenieurbau. Insbesondere bei komplexen, datenintensiven Abläufen – wie der Planung, Ausführung und Dokumentation von Bauprojekten – kann KI dazu beitragen, Prozesse effizienter, transparenter und resilienter zu gestalten.

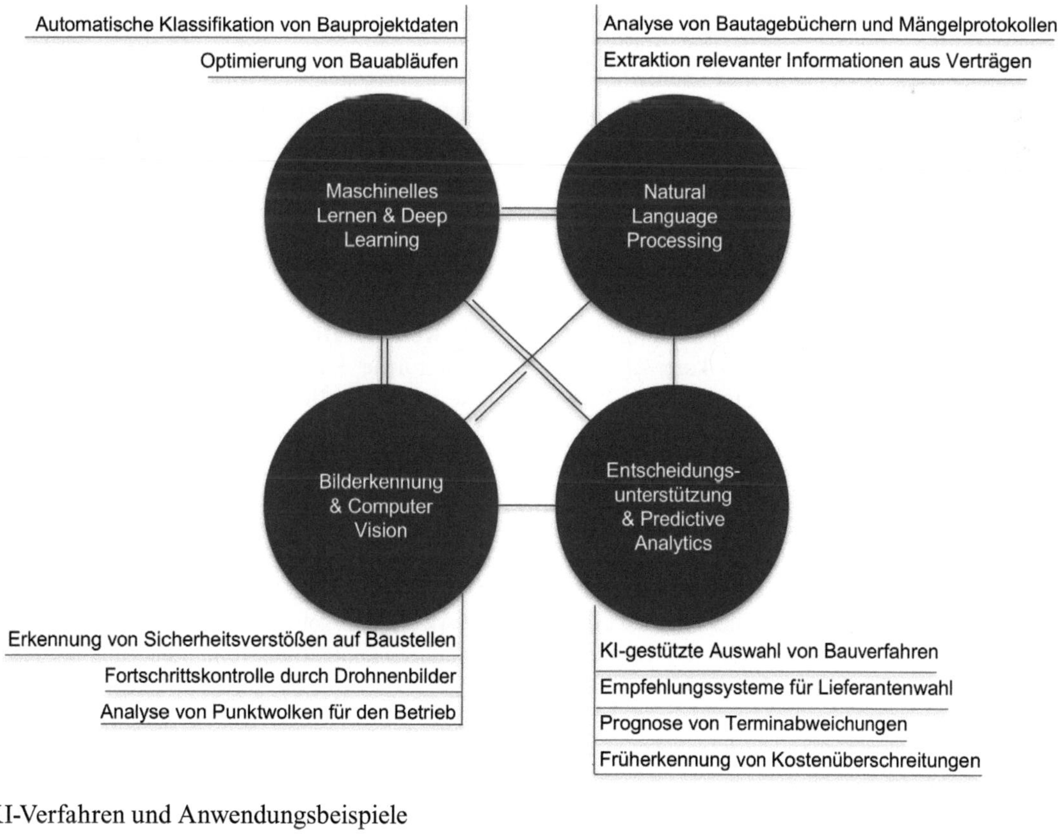

Abb. 2: KI-Verfahren und Anwendungsbeispiele

Ein zentrales Anwendungsfeld ist die automatisierte Datenanalyse, die es ermöglicht, große und heterogene Datenmengen aus verschiedenen Quellen (Sensorik, Laserscans, Baustellenberichte, Wetterdaten, etc.) strukturiert auszuwerten. KI-gestützte Verfahren wie Machine Learning, Predictive Analytics, Text Mining und Computer Vision identifizieren Muster, prognostizieren Entwicklungen und unterstützen die Entscheidungsfindung in Echtzeit.
Im Bereich der Bestandsdigitalisierung kommen Technologien wie Laserscanning und 360°-Bildaufnahmen zum Einsatz, um bestehende Bauwerke präzise zu erfassen. Die daraus generierten Punktwolken und Bilddaten werden durch KI-Modelle analysiert, klassifiziert und in digitale Gebäudemodelle überführt. Dies ermöglicht eine automatisierte Zustandsbewertung, die Prüfung auf Normenkonformität sowie die Ableitung von Instandhaltungsmaßnahmen.
Ein weiteres Optimierungspotenzial ergibt sich im Geschäftsprozessmanagement, etwa beim Bautagesbericht. Durch die Kombination aus manueller und automatisierter Datenerzeugung sowie KI-gestützter Auswertungen können Folgeprozesse wie die Abrechnung, das Nachtragsmanagement oder die Baufortschrittskontrolle effizienter gestaltet werden. Die strukturierte Erfassung und semantische Analyse der Daten verbessert die Qualität und Konsistenz der Informationen und reduziert den administrativen Aufwand erheblich.
Die Potenzialkategorie „Prozessoptimierung" im Kontext von KI und Ingenieurbauwerken umfasst somit nicht nur die technische Effizienzsteigerung, sondern auch die strategische Verbesserung der Datenverfügbarkeit, Entscheidungsqualität und Ressourcennutzung. Sie bildet eine zentrale Grundlage für die Transformation hin zu einem datengetriebenen, resilienten und nachhaltigen Bauwesen.

2.6 Potenzialkategorie: Entscheidungsunterstützung

Die Integration von Künstlicher Intelligenz in den Ingenieurbau eröffnet neue Möglichkeiten zur qualitativen und quantitativen Entscheidungsunterstützung entlang des gesamten Lebenszyklus eines Bauwerks. Insbesondere in datenintensiven Prozessen – von der Planung über die Ausführung bis hin zur Betriebsphase – kann KI dazu beitragen, komplexe Zusammenhänge zu erkennen, Prognosen zu erstellen und fundierte Entscheidungen zu ermöglichen.
Ein konkretes Beispiel ist die automatisierte Auswertung von Daten aus dem Bautagesbericht. KI kann hier relevante Informationen extrahieren und in Echtzeit mit anderen Datenquellen verknüpfen, um etwa Hinweise auf Bauverzögerungen, Abweichungen von der Planung oder potenzielle Nachtragsansprüche zu generieren. Die daraus abgeleiteten Erkenntnisse dienen als Grundlage für operative und strategische Entscheidungen – sowohl auf Seiten des Auftragnehmers als auch des Auftraggebers.
Auch im Bereich der Bestandsdigitalisierung trägt KI zur Entscheidungsunterstützung bei. Die Analyse von Punktwolken und Bilddaten aus Laserscans ermöglicht eine automatisierte Bewertung des baulichen Zustands, die Prüfung auf Normenkonformität sowie die Ableitung von Instandhaltungsstrategien. In Kombination mit semantischen Modellen und Regelwerken können Empfehlungen für Sanierungsmaßnahmen, Sicherheitsprüfungen oder energetische Optimierungen generiert werden.
Die Potenzialkategorie „Entscheidungsunterstützung" im Kontext von KI und Ingenieurbauwerken umfasst somit die Transformation von Daten in Wissen, das gezielt zur Verbesserung der Entscheidungsqualität eingesetzt werden kann. Sie stärkt die Transparenz, Reaktionsfähigkeit und Zukunftsfähigkeit von Bauprojekten und bildet eine zentrale Säule für die datengetriebene Weiterentwicklung der Bauwirtschaft. Um diese Potenziale erreichen zu können sind KI bzw. AI as a Service Anwendungen, die kommerziell verfügbar sind, zum Teil effizient einsetzbar. Für komplexe Fragestellungen im Ingenieurbau können KI-Anwendungen auf den jeweiligen Anwendungsfall bzw. die Prozesse angepasst werden.

3. KI-Projekt in der Praxis

3.1 Ausgangssituation

Im Ingenieurbau entstehen zunehmend komplexe Datenstrukturen – etwa durch Sensordaten, Laserscans, Baustellenberichte oder BIM-Modelle. Die manuelle Auswertung dieser Daten stößt angesichts wachsender Projektkomplexität und Zeitdrucks an ihre Grenzen. Gleichzeitig steigt der Bedarf an intelligenten, skalierbaren Lösungen zur Analyse, Bewertung und Entscheidungsunterstützung. KI-basierte Systeme bieten hier ein hohes Potenzial, stoßen jedoch in der Praxis häufig auf Akzeptanzbarrieren, insbesondere wenn sie als Black-Box-Systeme ohne nachvollziehbare Logik und ohne Einbindung der Fachanwender implementiert werden.

3.2 Kollaboration

Erfolgreiche KI-Projekte im Ingenieurbau erfordern eine interdisziplinäre Zusammenarbeit zwischen Bauingenieurwesen, Datenwissenschaft, Softwareentwicklung und den operativen Projektbeteiligten. Besonders wichtig ist die aktive Einbindung der Nutzer, etwa durch Methoden des Prompt Engineerings, bei denen Erfahrungswissen und Experteneinschätzungen gezielt in die KI-Interaktion eingebracht werden. Dies fördert nicht nur die Akzeptanz, sondern verbessert auch die Ergebnisqualität durch kontextbezogene Steuerung der KI-Modelle.

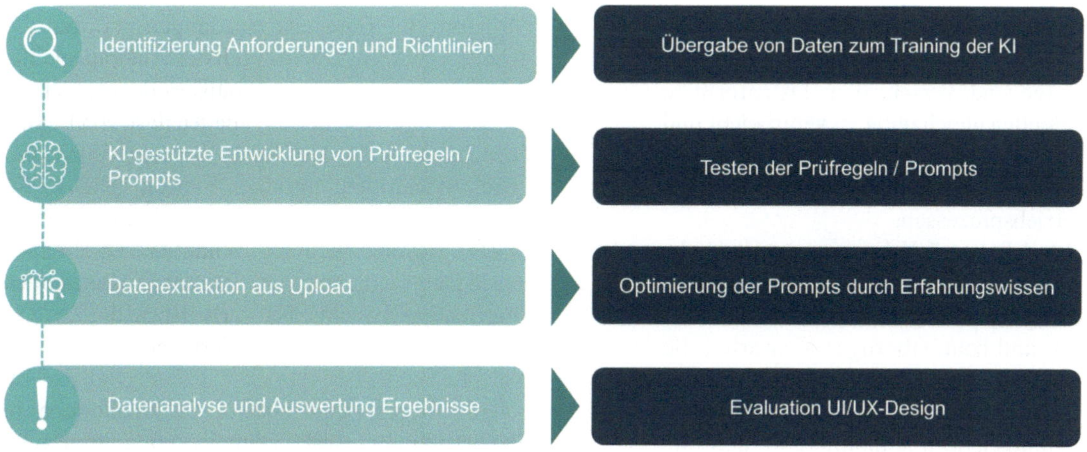

Abb. 3: Workflow der Zusammenarbeit

3.3 Technisches Konzept

Moderne KI-Systeme im Bauwesen basieren auf modularen Architekturen, die verschiedene Datenquellen integrieren und durch lernende Algorithmen analysieren. Im Gegensatz zu klassischen Black-Box-Modellen liegt der Fokus zunehmend auf transparenten, interaktiven KI-Lösungen, die erklärbare Ergebnisse liefern und eine Rückkopplung mit dem Nutzer ermöglichen. Dies umfasst:

- Erklärbare KI (XAI) zur Nachvollziehbarkeit von Entscheidungen.
- Semantische Schnittstellen zur Integration von Expertenwissen.
- Adaptive Modelle, die sich durch Nutzerinteraktion weiterentwickeln.
- Visualisierungskomponenten, die Ergebnisse verständlich darstellen.

Ein Beispiel ist die KI-gestützte Auswertung von Laserscandaten zur Bestandsdigitalisierung, wobei die Nutzer*in über interaktive Dashboards Einfluss auf die Klassifikation, Segmentierung und Interpretation der Punktwolken nehmen können.

3.4 Mehrwert

Die Mehrwerte KI-gestützter Systeme im Ingenieurbau liegen in der Effizienzsteigerung, der Verbesserung der Entscheidungsqualität und der Erhöhung der Datenverwertbarkeit. Durch die Kombination aus automatisierter Analyse und nutzerzentrierter Interaktion entstehen hybride Systeme, die sowohl skalierbar als auch kontextsensitiv sind. Dies ermöglicht:

- Die frühzeitige Erkennung von Risiken und Abweichungen.
- Die automatisierte Ableitung von Maßnahmen (z. B. Nachträge, Prüfprozesse).
- Transparente Entscheidungsgrundlagen für Projektbeteiligte.
- Eine nachhaltige Wissensgenerierung durch die Integration von Erfahrungswerten.

Die Abkehr von intransparenten Black-Box-Systemen hin zu interaktiven, erklärbaren KI-Lösungen stellt einen entscheidenden Schritt dar, um KI im Ingenieurbau nicht nur technologisch, sondern auch kulturell und prozessual zu verankern.

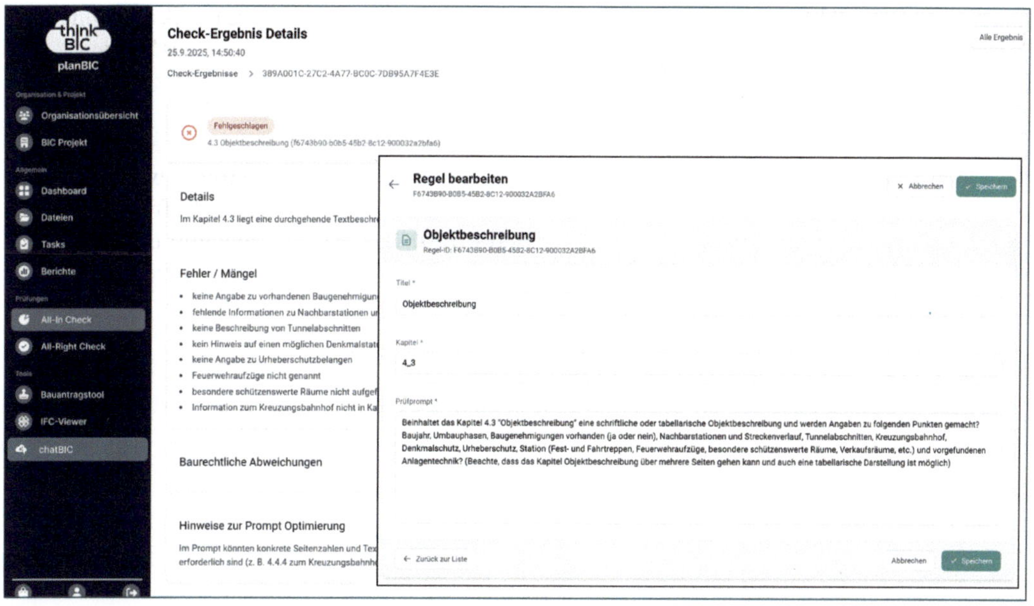

Abb. 4: White-Box KI & Nutzer-Interaktion

4. Ausblick Multimodale Modelle

Die nächste Entwicklungsstufe KI-gestützter Systeme im Ingenieurbau liegt in der Anwendung multimodaler Modelle, die in der Lage sind, verschiedene Datenformate und Informationsquellen gleichzeitig zu verarbeiten und zu interpretieren. Dazu zählen Text, Bild, Audio, Video, Punktwolken, Sensordaten und strukturierte Daten aus Planungs- und Betriebsprozessen.

Multimodale KI-Modelle ermöglichen eine ganzheitliche Analyse komplexer Bauwerksdaten, indem sie semantische Zusammenhänge zwischen unterschiedlichen Modalitäten erkennen und kontextbezogen auswerten. So können beispielsweise Laserscandaten mit Wetterinformationen, Textdokumentationen aus Bautagesberichten und visuellen Zustandsbildern kombiniert werden, um automatisiert Zustandsbewertungen, Normabweichungen oder Handlungsempfehlungen zu generieren.

Ein zentraler Aspekt zukünftiger multimodaler KI-Systeme ist die Interaktivität und Transparenz. Die Nutzer sollen nicht nur Ergebnisse nachvollziehen können, sondern aktiv in die Modellsteuerung eingebunden werden – etwa durch Prompt Engineering, bei dem Erfahrungswissen und Experteneinschätzungen gezielt in die KI-Interaktion einfließen. Dies fördert die Erklärbarkeit (Explainability) und die Vertrauenswürdigkeit der Systeme und ermöglicht eine adaptive Weiterentwicklung der Modelle im laufenden Betrieb.

Multimodale Modelle bieten somit nicht nur technische Mehrwerte, sondern auch eine neue Qualität der Mensch-Maschine-Kollaboration. Sie schaffen die Grundlage für eine KI, die nicht autonom entscheidet, sondern unterstützend, transparent und kontextsensitiv agiert – und damit die Anforderungen komplexer Ingenieurbauprojekte in der Planung, Ausführung und dem Betrieb zukunftsfähig begleitet.

Literatur

[1] Vgl. Parikh, Ravi (2014). Garbage In, Garbage Out: How Anomalies Can Wreck Your Data, 07.05.2014 (Onlineunter: https://www.heap.io/blog/garbage-in-garbage-out-how-anomalies-can-wreck-your-data, Datum des Zugriffs: 16.07.2025); Lenz, L./Becker, S. (2023): Digitale Geschäftsprozesse und neue Geschäftsmodelle im Baubetrieb, In: Agile Digitalisierung im Baubetrieb, Innovative Wege zur Transformation und Best Practices, Hofstadler, C.; Motzko, C. (Hrsg.), 2.Auflage, Springer Vieweg.

[2] Vgl. Gebauer, Marcus; Windheuser, Ulrich (2020). Strukturierte Datenanalyse, Profiling und Geschäftsregeln. In: Daten- und Informationsqualität. Auf dem Weg zur Information Excellence. 5., überarbeitete und erweiterte Auflage; S. 87-100; Hrsg: Hildebrand, Knut; Ge-bauer, Marcus; Mielke, Michael. Wiesbaden, Springer Vieweg. (ISBN 978-3658309909), S. 91; Wang, Richard; Strong, Diane (1996). Beyond Accuracy: What Data Quality Means to Data Consumers. In: Journal of Management Information Systems. Nr. 4, Jg. 12, S. 5-33, (ISSN 0742-1222), S. 5 ff.

[3] Vgl. Lenz, L./Becker, S. (2023): Digitale Geschäftsprozesse und neue Geschäftsmodelle im Baubetrieb, In: Agile Digitalisierung im Baubetrieb, Innovative Wege zur Transformation und Best Practices, Hofstadler, C.; Motzko, C. (Hrsg.), 2.Auflage, Springer Vieweg.

[4] Vgl. Mielke, Michael (2020). Prinzipien erfolgreichen Informationsqualitätsmanagements im Lichte von Industrie 4.0, In: Daten- und Informationsqualität. Auf dem Weg zur Information Excellence. 5., überarbeitete und erweiterte Auflage; S. 321-334; Hrsg: Hildebrand, Knut; Gebauer, Marcus; Mielke, Michael. Wiesbaden, Springer Vieweg. (ISBN 978-3658309909), S. 311 f.; Lenz, L./Becker, S. (2023): Digitale Geschäftsprozesse und neue Geschäftsmodelle im Baubetrieb, In: Agile Digitalisierung im Baubetrieb, Innovative Wege zur Transformation und Best Practices, Hofstadler, C.; Motzko, C. (Hrsg.), 2.Auflage, Springer Vieweg.

[5] Vgl. Lenz, L./Becker, S. (2023): Digitale Geschäftsprozesse und neue Geschäftsmodelle im Baubetrieb, In: Agile Digitalisierung im Baubetrieb, Innovative Wege zur Transformation und Best Practices, Hofstadler, C.; Motzko, C. (Hrsg.), 2.Auflage, Springer Vieweg.

[6] Vgl. Lenz, L./Becker, S. (2023): Digitale Geschäftsprozesse und neue Geschäftsmodelle im Baubetrieb, In: Agile Digitalisierung im Baubetrieb, Innovative Wege zur Transformation und Best Practices, Hofstadler, C.; Motzko, C. (Hrsg.), 2.Auflage, Springer Vieweg.

[7] Vgl. Egger, M./Hausknecht, K./Liebich, T./Przybylo, J. (2013): BIM-Leitfaden für Deutschland, Forschungsprogramm ZukunftBAU, Endbericht, Berlin. (2013), S. 18.

[8] Vgl. Felden, C. (2019): Datenqualitätsmanagement, online verfügbar unter: https://wi lex.de/index.php/lexikon/informations-daten-und-wissensmanagement/datenmanagement/datenmanagement-konzepte-des/datenqualitaetsmanagement/, Datum des Zugriffs: 24.09.2025); Lenz, Becker (2023), S. 539.

[9] Vgl. Bach, A., Al-Wesabi, T., & Staka, I. (2024). Datenzentrierte KI als Basis für ein zukünftiges Informationsmanagement. In Haghsheno, S., Satzger, G., Lauble, S., & Vössing, M. (Hrsg.), Künstliche Intelligenz im Bauwesen: Grundlagen und Anwendungsfälle (S. 25–39). Springer Vieweg https://doi.org/10.1007/978-3-658-42796-2, S. 25-39; Lenz, L. (2020). Bewertungssystem zur Entscheidungsunterstützung für Fabrikgebäudeanpassungen auf Basis der Building Information Modeling Methode, Dissertation, Hrsg. Gralla M.; Schriftenreihe des Lehrstuhls Baubetrieb und Bauprozessmanagement der Technischen Universität Dortmund, Band 6, Reguvis Verlag, Köln, 2020, S. 365.

[10] Vgl. Meier, A. (2016): Datenmanagement mit SQL und NoSQL, in: Big Data. Grund lagen, Systeme und Nutzungspotenziale, Hrsg: Fasel, Daniel; Meier, Andreas; S. 17-38; Wiesbaden, Springer Vieweg (Edition HMD), S. 22; Lenz, L. (2020): Bewertungssystem zur Entscheidungsunterstützung für Fabrikgebäude-anpassungen auf Basis von Building Information Modeling, Dissertation, Schriftenreihe des Lehrstuhls Baubetrieb und Bauprozessmanagement der TU Dortmund, Gralla (Hrsg.), Band 6, Reguvis Verlag, Köln,.S. 60; Lenz, L./Becker, (2023): Digitale Geschäftsprozesse und neue Geschäftsmodelle im Baubetrieb, In: Agile Digitalisierung im Baubetrieb, Innovative Wege zur Transformation und Best Practices, Hofstadler, C.; Motzko, C. (Hrsg.), 2.Auflage, Springer Vieweg.

[11] Christian Scharff: Wie künstliche Intelligenz Entscheidungen prägt – Eine Multiple-Case-Study, Wiesbaden: Springer Gabler, 2023, S. 1.

Generative KI, Gaussian Splatting & XR – neue Technologien für den Ingenieurbau

Urs Riedlinger
Fraunhofer Institut für Angewandte Informationstechnik FIT, Sankt Augustin, Deutschland

Zusammenfassung
In diesem Beitrag werden die neuesten Entwicklungen und Anwendungsmöglichkeiten von (Generativer) Künstlicher Intelligenz (KI) und Extended Reality (XR) im Ingenieurbau beleuchtet. Ein Fokus liegt auf der Technik des Gaussian Splatting, die es ermöglicht, hochpräzise 3D-Umgebungen zu erstellen und zu visualisieren. Diese Technologie kann auch mit günstiger handelsüblicher Hardware-Arbeitsprozesse unterstützen, wodurch Kosten gesenkt und die Lebensdauer von Bauwerken verlängert werden kann. Anhand konkreter Anwendungsfälle und praxisnaher Projektbeispiele wird gezeigt, wie diese Technologien zukünftig gemeinsam genutzt werden können.

1. Einführung

Die Digitalisierung des Ingenieurbaus hat in den letzten Jahren erheblich an Dynamik gewonnen. Während Methoden wie Computer-Aided Design (CAD) und Building Information Modeling (BIM) durchaus bereits etabliert sind, eröffnen neue Technologien wie Generative Künstliche Intelligenz (GenAI), Gaussian Splatting und Extended Reality völlig neue Möglichkeiten für Planung, Konstruktion und Wartung von Bauwerken.
Die Integration dieser Technologien verspricht nicht nur eine Steigerung der Effizienz, sondern auch eine fundamentale Veränderung der Art und Weise, wie Ingenieure arbeiten und Entscheidungen treffen. So können beispielsweise Wartungen durch realistische Umgebungen unterstützt werden, die einen bestimmten Stand zeigen (sei es den aktuellen Stand oder eine historische Entwicklung). Besonders hervorzuheben ist dabei die Zugänglichkeit moderner Lösungen, die auch mit kostengünstiger Hardware realisierbar sind und somit einer breiten Anwenderschaft zur Verfügung stehen. Zukünftig könnte so die Dokumentation von Baufortschritten erleichtert werden, da Gaussian Splats als wiedererlebbares interaktives dreidimensionales Abbild genutzt werden. Der Vorteil gegenüber Fotos liegt auf der Hand: Ein umfassenderer Eindruck der Umgebung, frei begehbar und aus verschiedenen Winkeln betrachtbar, wird so möglich.

2. Stand der Technik

Der Einsatz von generativer Künstlicher Intelligenz (KI) im Bauwesen und Ingenieurbau erfährt aktuell einen erheblichen Aufschwung. Alwashah et al. [1]generative artificial intelligence (AI geben einen umfassenden Überblick über Anwendungsfelder, Chancen und Herausforderungen generativer KI in der Bauindustrie. Sie heben insbesondere die Potenziale in der automatisierten Planung, im Design-Support sowie in der Bauausführung hervor. Ergänzend dazu zeigen Onatayo et al. [2], dass generative KI nicht nur technische Innovationen ermöglicht, sondern auch tiefgreifende Implikationen für die Ausbildung und die notwendige Weiterqualifizierung von Ingenieur:innen hat. Beide Arbeiten verdeutlichen, dass die Integration von KI nicht nur technologisch, sondern auch organisatorisch-strukturell betrachtet werden muss. Eine weitere Perspektive auf den Einsatz von KI im Bauwesen liefert El-Abbasy [3], der einen Schwerpunkt auf prädiktive Modellierungen legt. Die Arbeit zeigt, dass datengetriebene Modelle das Potenzial besitzen, Unsicherheiten in der Planung und im Betrieb von Ingenieurbauwerken deutlich zu reduzieren. Während diese Ansätze primär auf strukturmechanische und baubetriebliche Fragestellungen fokussieren, eröffnet generative KI darüber hinaus neue Möglichkeiten zur Gestaltung immersiver und interaktiver Umgebungen, die über klassische Modellierungsverfahren hinausgehen.
Parallel zu diesen Entwicklungen im Bereich KI rücken immersive Visualisierungstechnologien in den Fokus. Wu et al. [4] präsentieren einen Überblick über den Forschungsstand im Bereich 3D Gaussian Splatting, einer Rendering-Technik, die hochrealistische und gleichzeitig effiziente Darstellungen komplexer Szenen ermöglicht. Gleichzeitig gehen Sie auch auf das dafür notwendige Scanning ein. Franke et al. [5]either via Gaussian Splatting (3DGS übertragen diese Ansätze in den Virtual-Reality-Kontext und zeigen mit *VR-Splatting*, wie foveated Rendering in Kombination mit neuronalen Punktrepräsentationen die immersive Darstellung signifikant verbessern kann. Diese Entwicklungen sind besonders relevant für XR-Anwendungen im Ingenieurbau, da sie die Balance zwischen visueller Qualität und Echtzeitfähigkeit adressieren – eine zentrale Voraussetzung für praktische Anwendungsfälle.
Die Verbindung von KI, generativer Modellierung und Visualisierungstechnologien kann auch im Lichte klassischer Überlegungen zur Rolle von Informatik im Ingenieurwesen betrachtet werden. Bereits Brooks [6] argumentierte in seinem Essay *The Computer Scientist as Toolsmith II*, dass die Aufgabe der Informatik darin bestehe, als „Werkzeugmacher" für andere Disziplinen zu fungieren. Vor diesem Hintergrund lassen sich aktuelle Entwicklungen wie generative KI und Gaussian Splat-

ting als moderne Ausprägungen dieser Werkzeugfunktion verstehen: Sie erweitern die Möglichkeiten von Ingenieur:innen, komplexe Sachverhalte zu analysieren, zu gestalten und in immersiven XR-Umgebungen erfahrbar zu machen.
Zusammenfassend zeigt der aktuelle Forschungsstand, dass die Integration von generativer KI, Gaussian Splatting und XR im Ingenieurbau nicht isoliert betrachtet werden kann. Vielmehr handelt es sich um ein interdisziplinäres Forschungsfeld, das sowohl methodische Fortschritte in der KI und Computergrafik als auch tiefgreifende Transformationen im Bauwesen miteinander verknüpft.

2.1 Generative Künstliche Intelligenz

Generative KI-Systeme haben die Fähigkeit, neue Inhalte basierend auf erlernten Mustern zu erstellen. Im Ingenieurbau können diese Systeme für verschiedene Aufgaben eingesetzt werden:

- **Automatisierte Entwurfsgenerierung:** KI kann auf Basis von Randbedingungen und Anforderungen erste Entwürfe erstellen [7], [8]
- **Optimierung bestehender Designs:** Iterative Verbesserung von Konstruktionen unter Berücksichtigung multipler Zielfunktionen [7]
- **Vorhersage von Materialverhalten:** Simulation und Prognose des Verhaltens von Baustoffen unter verschiedenen Bedingungen [9], [10], [11]
- **Automatisierte Dokumentation:** Generierung technischer Dokumentationen und Berichte [12], [13], [14]

Generative Künstliche Intelligenz basiert auf probabilistischen Modellen, die aus großen Datenmengen statistische Zusammenhänge erlernen und diese zur Synthese neuer, kohärenter Inhalte nutzen. Diese Systeme, zu denen Transformer-Architekturen, Variational Autoencoders (VAEs) und Generative Adversarial Networks (GANs) gehören, haben sich als besonders effektiv für komplexe, multimodale Aufgabenstellungen erwiesen [1], [15]. Im Kontext des Ingenieurbaus eröffnen diese Technologien vier primäre Anwendungsdomänen mit erheblichem Transformationspotential.
Die automatisierte Entwurfsgenerierung stellt eine der vielversprechendsten Anwendungen dar, bei der KI-Systeme basierend auf strukturellen Randbedingungen, Belastungsszenarien und regulatorischen Anforderungen parametrische Entwürfe generieren können. Moderne Ansätze nutzen dabei Conditional GANs oder Diffusion Models, um die Designspace-Exploration zu beschleunigen und innovative Lösungsansätze zu identifizieren, die menschliche Designer möglicherweise übersehen würden [7], [8]. Diese Systeme können topologische Optimierung mit ästhetischen Kriterien kombinieren und dabei physikalische Gesetzmäßigkeiten als harte Constraints einbeziehen.
Die Optimierung bestehender Designs erfolgt durch iterative Verbesserungszyklen, in denen generative Modelle Variationen bestehender Konstruktionen erzeugen und diese mittels Multi-Objective-Optimization-Algorithmen evaluieren. Hierbei werden Zielfunktionen wie Materialeffizienz, strukturelle Integrität, Herstellungskosten und Umwelt-auswirkungen simultan berücksichtigt. Reinforcement Learning-Ansätze ermöglichen dabei eine adaptive Anpassung der Optimierungsstrategien basierend auf Feedback aus Finite-Elemente-Simulationen oder experimentellen Validierungen [7].
Die Vorhersage von Materialverhalten repräsentiert einen besonders datenintensiven Anwendungsbereich, in dem Physics-Informed Neural Networks (PINNs) zum Einsatz kommen. Diese Modelle integrieren physikalische Gesetzmäßigkeiten direkt in die Netzwerkarchitektur und ermöglichen präzise Simulationen von Materialermüdung, Korrosionsprozessen und thermomechanischem Verhalten unter verschiedenen Umgebungsbedingungen. Die Kombination aus experimentellen Daten und physikalischen Modellen führt zu robusten Prognosen, die insbesondere für die Bewertung der Restlebensdauer von Infrastruktur-bauwerken von entscheidender Bedeutung sind [9], [10], [11].
Die automatisierte Dokumentation nutzt Large Language Models (LLMs) in Verbindung mit strukturierten Datenrepräsentationen aus CAD- und BIM-Systemen zur Generierung normkonformer technischer Dokumentationen. Diese Systeme können Berechnungsnachweise, Ausschreibungstexte und Wartungshandbücher automatisch erstellen und dabei projektspezifische Anforderungen sowie aktuelle Normungsstandards berücksichtigen. Natural Language Generation (NLG) Techniken ermöglichen dabei die Transformation komplexer technischer Sachverhalte in verständliche Dokumentationen für verschiedene Zielgruppen [12], [13], [14].

2.2 Gaussian Splatting

Gaussian Splatting hat sich als innovative Methode der 3D-Rekonstruktion etabliert, bei der Szenen nicht als Mesh, sondern durch eine Ansammlung anisotroper 3D-Gaussian-Primitive modelliert werden [16]. Diese werden durch Position, Kovarianz, Opazität und farbabhängige Eigenschaften charakterisiert und mittels differenzierbarer Optimierung (z. B. stochastischer Gradientenabstieg) trainiert [16]. Anders als bei neuronalen Ansätzen wie NeRF erfolgt das Rendering direkt über tile-basiertes Splatting, was Echtzeit-Leistung ($\geq$ 30 fps bei 1080p) ermöglicht [16], [17]. Die Methode bietet eine herausragende Kombination aus hoher visueller Qualität, effizienter Speichernutzung (durch Techniken wie Pruning oder Quantisierung) und niedriger Latenz [17], [18], und ist bereits in Anwendungen für mobile Geräte, AR/VR und Cloud-Plattformen erfolgreich im Einsatz [19]. Forschungsarbeiten erweitern das Verfahren um dynamisches Rendering (temporales Splatting) [20] und verbessern weiter Effizienz, Speicherbedarf und Flexibilität – etwa durch neue Basisfunktionen oder Byte-komprimierte Repräsentationen [18], [21]. Dabei kann man sich durch die Szene in drei Dimensionen frei bewegen, also durch gescannte Räume hindurch oder um gescannte Objekte herum.

2.3 Extended Reality

Extended Reality (XR) konstituiert ein technologisches Kontinuum immersiver Medientechnologien, das die Grenzen zwischen physischer und digitaler Realität systematisch durchbricht und neuartige Paradigmen für Visualisierung, Kollaboration und Interaktion etablieren kann [22] – so auch im Ingenieurbau. Die XR-Taxonomie umfasst drei fundamentale Modalitäten mit distinktiven technischen Charakteristika und spezifischen Anwendungsdomänen, die jeweils unterschiedliche Aspekte des Reality-Virtuality-Kontinuums nach Milgram et al. abdecken [23], [24].

Virtual Reality implementiert vollständig synthetische, computer-generierte Umgebungen, die durch Head-Mounted Displays (HMDs) mit stereoskopischen Darstellungen und 6-DOF-Tracking eine komplette sensorische Immersion schaffen. Im Kontext des Ingenieurbaus ermöglicht VR die präkonstruktive Evaluation von Bauwerken durch photorealistische Walkthrough-Simulationen, die eine intuitive räumliche Wahrnehmung komplexer Geometrien und architektonischer Zusammenhänge vermitteln. Diese Technologie transformiert traditionelle 2D-Plandarstellungen in begehbare, maßstabsgetreue 3D-Environments, wodurch Planungsfehler und räumliche Konflikte bereits in frühen Projektphasen identifiziert werden können [25].

Die pädagogischen Applikationen von VR umfassen immersive Trainingsszenarien für sicherheitskritische Arbeitsabläufe, bei denen komplexe Verfahren ohne physische Risiken erlernt und repetiert werden können. Haptic-Feedback-Systeme erweitern dabei die sensorische Erfahrung und ermöglichen die Simulation taktiler Eigenschaften von Materialien und Werkzeugen. Kollaborative VR-Environments schaffen darüber hinaus virtuelle Meetingräume, in denen geografisch verteilte Projektteams synchron an 3D-Modellen arbeiten und Echtzeit-Annotationen sowie Modifikationen durchführen können [25], [26]

Augmented Reality überlagert digitale Informationen kontextuell auf die reale Umgebung mittels optischer See-Through-Displays oder Video-See-Through-Systemen, wodurch eine nahtlose Integration virtueller und physischer Elemente erreicht wird. Die technische Realisierung erfolgt durch simultane Lokalisierung und Kartierung (SLAM-Algorithmen), die eine präzise räumliche Registration digitaler Inhalte im physischen Raum gewährleisten. Im Ingenieurbau transformiert AR traditionelle Arbeitsabläufe durch kontextuelle Visualisierung von BIM-Daten, strukturellen Analysen und Installationsplänen direkt auf realen Bauwerken [27], [28], [29], [30].

Wartungs- und Inspektionsprozesse profitieren erheblich von AR-gestützten Assistenzsystemen, die relevante technische Informationen, Wartungshistorien und Prozeduren situationsgerecht einblenden. Computer-Vision-Algorithmen ermöglichen dabei die automatische Erkennung und Klassifikation von Bauteilen, wodurch kontextspezifische Informationen ohne manuelle Navigation bereitgestellt werden. Die Visualisierung von Planungsänderungen durch AR-Overlays erleichtert präzise Kommunikation zwischen Planern und Ausführenden und reduziert Interpretationsfehler bei komplexen Modifikationen [31].

Mixed Reality stellt die technologisch anspruchsvollste XR-Modalität dar, die eine bidirektionale Interaktion zwischen virtuellen und physischen Objekten in Echtzeit ermöglicht. Durch fortgeschrittene Umgebungserfassung mittels RGB-D-Sensoren, LiDAR-Systemen und photogrammetrischen Verfahren kann eine detaillierte 3D-Rekonstruktion der physischen Umgebung erstellt werden, die als Basis für präzise Occlusion-Handling und physikalisch korrekte Interaktionen dienen kann [32].

Die interaktive Manipulation digitaler Objekte in realen Umgebungen nutzt multimodale Eingabeverfahren, einschließlich Hand-Tracking, Eye-Tracking und sprachbasierter Kommandos. Physics-basierte Simulationen gewährleisten dabei realistische Objektverhalten und ermöglichen komplexe Planungsoperationen wie virtuelle Montagesimu-lationen oder Kollisionsprüfungen in realen Bau-umgebungen. Diese Funktionalität ist besonders wertvoll für die Planung von Renovierungs- und Umbaumaßnahmen, bei denen bestehende Strukturen mit neuen Elementen kombiniert werden müssen [33].

Abbildung 1: Gaussian Splat des Schloss Birlinghoven

Abbildung 2: Gaussian Splat eines Raumes am Fraunhofer FIT, aus ca. 900 Einzelbildern.

3. Synergien und Zukunftsperspektiven

Die parallele Entwicklung von Generativer KI, Gaussian Splatting und XR deutet auf eine zukünftige Konvergenz hin, die den Ingenieurbau in mehrfacher Hinsicht transformieren könnte. Während jede dieser Technologien für sich genommen bereits signifikante Potenziale aufweist,

eröffnet ihre Verknüpfung neue Anwendungsfelder, die weit über die Summe der Einzelaspekte hinausgehen.
Generative KI kann künftig als intelligenter Assistent fungieren, der Ingenieur:innen nicht nur bei der Erstellung von Entwürfen unterstützt, sondern auch regelbasiert auf Normen, Richtlinien und Sicherheitsvorgaben verweist. Sprachbasierte Interaktion über Chatbots oder multimodale Interfaces könnte so den Zugang zu komplexen Planungs- und Regelwerksinformationen erleichtern und die Entwurfsphase iterativer und effizienter gestalten.
XR erweitert diesen Prozess durch die immersive, dreidimensionale Verknüpfung von Daten. Bauwerksentwürfe, Simulationen und Regelwerks-prüfungen werden in Echtzeit räumlich erfahrbar, wodurch das gemeinsame Verständnis in interdisziplinären Projektteams verbessert wird. Trotz aktueller Hürden wie der Gerätekomplexität und eingeschränkter Interaktionsformen ist absehbar, dass XR-Anwendungen im Ingenieurbau in den kommenden Jahren eine zentrale Rolle einnehmen werden – sowohl in der Planung als auch im Betrieb von Bauwerken.
Gaussian Splatting ergänzt diese Ansätze, indem es ein realitätsnahes Abbild der gebauten oder natürlichen Umgebung ermöglicht (vgl. Abbildung 1 und 2), in der man sich jederzeit in sechs Freiheitsgraden frei bewegen kann – im Unterschied etwa zu 360°-Bildern oder -Videos, bei denen die Kameraposition immer feststehend ist, während man z. B. durch Drehen des Kopfes die Orientierung ändern kann (drei rotatorische Freiheitsgrade). Während die Erstellung von Gaussian Splats gegenwärtig noch mit hohem Aufwand verbunden ist (so z. B. Abbildung 2, die aus ca. 900 Einzelbildern entstand, lediglich durch einen leichten neblig wirkenden Schatten auf der linken Wand in vorliegender Form von einem Foto zu unterscheiden – in Wahrheit ein Screenshot aus einer 3D-Umgebung), zeichnen sich bereits Entwicklungen ab, die auch mit kostengünstiger Hardware eine effiziente Generierung erlauben könnten. Hier eröffnet sich wiederum eine Rückkopplung zur KI: Generative Modelle könnten die Qualität der Splats optimieren, fehlende Informationen rekonstruieren oder Rauschanteile in den Daten reduzieren.
Langfristig könnten so interaktive Gaussian-Splat-Repräsentationen entstehen, die nicht nur zur Visualisierung dienen, sondern als dynamische Arbeitsumgebungen fungieren. In ihnen ließen sich Objekte markieren (vgl. Abbildung 3), verschieben oder manipulieren – ein potenzielles Ausdrucksmedium für Betrieb, Wartung und Umbau. Darüber hinaus könnte durch gekonnten Einsatz der verschiedenen Mischformen im Reality-Virtuality-Kontinuum auch der Eindruck von einer reinen VR- auf eine gemischte MR-Umgebung fließend gewechselt werden, was wiederum neue Arten der Interaktion beispielsweise hinsichtlich des Vergleichs von Bauzuständen oder Ähnlichem bieten kann. Auf diese Weise würden Generative KI, Gaussian Splatting und XR in einem geschlossenen Kreislauf zusammenspielen, der Planung, Ausführung und Betrieb von Ingenieurbauwerken nahtlos miteinander verknüpft. Sicherlich ist hier auch die Frage nach virtuellen Messungen in diesen Umgebungen interessant, die zwar technisch bedingt nicht auf dem Level von Punktwolken funktionieren, aber dennoch in gewissen Genauigkeits-umfang zukünftig denkbar wären.

Abbildung 3: Auswahl eines Objekts in einem VR Gaussian Splat

4. Herausforderungen und Limitationen

4.1 Technische Herausforderungen

Die Anwendung KI-gestützter Methoden im Ingenieurbau ist mit verschiedenen technischen Herausforderungen verbunden. Ein zentraler Aspekt ist die **Qualität und Verfügbarkeit der Daten**. Da die Leistungsfähigkeit der Modelle maßgeblich von den Eingangsdaten abhängt, können unvollständige, heterogene oder fehlerhafte Datensätze zu unzuverlässigen Ergebnissen führen. Halluzinationen künstlicher Intelligenz – sei es basierend auf einer unzureichenden Datengrundlage oder eines unzureichenden Trainings des Modells – spielen hier ebenfalls eine Rolle. Ein weiteres Hindernis stellt die erforderliche **Rechenleistung** dar: Während für einfachere Anwendungen bereits handelsübliche Hardware genügt, sind für komplexe Szenarien oder hochauflösende Modellierungen oftmals erhebliche Rechenressourcen notwendig. Gleichwohl sieht man hier jedoch auch schon beim Gaussian Splatting interessante Entwicklungen: So sind Gaussian Splats teilweise schon heute über Smartphones durch Web3D-Technologie erlebbar. Zudem ist die **Integration in bestehende Workflows** von Bedeutung. Etablierte Planungs- und Bauprozesse lassen sich nicht ohne Weiteres umstellen, sodass die Einbindung neuer Technologien häufig mit organisatorischen Anpassungen und zusätzlichem Schulungsaufwand verbunden ist. Gleichwohl haben Gaussian Splats keine per se physikalische Form, was für Anwendungen im Baukontext, aber auch die Interaktion relevant ist.

4.2 Rechtliche und normative Aspekte

Neben den technischen Fragestellungen treten rechtliche und normative Rahmenbedingungen in den Vordergrund. Eine wesentliche Herausforderung betrifft die **Haftung und Verantwortlichkeit**: Im Falle von durch KI unterstützten Entwurfsentscheidungen ist bislang unklar, wer im Schadensfall rechtlich zur Verantwortung gezogen werden kann. Darüber hinaus fehlen derzeit **einheitliche Normen und Standards**, die den Einsatz von KI im Ingenieurbau regeln und somit eine breite Akzeptanz und Vergleichbarkeit gewährleisten könnten. Schließlich spielt auch der **Datenschutz** eine zentrale Rolle. Insbesondere bei der Nutzung von Bild- und Sensordaten müssen die geltenden datenschutzrechtlichen Vorgaben eingehalten werden, um rechtliche Risiken und Vertrauensverluste zu vermeiden.

4.3 Menschzentrierte Herausforderungen

Bei allen technischen und rechtlichen Fragen darf die **menschzentrierte Perspektive** nicht vernachlässigt werden. Der Einsatz von KI im Ingenieurbau verändert Rollen, Arbeitsweisen und Verantwortlichkeiten der beteiligten Fachkräfte. Einerseits eröffnet dies Chancen für effizientere Prozesse und kreative Freiräume, andererseits besteht die Gefahr einer Entfremdung oder Überforderung durch komplexe, schwer nachvollziehbare Systeme. Damit **Vertrauen** in die Technologie entsteht, ist es notwendig, Erklärbarkeit und Transparenz der KI-Methoden sicherzustellen und die Ergebnisse so aufzubereiten, dass Ingenieurinnen und Ingenieure diese nachvollziehen und in ihren Entscheidungsprozessen einordnen können. Ebenso wichtig ist die frühzeitige **Einbindung der Anwenderinnen und Anwender** in die Entwicklung und Implementierung neuer Systeme. Nur wenn ihre Expertise, praktischen Anforderungen und Arbeitsrealitäten berücksichtigt werden, lassen sich nachhaltige und akzeptierte Lösungen etablieren.

5. Fazit

Die Kombination von Generativer KI, Gaussian Splatting und Extended Reality eröffnet dem Ingenieurbau vorher nicht dagewesene Möglichkeiten für Innovation und Effizienzsteigerung. Die vorgestellten Technologien sind bereits heute teilweise mit erschwinglicher Hardware realisierbar.

Während noch Herausforderungen in Bereichen wie Standardisierung, rechtlicher Verantwortlichkeit und Integration in bestehende Workflows bestehen, überwiegen die Potentiale deutlich. Unternehmen, die frühzeitig in diese Technologien investieren, werden sich Wettbewerbsvorteile sichern können.

Die Zukunft des Ingenieurbaus wird maßgeblich durch die intelligente Kombination menschlicher Expertise und KI-gestützter Werkzeuge geprägt sein. Gaussian Splatting und XR-Technologien werden dabei, als Enabling Technologies, eine zentrale Rolle spielen und neue Standards für Visualisierung, Kollaboration und Entscheidungsfindung setzen.

Die Transformation hat bereits begonnen – jetzt gilt es, sie aktiv zu gestalten.

Literatur

[1] Z. Alwashah, B. Xiao, H. Liu, S. T. Mueller, and X. Shao, "Generative artificial intelligence for construction: Use cases, trends, challenges, and opportunities," *Journal of Building Engineering*, vol. 112, p. 113802, Oct. 2025, doi: 10.1016/j.jobe.2025.113802.

[2] D. Onatayo, A. Onososen, A. O. Oyediran, H. Oyediran, V. Arowoiya, and E. Onatayo, "Generative AI Applications in Architecture, Engineering, and Construction: Trends, Implications for Practice, Education & Imperatives for Upskilling—A Review," *Architecture*, vol. 4, no. 4, pp. 877–902, Dec. 2024, doi: 10.3390/architecture4040046.

[3] A. A. A. El-Abbasy, "Artificial intelligence-driven predictive modeling in civil engineering: a comprehensive review," *J. Umm Al-Qura Univ. Eng.Archit.*, July 2025, doi: 10.1007/s43995-025-00166-5.

[4] T. Wu *et al.*, "Recent advances in 3D Gaussian splatting," *Comp. Visual Media*, vol. 10, no. 4, pp. 613–642, Aug. 2024, doi: 10.1007/s41095-024-0436-y.

[5] L. Franke, L. Fink, and M. Stamminger, "VR-Splatting: Foveated Radiance Field Rendering via 3D Gaussian Splatting and Neural Points," *Proc. ACM Comput. Graph. Interact. Tech.*, vol. 8, no. 1, p. 18:1-18:21, May 2025, doi: 10.1145/3728302.

[6] F. P. Brooks, "The computer scientist as toolsmith II," *Commun. ACM*, vol. 39, no. 3, pp. 61–68, Mar. 1996, doi: 10.1145/227234.227243.

[7] F. Mazé and F. Ahmed, "Diffusion Models Beat GANs on Topology Optimization," *Proceedings of the AAAI Conference on Artificial Intelligence*, vol. 37, no. 8, pp. 9108–9116, June 2023, doi: 10.1609/aaai.v37i8.26093.

[8] J. Ploennigs and M. Berger, "Automating computational design with generative AI," *Civil Engineering Design*, vol. 6, no. 2, pp. 41–52, 2024, doi: 10.1002/cend.202400006.

[9] H. Hu, L. Qi, and X. Chao, "Physics-informed Neural Networks (PINN) for computational solid mechanics: Numerical frameworks and applications," *Thin-Walled Structures*, vol. 205, p. 112495, Dec. 2024, doi: 10.1016/j.tws.2024.112495.

[10] K. Luo *et al.*, "Physics-informed neural networks for PDE problems: a comprehensive review," *Artif Intell Rev*, vol. 58, no. 10, p. 323, July 2025, doi: 10.1007/s10462-025-11322-7.

[11] A. I. F. Al-Adly and P. Kripakaran, "Physics-informed neural networks for structural health monitoring: a case study for Kirchhoff–Love plates," *Data-Centric Engineering*, vol. 5, p. e6, Jan. 2024, doi: 10.1017/dce.2024.4.

[12] G. Zhang, C. Lu, and Q. Luo, "Application of Large Language Models in the AECO Industry: Core Technologies, Application Scenarios, and Research Challenges," *Buildings*, vol. 15, no. 11, p. 1944, Jan. 2025, doi: 10.3390/buildings15111944.

[13] S. Madireddy *et al.*, "Large Language Model-Driven Code Compliance Checking in Building Information Modeling," *Electronics*, vol. 14, no. 11, p. 2146, Jan. 2025, doi: 10.3390/electronics14112146.

[14] A. Ibba, R. Alonso, and D. R. Recupero, "Enabling Natural Language Access to BIM Models with AI and Knowledge Graphs," 2025, [Online]. Available: https://ceur-ws.org/Vol-3979/short3.pdf

[15] C. Li, T. Zhang, X. Du, Y. Zhang, and H. Xie, "Generative AI models for different steps in architectural design: A literature review," *Frontiers of Archi-*

tectural Research, vol. 14, no. 3, pp. 759–783, June 2025, doi: 10.1016/j.foar.2024.10.001.

[16] B. Kerbl, G. Kopanas, T. Leimkuehler, and G. Drettakis, "3D Gaussian Splatting for Real-Time Radiance Field Rendering," *ACM Trans. Graph.*, vol. 42, no. 4, p. 139:1-139:14, July 2023, doi: 10.1145/3592433.

[17] S. Girish, K. Gupta, and A. Shrivastava, "EAGLES: Efficient Accelerated 3D Gaussians with Lightweight EncodingS," in *Computer Vision – ECCV 2024: 18th European Conference, Milan, Italy, September 29–October 4, 2024, Proceedings, Part LXIII*, Berlin, Heidelberg: Springer-Verlag, Nov. 2024, pp. 54–71. doi: 10.1007/978-3-031-73036-8_4.

[18] S. Niedermayr, J. Stumpfegger, and R. Westermann, "Compressed 3D Gaussian Splatting for Accelerated Novel View Synthesis," presented at the Proceedings of the IEEE/CVF Conference on Computer Vision and Pattern Recognition, 2024, pp. 10349–10358. Accessed: Aug. 28, 2025. [Online]. Available: https://openaccess.thecvf.com/content/CVPR2024/html/Niedermayr_Compressed_3D_Gaussian_Splatting_for_Accelerated_Novel_View_Synthesis_CVPR_2024_paper.html

[19] J. Roettgers, "The tech to build the holodeck," The Verge. Accessed: Aug. 28, 2025. [Online]. Available: https://www.theverge.com/2025/1/19/24345491/gaussian-splats-3d-scanning-scaniverse-niantic

[20] G. Wu *et al.*, "4D Gaussian Splatting for Real-Time Dynamic Scene Rendering," presented at the Proceedings of the IEEE/CVF Conference on Computer Vision and Pattern Recognition, 2024, pp. 20310–20320. Accessed: Aug. 28, 2025. [Online]. Available: https://openaccess.thecvf.com/content/CVPR2024/html/Wu_4D_Gaussian_Splatting_for_Real-Time_Dynamic_Scene_Rendering_CVPR_2024_paper.html

[21] A. Hamdi *et al.*, "GES: Generalized Exponential Splatting for Efficient Radiance Field Rendering," in *2024 IEEE/CVF Conference on Computer Vision and Pattern Recognition (CVPR)*, June 2024, pp. 19812–19822. doi: 10.1109/CVPR52733.2024.01873.

[22] R. Dörner, W. Broll, P. Grimm, and B. Jung, Eds., *Virtual und Augmented Reality (VR/AR): Grundlagen und Methoden der Virtuellen und Augmentierten Realität.* Berlin, Heidelberg: Springer, 2019. doi: 10.1007/978-3-662-58861-1.

[23] P. Milgram, H. Takemura, A. Utsumi, and F. Kishino, "Augmented reality: a class of displays on the reality-virtuality continuum," in *Telemanipulator and Telepresence Technologies*, SPIE, Dec. 1995, pp. 282–292. doi: 10.1117/12.197321.

[24] R. Skarbez, M. Smith, and M. C. Whitton, "Revisiting Milgram and Kishino's Reality-Virtuality Continuum," *Front. Virtual Real.*, vol. 2, Mar. 2021, doi: 10.3389/frvir.2021.647997.

[25] S. Safikhani, S. Keller, G. Schweiger, and J. Pirker, "Immersive virtual reality for extending the potential of building information modeling in architecture, engineering, and construction sector: systematic review," *International Journal of Digital Earth*, vol. 15, no. 1, pp. 503–526, Dec. 2022, doi: 10.1080/17538947.2022.2038291.

[26] S. Li, Q.-C. Wang, H.-H. Wei, and J.-H. Chen, "Extended Reality (XR) Training in the Construction Industry: A Content Review," *Buildings*, vol. 14, no. 2, p. 414, Feb. 2024, doi: 10.3390/buildings14020414.

[27] S. Zollmann, C. Hoppe, S. Kluckner, C. Poglitsch, H. Bischof, and G. Reitmayr, "Augmented Reality for Construction Site Monitoring and Documentation," *Proceedings of the IEEE*, vol. 102, no. 2, pp. 137–154, Feb. 2014, doi: 10.1109/JPROC.2013.2294314.

[28] L. Oppermann, M. Shekow, and D. Bicer, "Mobile cross-media visualisations made from building information modelling data," in *Proceedings of the 18th International Conference on Human-Computer Interaction with Mobile Devices and Services Adjunct*, in MobileHCI '16. Florence, Italy: Association for Computing Machinery, Sept. 2016, pp. 823–830. doi: 10.1145/2957265.2961852.

[29] U. Riedlinger, L. Oppermann, and L. Hirsch, *Tracking Construction Defects with Augmented Reality and Building Information Modeling*. 2024.

[30] U. Riedlinger *et al.*, "Evaluation of Mixed Reality Support for Bridge Inspectors Using BIM Data: Digital Prototype for a Manual Task with a Long-Lasting Tradition," *i-com*, vol. 21, no. 2, pp. 253–267, Aug. 2022, doi: 10.1515/icom-2022-0019.

[31] F. N. Catbas *et al.*, "Extended Reality (XR) for Condition Assessment of Civil Engineering Structures: A Literature Review," *Sensors*, vol. 22, no. 23, p. 9560, Jan. 2022, doi: 10.3390/s22239560.

[32] J. C. P. Cheng, K. Chen, and W. Chen, "State-of-the-Art Review on Mixed Reality Applications in the AECO Industry," *Journal of Construction Engineering and Management*, vol. 146, no. 2, p. 03119009, Feb. 2020, doi: 10.1061/(ASCE)CO.1943-7862.0001749.

[33] L. Hou, X. Wang, and M. Truijens, "Using Augmented Reality to Facilitate Piping Assembly: An Experiment-Based Evaluation," *Journal of Computing in Civil Engineering*, vol. 29, no. 1, p. 05014007, Jan. 2015, doi: 10.1061/(ASCE)CP.1943-5487.0000344.

KI-basierte interaktive Brückenplanung – Forschungsprojekt KIBIP

Dipl.-Ing. Adrian Schubert
Konstruktionsgruppe Bauen AG, Kempten, Deutschland

Jonas Wiederer, M. Sc.
Ostbayerische Technische Hochschule Regensburg, Deutschland

Prof. Dr.-Ing. Michael Kraus
München, Deutschland

Prof. Dr.-Ing. Matthias Obergrießer
Ostbayerische Technische Hochschule Regensburg, Deutschland

Zusammenfassung
Das Forschungsprojekt *KIBIP – KI-basierte interaktive Brückenplanung* widmet sich der Entwicklung und Erprobung KI-basierter Methoden im Brückenbau. Angesichts zunehmender Herausforderungen im Infrastrukturbereich und knapper Ressourcen wird die Notwendigkeit neuer, effizienterer Prozesse betont. KIBIP kombiniert künstliche Intelligenz (KI), Building Information Modeling (BIM) sowie parametrische und algorithmische Modellierung, um klassische ingenieurtechnische Abläufe datengetrieben zu unterstützen und zu erweitern. Schwerpunkt ist die automatisierte Generierung, Bewertung und Optimierung von Entwurfsvarianten, wodurch Objektivität und Vielfalt in der Entscheidungsfindung erhöht werden. Ziel ist es, Brückenentwürfe nachhaltiger und wirtschaftlicher zu gestalten und bislang ungenutzte Potenziale zu erschließen. Es werden zudem die herkömmlichen Planungsschritte analysiert und daraus Innovationsbedarfe für das Bauwesen in Deutschland abgeleitet.

1. Einführung und Hintergrund

In Zeiten wachsender Herausforderungen für die Infrastruktur rückt der Sanierungsbedarf im Brückenbau immer stärker in den Fokus. Angesichts begrenzter personeller und zeitlicher Ressourcen kann dies zu Engpässen in der Planung, Genehmigung und Ausführung von Bauprojekten führen. Gleichzeitig eröffnet die fortschreitende Digitalisierung neue Möglichkeiten, Abläufe effizienter und präziser zu gestalten. Die Kombination aus KI-Technologien, BIM und parametrischer Modellierung verspricht, Brückenentwürfe nicht nur schneller, sondern auch nachhaltiger und wirtschaftlicher zu bewerten und zu optimieren. Durch die Untersuchung dieses Ansatzes, leistet das Forschungsprojekt KIBIP der KB und der OTH Regensburg (OTH) aus planerischer Sicht einen wichtigen Beitrag zur Zukunft des Bauwesens und der Infrastruktur in Deutschland.

Das Forschungsprojekt KIBIP widmet sich der Entwicklung und praktischen Erprobung von KI-basierten Prozessen für die Brückenplanung. Ziel ist es, die klassischen ingenieurtechnischen Abläufe durch intelligente, datengetriebene Methoden zu unterstützen und weiterzuentwickeln. Durch die KI-gestützte Analyse sollen verschiedene Entwurfsvarianten in einem iterativen Workflow automatisiert generiert, bewertet und optimiert werden. KIBIP verfolgt das Ziel, die Planung von Brücken zukunftsorientiert auszurichten und einen wesentlichen Beitrag zur nachhaltigen Modernisierung der deutschen Infrastruktur zu leisten. Hierzu wird Ingenieur*innen ein Tool bereitgestellt, mit dem KI-gestützte Vorplanungen erstellt und bislang ungenutzte Potenziale erschlossen werden können. Auf diese Weise lässt sich die Variantenbildung und Entscheidungsfindung in der Leistungsphase 2 deutlich beschleunigen und objektiver gestalten.

2. Technologische Grundlagen

2.1 Bisherige Planungsmethodik

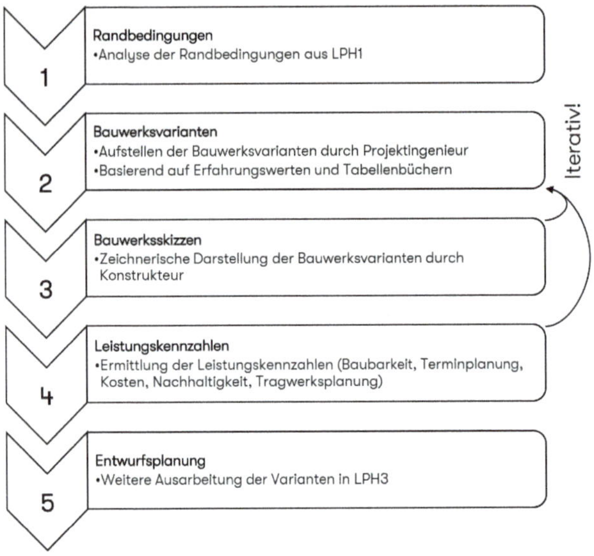

Abb. 1: Herkömmlicher Prozess bei der Vorplanung LPH2

Zur Analyse möglicher Optimierungen in der traditionellen Bauwerksplanung werden die einzelnen Arbeitsschritte betrachtet. Abb. 1 stellt das Vorgehen in der Vorplanung LPH2 dar.

2.2 KI-gestützte Planungsmethodik

Vor allem in den Schritten 2 und 4 bestehen durch die Integration von KI-Prozessen Möglichkeiten, die Vorplanung effizienter und zügiger zu gestalten.

Schritt 2 – Aufstellung der Bauwerksvarianten:

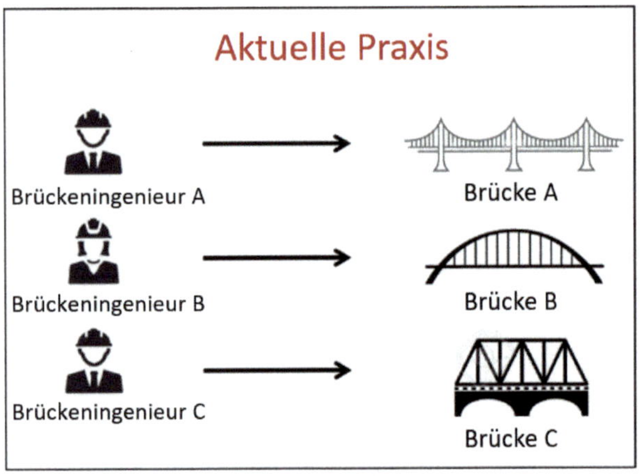

Abb. 2: Erwarteter Ausgang eines Entwurfprozesses nach aktueller Praxis, nach [1]

Bei herkömmlichen Brückenbauprojekten basiert der Entwurfsprozess hauptsächlich auf den Erfahrungen und dem Fachwissen der beteiligten Ingenieur*innen [1]. Wie Abb. 2 verdeutlicht, führen selbst identische Rahmenbedingungen durch individuelle Herangehensweisen häufig zu unterschiedlichen Lösungsvorschlägen für eine Aufgabe. Die bisherigen Erfahrungen eines Planungsteams beeinflussen dabei oft die Auswahl potenzieller Lösungen. So werden manche Ansätze frühzeitig ausgeschlossen, weil in der Vergangenheit ungünstige Projektergebnisse damit verbunden wurden. Dadurch kann es passieren, dass der Lösungsraum der Entwurfsaufgabe unnötig eingeschränkt wird und die bestmögliche Lösung unentdeckt bleibt.

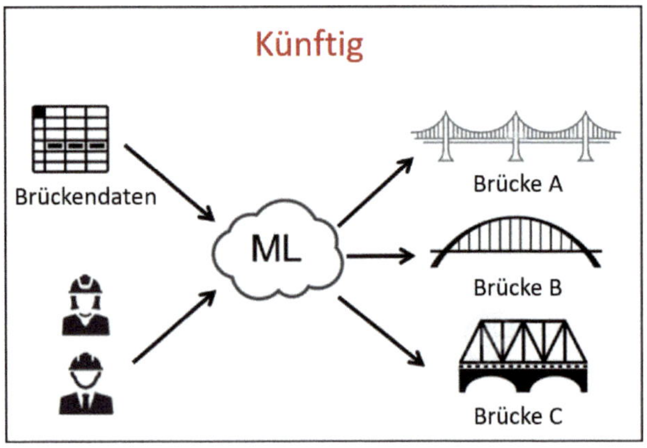

Abb. 3: Vorgeschlagener Prozess, der einen Machine Learning Algorithmus in die Entwurfsaufgabe integriert, nach [1]

Das Entwickeln und Trainieren eines KI-Modells zur Generierung verschiedener Bauwerksvarianten ermöglicht eine objektive und umfassende Bewertung aller möglichen Lösungsansätze in kurzer Zeit, sodass Variantenstudien und -optimierungen damit wirtschaftlich möglich werden. Wie in Abb. 3 dargestellt, kann die Integration eines KI-Algorithmus dazu beitragen, potenzielle Verzerrungen durch Planungsteams zu minimieren und den Analyseprozess zu optimieren.

Schritt 4 – Ermittlung der Leistungskennzahlen:
Ein zentrales Problem bei Bauwerksentwürfen ist der Zeitpunkt, zu dem Leistungskennzahlen bestimmt werden. Aussagekräftige Werte lassen sich erst berechnen, wenn detaillierte Pläne vorliegen, was bereits viel Arbeit erfordert. Müssen daraufhin Anpassungen erfolgen, ist das oft aufwendig. Dadurch wird ein ausgeprägter iterativer Entwurfsprozess, der zum Auffinden der optimalen Lösung notwendig wäre, in den meisten Fällen unterbunden.

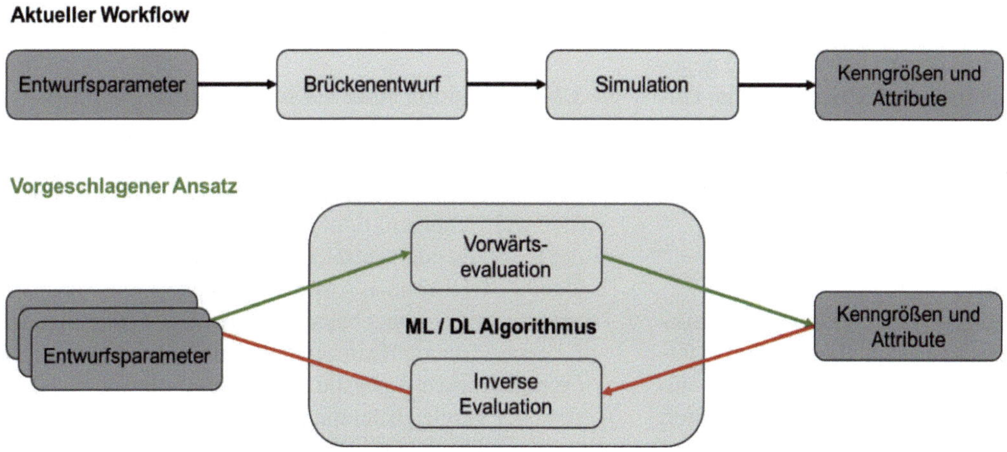

Abb. 4: Aktueller (oben) und vorgeschlagener (unten) Ansatz zum Brückenentwurf, nach [2, 3]

Wie in Abb. 4 dargestellt, ermöglicht die Integration eines spezialisierten „conditional variational Autoencoder“ (CVAE) KI-Modells [2, 3] sowohl den klassischen Entwurfsprozess als auch die inverse Betrachtung der Leistungskennzahlen. In diesem Ansatz werden die gewünschten Kenngrößen vorgegeben, und der Algorithmus ermittelt die entsprechenden Entwurfsparameter. Durch die frühzeitige Einbeziehung von Leistungskennzahlen im Entwurfsprozess kann die Identifikation einer optimalen Bauwerksvariante vereinfacht und beschleunigt werden. Zudem kann durch die computergestützte Variantengenerierung eine verbesserte Iterationsfähigkeit des Entwurfsprozesses erwartet werden.

Die Verlagerung von Leistungsanteilen in frühere Projektphasen wird bereits heute durch die Implementierung der BIM-Technologie im Bauwesen gefördert. Dieser Zusammenhang wird häufig mithilfe der MacLeamy-Kurve (vergleiche Abb. 5) veranschaulicht. Die Kurve zeigt, dass die Möglichkeiten zur Anpassung eines Entwurfs (grün) insbesondere in den frühen Projektphasen umfangreicher sind, während die Kosten für Planungsänderungen (rot) in diesen Phasen geringer ausfallen. Durch die Verschiebung der bisherigen Leistungskurve (gelb) in frühere Projektphase (blau) können Anpassungen schneller, kostengünstiger und mit mehr Flexibilität erfolgen. [3, 4]

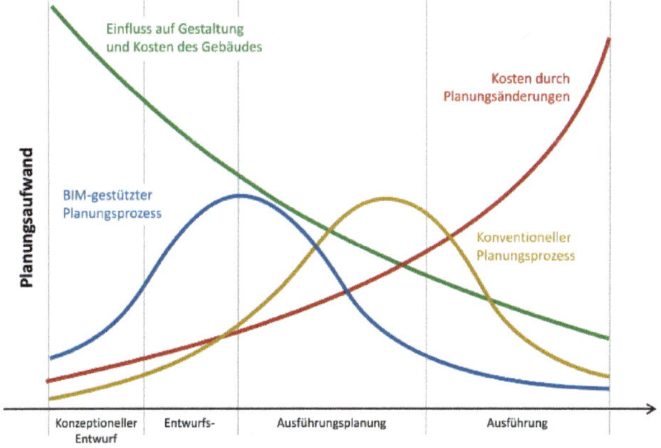

Abb. 5: MacLeamy-Kurve: Verlagerung des Planungsaufwands in frühere Projektphasen durch BIM [4, nach MacLeamy 2004].

Der Einsatz eines KI-gestützten Werkzeugs zur automatisierten Generierung von Vorplanungsvarianten führt zu einer weiteren Verlagerung von Leistungsanteilen in die frühen Phasen eines Bauprojekts, wodurch der Entwurfsprozess optimiert werden kann. Diese Verschiebung ermöglicht eine schnellere Bestimmung relevanter Leistungskennzahlen und erhöht die Wahrscheinlichkeit, im Rahmen des Entwurfsprozesses die bestmögliche Lösung für das Bauwerk zu identifizieren.

2.3 Einsatz Parametrischer Modelling und BIM

Der für die Generierung der Bauwerksvarianten genutzte CVAE-Algorithmus liefert numerische Vektoren als Ergebnis [1, 2, 3]. Der Workflow ist dabei auf die Interaktion zwischen Mensch und KI ausgerichtet. Daher ist es erforderlich, diese Vektoren in für Ingenieur*innen verständliche Formate zu überführen – beispielsweise als Pläne oder Kennzahlen zu Kosten und Nachhaltigkeit. Dies ermöglicht eine effiziente Erfassung und Bewertung der Lösungsvorschläge. Das Forschungsprojekt untersucht daher sowohl die Optimierungspotenziale durch KI als auch die adäquate und nachvollziehbare Aufbereitung der Ergebnisse für Ingenieur*innen.

Die derzeitigen Arbeitsprozesse von Ingenieur*innen sind maßgeblich durch die Nutzung von Plandarstellungen geprägt. Mit der Einführung der BIM-Methodik vollzieht sich jedoch eine Entwicklung hin zu einer vollständig modellbasierten Projektbearbeitung. Perspektivisch könnten BIM-Modelle traditionelle Pläne gänzlich ablösen. Aufgrund dieses Trends und der Erweiterbarkeit des modellbasierten Ansatzes um zusätzliche Anwendungsfälle (bspw. 4D, 5D, Nachhaltigkeitsanalyse) wurde dieses Konzept im Rahmen des Forschungsprojekts weiterverfolgt. Hierbei werden die numerischen Vektoren der künstlichen Intelligenz mithilfe von parametrischen bzw. algorithmischen Entwerfens auf BIM-Modelle übertragen. Diese dienen als Grundlage für die Ableitung von Plänen, die Bestimmung von Leistungskennzahlen sowie für weitere Projektschritte.

2.4 Weitere Verbesserungspotentiale

Darüber hinaus sind für die Schritte 1, 3 und 5 zusätzliche Potenziale zur Verbesserung durch Digitalisierung gegeben. Diese werden jedoch im Rahmen des aktuellen Forschungsvorhabens nicht untersucht und daher in diesem Paper nicht weiter behandelt.

3. Mensch-KI-Interaktion

3.1 Schnittstelle zwischen Ingenieur*in und KI

Für eine effektive Zusammenarbeit zwischen Ingenieur*innen und der Künstlichen Intelligenz ist es erforderlich, die Schnittstelle zwischen beiden Akteuren eingehend zu analysieren. Diese Schnittstelle ist detailliert in Abb. 6 dargestellt.

Zur Interaktion mit der KI öffnen die Ingenieur*innen eine speziell entwickelte grafische Benutzeroberfläche (GUI). Im ersten Schritt werden sämtliche relevanten Randbedingungen hinterlegt, darunter Informationen zur Streckenplanung, zur Bauwerksumgebung sowie allgemeine Bauwerksparameter. Verfügbare Zielgrößen, wie beispielsweise ein festgelegtes Kostenmaximum, werden ebenfalls eingetragen.

Im Anschluss verarbeitet das KI-Backend die eingegebenen Daten und identifiziert passende Bauwerksvarianten. In der initialen Phase erstellt die KI verschiedene Varianten in Form numerischer Vektoren. Dabei prognostiziert die KI auch die Leistungskennzahlen, die dem Ingenieurteam für nachfolgende Entscheidungen zur Verfügung gestellt werden. In diesem Schritt werden keine Geometriemodelle erzeugt. Die Resultate werden stattdessen grafisch aufbereitet und den Projektingenieur*innen präsentiert.

Nach der Auswahl der gewünschten Varianten können aus den numerischen Vektoren der Künstlichen Intelligenz Bauwerksmodelle abgeleitet sowie detaillierte Pläne und Leistungskennzahlen erstellt werden.

3.2 Konzeption einer GUI

Die Entwicklung einer grafischen Benutzeroberfläche befindet sich derzeit in der Konzeptionsphase. Ziel hierbei ist es, eine benutzerfreundliche Plattform bereitzustellen, die zwei Hauptfunktionen abdeckt. Die Interaktion mit der KI bildet den zentralen Bestandteil.

Über die GUI können Anwender relevante Entwurfsparameter sowie optional bekannte Zielgrößen eingeben. Die KI generiert daraufhin verschiedene Varianten von Brückenbauwerken (vgl. Abb. 7). In diesem initialen Schritt steht der Vergleich der unterschiedlichen generierten Varianten im Mittelpunkt. Das Planungsteam benötigt einen schnellen Überblick über jeden Vorschlag, um dessen Eignung effizient bewerten zu können. Hierzu ist eine rasche Erfassung der Bauwerksgeometrie erforderlich, was aktuell am effektivsten durch ausgewählte Plandarstellungen oder Skizzen erfolgt. Darüber hinaus sollten die Leistungskennzahlen unmittelbar berücksichtigt werden. Diese Kennzahlen sind grafisch darzustellen – sowohl für wesentliche Merkmale wie Spannweiten, Konstruktionshöhe und Schlankheit als auch für approximierte Werte wie Kosten, Bauzeit und Nachhaltigkeit. Die Präsentation der Leistungskennzahlen erfolgt in diesem Schritt ausschließlich normalisiert und nicht als konkrete Zahlenwerte, da prozentuale Vergleiche im Vordergrund stehen. Die Leistungskennzahlen sind mit der Hilfe von geeigneten Darstellungsformen zu präsentieren.

Für die ausgewählten Varianten wird nach manuellen Anpassungen der Kenngrößen ein parametrisches 3D-Modell erstellt, das als Grundlage für die weitere Projektbearbeitung genutzt werden kann. Hierzu werden die Ausgabevektoren der KI in die in Kapitel 8 und 9 vorgestellten Pipelines weiterverarbeitet.

Die zweite Funktion der GUI besteht darin, das Auffinden von Referenzprojekten zu unterstützen. Durch das KI-basierte Data Mining liegen alle Projektdaten strukturiert in einer Datenbank vor, was einen effizienten und aktuellen Zugriff auf diese Informationen ermöglicht. Dadurch können Ingenieur*innen gezielt nach bereits realisierten Projekten suchen, die Merkmale mit ihren aktuellen Planungsaufgaben gemeinsam haben.

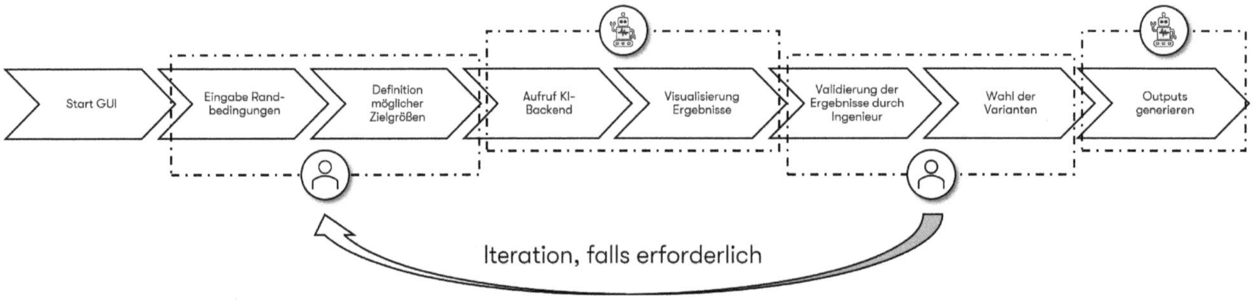

Abb. 6: Workflow der Mensch-KI-Interaktion

Die Planung im Brückenbau erfordert oftmals anspruchsvolle und sehr spezifische Lösungsstrategien. Daher wird auf die Implementierung eines vollständig automatisierten Workflows bewusst verzichtet. Stattdessen prüfen die Projektingenieur*innen die generierten Ergebnisse und wählen mehrere Varianten für eine vertiefte Analyse und Ausarbeitung aus. Sollte keine geeignete oder umsetzbare Variante angeboten werden, besteht die Möglichkeit, die Eingabedaten, Zielgrößen und Entwurfsrandbedingungen entsprechend zu modifizieren.

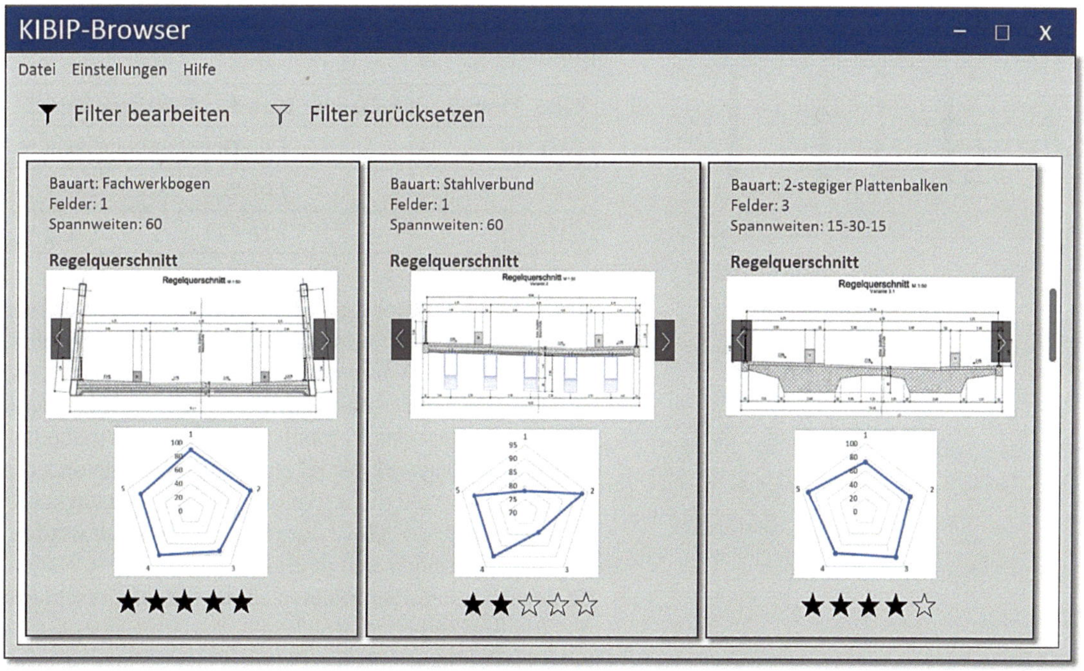

Abb. 7: Beispiel der Variantenausgabe als Regelquerschnitt mit Bewertungsmatrix in der GUI

4. Parametrische Datenstruktur

Zur Verknüpfung der unterschiedlichen Technologien wie KI, parametrisches und algorithmisches Entwerfen, BIM und Data Mining wurde eine spezifische parametrische Datenstruktur entwickelt, vgl. Abb. 8. Das Hauptziel bei der Konzeption dieser Struktur besteht darin, Bauwerke mit ausreichender Genauigkeit zu beschreiben, sodass die Anforderungen der LPH2 erfüllt werden können, während gleichzeitig eine Übermodellierung im Sinne unnötiger Detailattribute dieser LPH und der gängigen LOIN-Konzepte vermieden wird.

Bestimmte Aspekte der Bauwerksgeometrie oder Materialität werden dabei außer Acht gelassen, sofern ihr Einfluss auf die Leistungskennzahlen vernachlässigbar ist und der Variantenvergleich uneingeschränkt durchgeführt werden kann.

Für vier Brückenbauwerkstypen – Hohlkasten, Plattenquerschnitt, Stahlverbundträger sowie ein- und mehrstegige Plattenbalken – wurde eine Datenstruktur mit insgesamt 49 beschreibenden Parametern entwickelt. Davon sind 18 Parameter für das Training der CVAE-KI vorgesehen, wobei drei dieser Parameter als Zielwerte (target values) und die übrigen 15 als Eingangsgrößen (feature values) betrachtet werden. Die übrigen Parameter werden entweder durch vereinfachte Berechnungsmethoden approximiert oder müssen als Eingabewerte von Projektingenieur*innen bereitgestellt werden.

Sämtliche Parameter wurden in einer umfassenden Dokumentation festgehalten, welche die Relevanz der jeweiligen Parameter für das KI-Training oder das parametrische Modell darlegt, potenzielle Vereinfachungen erläutert und diese detailliert beschreibt, vlg. Abb. 8. Zusätzlich wurden Grenzwerte für die einzelnen Parameter hinterlegt, um eine spätere Validierung der KI-Ergebnisse zu ermöglichen sowie eine unter Umständen notwendige Generierung von synthetischen Daten vorzubereiten.

5. Data-Mining an Bestandsunterlagen

Im Rahmen des Forschungsprojekts wurde ein umfassendes Data-Mining-Verfahren durchgeführt. Als Datengrundlage wurden ausschließlich ausgeschriebene Bauwerksentwürfe verwendet, um sicherzustellen, dass die Trainingsdaten baubare und wirtschaftlich sinnvolle Varianten enthalten.

Für die Datenextraktion kamen PDF-Pläne und PDF-Berichte zum Einsatz. Das Projektteam entwickelte dafür eine Pipeline, welche die präzise Identifikation relevanter technischer Parameter ermöglicht. Die Methode kombiniert herkömmliches Pre-Processing der Plandaten auf Basis von Bilddaten mit dem Einsatz multimodaler Large Language Models (mLLMs). Über Application Programming Interfaces (API) wurde das mLLM direkt in die Pipeline eingebunden und ermöglicht automatisiertes Data Mining über vollständige Ordnerstrukturen. In einer frühen Testphase wurden mLLMs der Firma OpenAI ausgewählt, da diese zum Zeitpunkt des Entwicklungsbeginns (Frühjahr 2024) Leistungsunterschiede gegenüber anderen Anbietern zeigten.

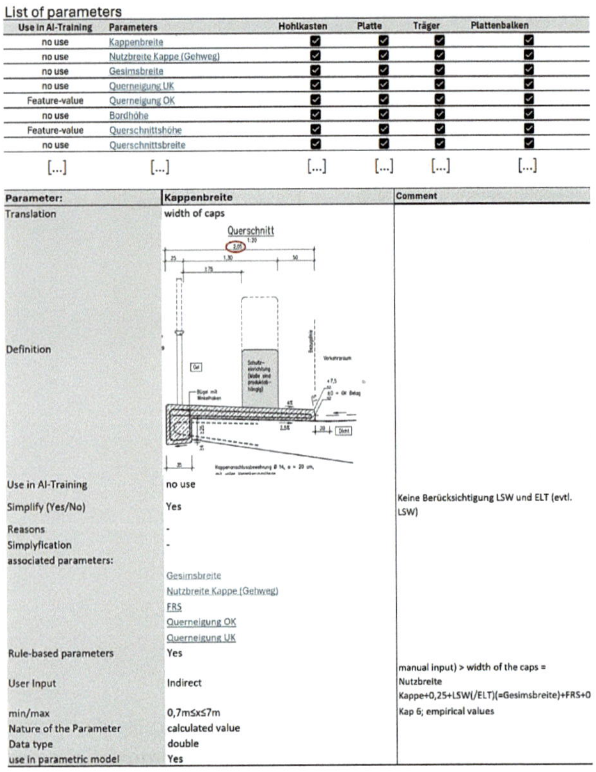

List of parameters

Use in AI-Training	Parameters	Hohlkasten	Platte	Träger	Plattenbalken
no use	Kappenbreite	☑	☑	☑	☑
no use	Nutzbreite Kappe (Gehweg)	☑	☑	☑	☑
no use	Gesimsbreite	☑	☑	☑	☑
no use	Querneigung UK	☑	☑	☑	☑
Feature-value	Querneigung OK	☑	☑	☑	☑
no use	Bordhöhe	☑	☑	☑	☑
Feature-value	Querschnittshöhe	☑	☑	☑	☑
no use	Querschnittsbreite	☑	☑	☑	☑
[...]	[...]	[...]	[...]	[...]	[...]

Parameter:	Kappenbreite	Comment
Translation	width of caps	
Definition	(Querschnitt)	
Use in AI-Training	no use	
Simplify (Yes/No)	Yes	Keine Berücksichtigung LSW und ELT (evtl. LSW)
Reasons	-	
Simplyfication	-	
associated parameters:	Gesimsbreite Nutzbreite Kappe (Gehweg) FRS Querneigung OK Querneigung UK	
Rule-based parameters	Yes	
User Input	Indirect	manual input) > width of the caps = Nutzbreite Kappe+0,25+LSW(/ELT)(=Gesimsbreite)+FRS+0
min/max	0,7m≤x≤7m	Kap 6; empirical values
Nature of the Parameter	calculated value	
Data type	double	
use in parametric model	Yes	

Abb. 8: Auszug aus der Dokumentation zur parametrischen Datenstruktur

In einer späteren Testphase wurden verschiedene GPT-Modelle von OpenAI systematisch miteinander verglichen. Für jeden Modelltyp wurde die Datamining-Pipeline fünfmal in zwei unterschiedlichen Projekten durchgeführt. Die Resultate wurden mit den Erwartungswerten von Brückeningenieur*innen abgeglichen und anschließend bewertet. Tab. 1 präsentiert die gewonnenen Ergebnisse und zeigt, dass das Modell GPT-4.1 mini dem GPT-4.1-Modell in einzelnen Fällen überlegen war, jedoch unter anderen Bedingungen signifikant schlechter abschnitt.

Tab. 1: Leistungsvergleich verschiedener GPT Modelle

GPT Modell	Effizienz Run 1	Effizienz Run 2
GPT 4o	52,9 %	58,3 %
GPT 4.1 mini	73,5 %	59,2 %
GPT 4.1	70,6 %	72,3 %

Das mLLM Prompting wurde mithilfe verschiedener Strategien angepasst, um präzise Ergebnisse zu erzielen. Dazu gehörte die Vorauswahl relevanter Planinhalte, um eine Überlastung des KI-Modells zu vermeiden. Es zeigte sich zudem, dass das Vorabübermitteln von Randbedingungen zum Bauwerk der KI ein besseres Verständnis der Zeichnungen ermöglicht. Weitere Verbesserungen konnten über einen Few-Shot-Learning Ansatz erzielt werden. Details dazu finden sich in [5].

Zu den zentralen Planinhalten zählen Regelquerschnitte und Bauwerkstabellen, welche die Ableitung eines Großteils der Parameter für die parametrische Datenstruktur erlauben. Tabellen werden durch konventionelle Programmierung identifiziert. Hierbei werden rechteckige Konturen erkannt, wobei eine Ansammlung benachbarter Konturen meist auf eine Tabelle hinweist. Für die Erkennung relevanter Planinhalte wurde ein YOLO-Modell aus der Computer Vision eingesetzt, wie Abb. 9 zeigt. Die OTH hat basierend auf wenigen Plänen ein YOLO-Modell trainiert, das auf die Erkennung von einzelnen Zeichnungen im Plan spezialisiert ist. Mithilfe von NER und mLLMs könnten die einzelnen Zeichnungen klassifiziert werden [5].

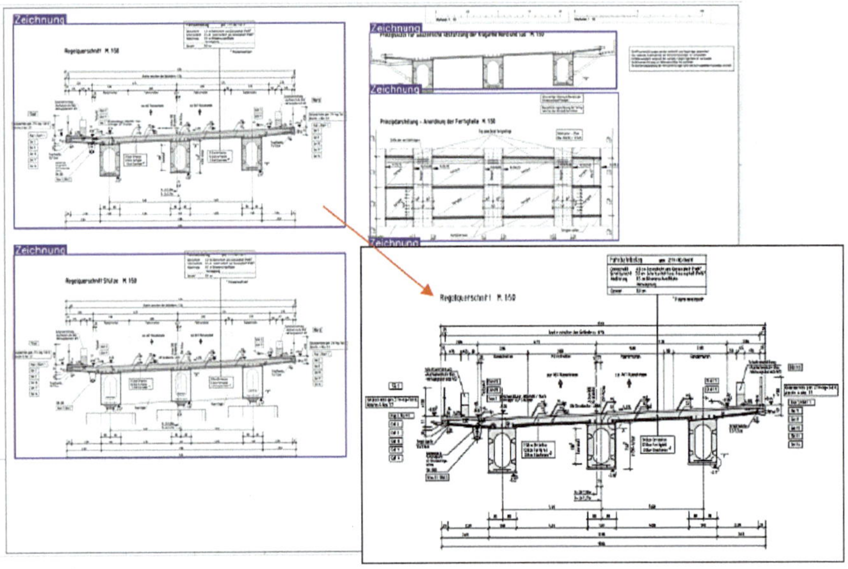

Abb. 9: Zeichnungserkennung mithilfe eines spezifisch trainierten YOLOv8-Modells, aus [5]

Neben relevanten Planinhalten werden auch die zugehörigen Erläuterungsberichte (E-Berichte) der Projekte über ein mLLM ausgewertet, entsprechende Parameter extrahiert und in den Datamining Prozess integriert.
Als Ausgabeformat wurde eine strukturierte JSON-Datei direkt vom mLLM angefordert. Das Vorlegen einer Muster-JSON hat sich als hilfreich erwiesen, um das gewünschte Übergabeformat eindeutig zu spezifizieren und Abweichungen zu reduzieren. Für jeden gesuchten Parameter wurden Hinweise hinterlegt, an welchen Stellen im Plan der jeweilige Parameter gefunden werden kann, und welche Einheit erwartet wird. Die Verwendung einer Datenvalidierungsstrategie (z. B. Datentyp, Wertebereich, etc.) stellte sich als signifikant heraus. Wie in Abb. 10 dargestellt, werden ebenfalls die Einheiten bei der Datenextraktion berücksichtigt.

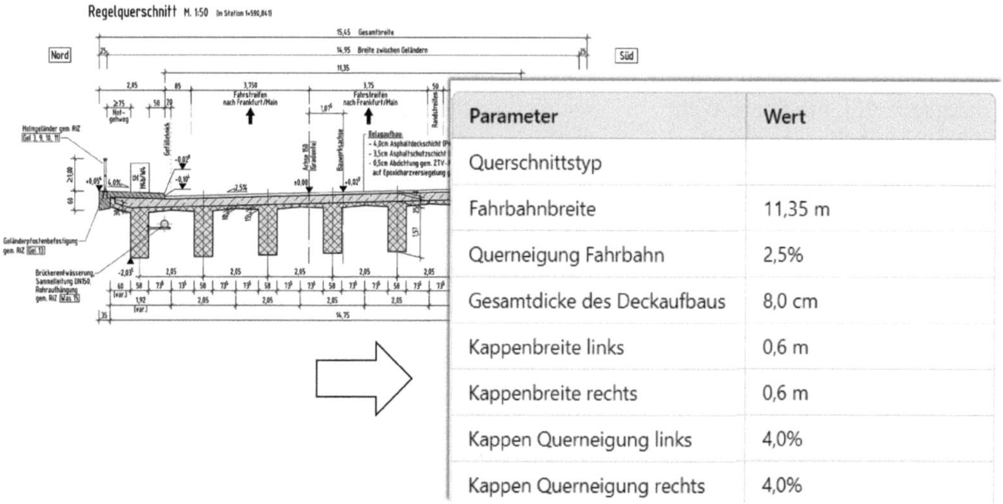

Parameter	Wert
Querschnittstyp	
Fahrbahnbreite	11,35 m
Querneigung Fahrbahn	2,5%
Gesamtdicke des Deckaufbaus	8,0 cm
Kappenbreite links	0,6 m
Kappenbreite rechts	0,6 m
Kappen Querneigung links	4,0%
Kappen Querneigung rechts	4,0%

Abb. 10: Datenextraktion aus Plandarstellungen

Bislang wurden rund 40 GB Projektdaten der KB mittels eines vollautomatisierten Preprocessing-Verfahrens analysiert. Der aktuelle Datenbestand umfasst neben Ausschreibungsunterlagen auch weitere Dokumente (statische Berechnungen, Baugrundgutachten, Angebote, etc.) und Pläne zu unterschiedlichen Bauwerkstypen, wie beispielsweise Stützwänden oder Deckenerneuerungen. Dadurch konnten bislang 110 Brückenbauwerke im ursprünglichen Datenpool durch den Algorithmus identifiziert und ausgewertet werden. Bis zum Projektabschluss ist eine Erweiterung des Datensatzes um weitere 58 Projekte geplant. Sollte dann trotz des vergrößerten Datensatzes nicht genügend Datenpunkte zur Erzielung belastbarer KI-Ergebnisse zur Verfügung stehen, wird die Entwicklung einer synthetischen Daten-Pipeline, wie in Abs. 2.3 beschrieben, in Betracht gezogen.
Für die langfristige Weiterentwicklung des Tools wurden zwei ergänzende Datenquellen ermittelt. Erstens lassen sich Pläne von externen Quellen wie Informationen von verschiedenen Bauherren ohne erheblichen Mehraufwand einbinden, da der Workflow ausschließlich auf PDF-Dateien und Pläne gemäß RAB-ING ausgelegt ist. Zweitens besteht grundsätzlich die Möglichkeit, die SIB-Bauwerke zu integrieren. Im Rahmen des Forschungsprojekts wurde dieses Vorgehen jedoch nicht weiterverfolgt, da die Dokumentation des Datenformats als unzureichend bewertet wurde, um den zeitlichen Rahmen einzuhalten.

6. KI Training

Im Rahmen des Projekts wurde als KI-Architektur ein sogenannter „conditional variational Autoencoder“ (CVAE) [1, 2, 3], vgl. Abb. 11, ausgewählt. Diese Architektur bietet die Möglichkeit, sowohl Vorwärts- als auch inverse Entwurfsprozesse im Brückenbau abzubilden. Insbesondere der inverse Entwurf, also die Ableitung eines Bauwerks aus Zielgrößen, lässt sich mit traditionellen Methoden wie Finite-Elemente-Software nicht realisieren und eröffnet neue Perspektiven für die automatisierte Planung.
Der Trainingsprozess erfolgt auf Grundlage der entwickelten parametrischen Datenstruktur bzw. Ergebnissen des Dataminings. Wie in Kapitel 4 erläutert, wurden für drei Brückentypen relevante Attribute ausgewählt und deren charakteristische Merkmale sowie Wertebereiche festgelegt, vgl. Abb. 8. Die durch das Datamining gewonnenen Attributwerte bilden die Basis für das Training. Ergänzend dazu werden über die in Kapitel 8 beschriebene Pipeline die zugehörigen Leistungskennzahlen der Bauwerke ermittelt. Diese Performancelabel dienen als Trainingsdaten für den CVAE-Algorithmus. Je nach Prognosegüte wird ein Nachsampling des Entwurfsraums durchgeführt, um die Trainingsgrundlage kontinuierlich zu erweitern.
Die resultierende KI-Architektur ermöglicht eine effiziente Nutzung der vorhandenen Datenbasis und trägt zur Weiterentwicklung automatisierter Entwurfsprozesse im Brückenbau bei.

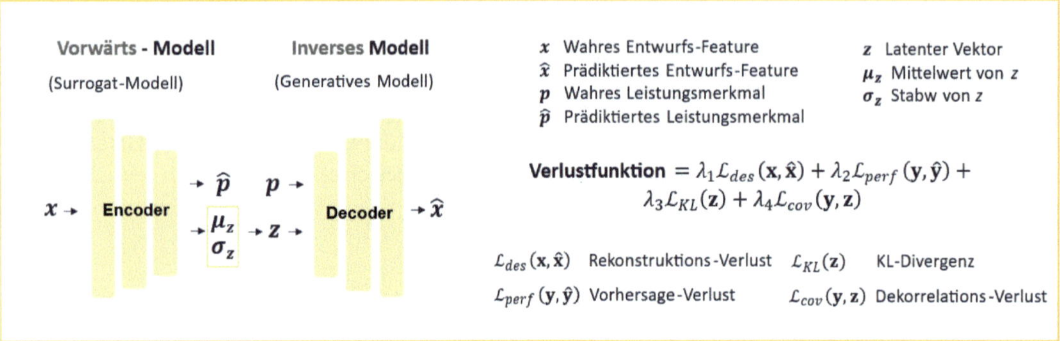

Abb. 11: Architektur des CVAE Netzwerks einschließlich Nomenklatur und Verlustfunktionen [2]

7. Parametrische und algorithmische Modellierung

Eine zentrale Fragestellung des Forschungsprojekts ist die Übersetzung numerischer Output-Vektoren des KI-Modells und des Data Minings in Bauwerksgeometrie. Als zentrale Technologie dafür eignet sich insbesondere die parametrische Modellierung [1, 2, 3]. Im Rahmen dieses Projektes wurden einige CAD Programme hinsichtlich ihrer Eignung dafür untersucht [6], die finale Wahl fiel auf die innerhalb der KB als Modellierungsstandard verwendete Software Autodesk „Revit“.

Schon seit 2017 hat sich innerhalb der KB ab Leistungsphase 3 (Entwurf) parametrische Modellierung in Revit und Dynamo etabliert, wobei stets ein projektspezifischer Ansatz verfolgt wird. Da sich das Forschungsprojekt auf die Vorplanung von Brückenbauwerken (Leistungsphase 2) konzentriert, wurde ein spezifisches parametrisches Modell entwickelt, das auf eine schnelle Modellgenerierung abzielt und dabei einen allgemeingültigeren Ansatz verfolgt. Somit können innerhalb eines festgelegten Zeitrahmens mehrere Bauwerksvarianten untersucht werden, was zur effizienten Analyse des Lösungsraumes beiträgt. Aktuelle Softwareprodukte bieten häufig keine vollständig parametrische Modellierung von Linienbauwerken. Aufgrund der komplexen Trassierungsgeometrie, die mit der Bauwerksgeometrie verknüpft ist, entstehen Herausforderungen. Zur Lösung werden externe Softwarelösungen (wie Revit + SOFiSTiK Bridge Modeller, Allplan + Allplan Bridge) oder Algorithmen (z. B. Revit + Dynamo, Rhino3D + Grasshopper, vgl. [2, 3]) eingesetzt. Diese Programme und Algorithmen nutzen die Trassierungsgeometrie und platzieren an geometrisch relevanten Stellen, basierend auf der Achsgeometrie, Gradienteninformationen aus der VA-Planung (etwa Spuraufweitungen) sowie Merkmalen der Bauwerksgeometrie (wie Vouten), die Bauwerksquerschnitte. Nach deren Generierung können Volumenkörper zwischen den Querschnitten berechnet werden. Dieser Prozess wird als algorithmische statt parametrischer Modellierung bezeichnet.

Die Schnittstelle zwischen parametrischer und algorithmischer Modellierung liegt, wie in Abb. 12 gezeigt, zwischen der Bauwerksquerrichtung (Brückenquerschnitt) für die parametrische Modellierung und der Brückenlängsrichtung (Querschnittspositionierung, Volumenberechnung) für die algorithmische Modellierung.

Zur besseren Integration der algorithmischen Modellierung in die parametrische Modellierung hat die KB 2023 im Zusammenhang mit LPH3 und LPH5 sogenannte „Modellierungsdatenbanken“ eingeführt, vgl. Abb. 13. In diesen Datenbanken werden relevante Informationen aus der VA-Planung und zur Bauwerksgeometrie gebündelt. Die Geometriedaten sind jeweils mit Stationswerten verknüpft, um eine spätere Zuordnung zu ermöglichen. Auf Grundlage dieser Datenbanken wurden allgemeine Dynamoskripte entwickelt, die die Brückenlängsgeometrie automatisiert generieren, basierend auf den gespeicherten Daten und Trassierungsinformationen. Der Arbeitsablauf wurde dadurch von einem algorithmusbasierten zu einem datenorientierten Ansatz weiterentwickelt.

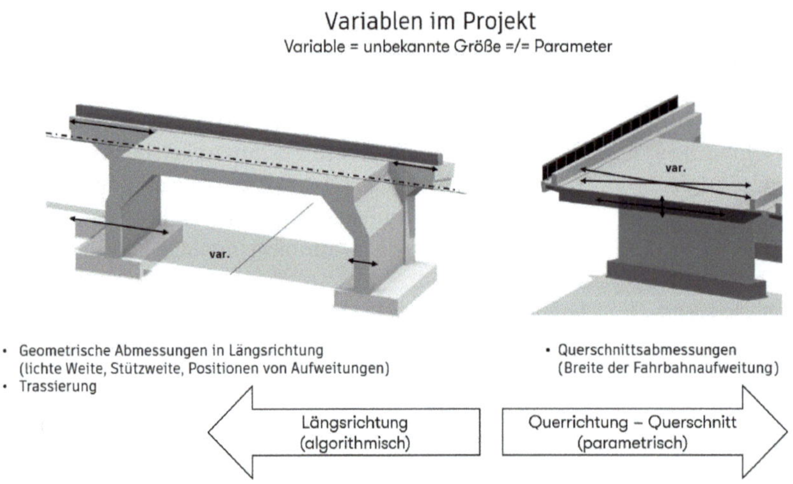

Abb. 12: Vergleich der unterschiedlichen Variablen bei der Bauwerksmodellierung

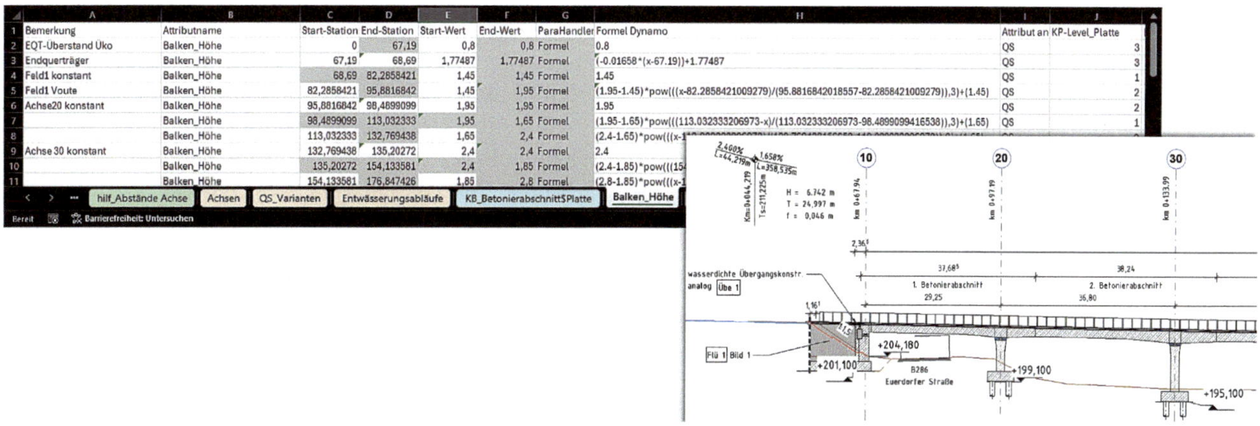

Abb. 13: Auszug aus der Modellierungsdatenbank zur Modellierung eines gevouteteten Überbaus

Für das Forschungsprojekt KIBIP wurde diese Denkweise übernommen und auf die parametrische Datenstruktur angepasst, die auch für das Training künstlicher Intelligenz verwendet wird. Das Ziel bestand darin, nicht länger mit einer Zuordnung zwischen Stationswerten und Parametern zu arbeiten, sondern den Output-Vektor der KI direkt weiterzuverarbeiten. Zwar ermöglicht dieser Ansatz keine detaillierte Steuerung der Bauwerksgeometrie, wie sie für LPH3 und LPH5 erforderlich ist, jedoch bietet er eine ausreichend präzise Methode, um innerhalb von LPH2 aussagekräftige Leistungskennzahlen zu ermitteln und so einen fundierten Variantenvergleich zu ermöglichen.

8. Ermittlung der Leistungskennzahlen

Die Ermittlung der Leistungskennzahlen erfolgt auf zwei verschiedenen Wegen. Einerseits wird das CVAE KI-Modell gezielt auf die Prognose von Leistungskennzahlen trainiert, sodass für jeden vorgeschlagenen Lösungsvektor unmittelbar eine Schätzung bereitgestellt werden kann. Diese Methode ist insbesondere bei der Analyse großer Variantenmengen effektiv, da sie die Berechnungszeiten signifikant reduziert. Da für den Trainingsdatensatz keine Leistungskennzahlen vorliegen, werden andererseits IFC-Modelle mittels einer vollständig automatisierten Pipeline analysiert. Neben der Generierung der Datensätze für das KI-Training, wird dieser Ansatz auch für die finale Bewertung der gewählten Varianten herangezogen.
Die Modelle der Pipeline werden im offenen IFC-Standard von buildingSMART bereitgestellt, um die Abhängigkeit von spezifischen Modellierungssoftwares zu minimieren. Dies ermöglicht es, zukünftige Weiterentwicklungen in der Modellierung sowie zusätzliche Datenquellen effizient zu integrieren.
Für die Analyse wird vorrangig die Software Desite des Unternehmens thinkProject verwendet. Die Entscheidung hierfür basiert auf der umfassenden API und dem hohen Verbreitungsgrad der Software im deutschen Infrastrukturbereich. Desite lässt sich extern über das TCP-Protokoll steuern, wodurch eine Einbindung der Software in eine Python-basierte Pipeline möglich ist. Auf diese Weise kann eine flexible und hochautomatisierte Pipeline realisiert werden, die dennoch zentrale Softwarefunktionen wie 4D-Simulationen oder Mengenermittlungen umfasst.
Im Rahmen des Forschungsprojekts wurden bisher zur Bestimmung der Leistungskennzahlen spezifische methodische Ansätze ausgewählt. Diese Methoden bieten eine fundierte Basis für die Analyse und können im Zuge zukünftiger Weiterentwicklungen gezielt optimiert werden, um noch präzisere und aussagekräftigere Ergebnisse des KI-Systems zu ermöglichen.

<u>Kosten:</u>
Die Kostenstruktur wird maßgeblich durch die Hauptkomponenten des Bauwerks – Überbau, Unterbau und Gründung – bestimmt. Die Berechnung erfolgt auf Grundlage einer Mengenermittlung in Kombination mit entsprechenden Einheitspreisen (Menge × Einheitspreis). Somit lassen sich die Gesamtkosten auf Basis quantitativer Analysen zuverlässig approximieren.
Bisher werden die Kosten in LPH2 anhand der Brückenfläche (Überbaubreite × Bauwerkslänge) berechnet. Diese Methode bietet jedoch nur eingeschränkte Vergleichsmöglichkeiten zwischen Varianten, weshalb im Forschungsprojekt der modellbasierte Ansatz weiterentwickelt wird.

<u>Nachhaltigkeit:</u>
Für die Bewertung der Nachhaltigkeit werden die Materialeigenschaften der jeweiligen Baustoffe aus der ÖKOBAUDAT-Datenbank des Bundesministeriums für Wohnen, Stadtentwicklung und Bauwesen herangezogen. Die Indikatoren zur Nachhaltigkeitsanalyse werden faktorbasiert abgebildet, weshalb auch hier ein Ansatz Menge × Faktor eingesetzt werden kann. Die Analyse legt den Fokus auf die wesentlichen Bauteile, da diese den Hauptanteil an den Ergebnissen liefern. Als vereinfachte Betrachtung wird im Rahmen des Forschungsprojekt mit dem Global Warming Potential (GWP) gearbeitet.

<u>Tragwerksplanung:</u>
Im Rahmen der LPH2-Tragwerksplanung steht die Überprüfung der Schlankheit des Bauwerks im Mittelpunkt. Dabei wird das Verhältnis von Konstruktionshöhe zu

Spannweite analysiert und mit einschlägiger Fachliteratur abgeglichen, wobei Konstruktionsart und Bauverfahren berücksichtigt werden. Dieser methodische Ansatz soll im Zuge des Forschungsprojektes weiter vertieft werden. Die Mengenermittlung erfolgt automatisiert über Desite. Dafür ist eine eindeutige Klassifizierbarkeit der Bauteile erforderlich, welche über den firmeninternen Attributstandard der KB gewährleistet wird und bereits in der parametrischen Modellierung Berücksichtigung findet.

9. Zusammenfassung

Im Zentrum des vorgestellten Forschungsprojekts steht ein KI-gestützter Vorplanungsprozess für Infrastrukturbauwerke, der durch effiziente Mensch-KI-Interaktion geprägt ist. Die enge Zusammenarbeit zwischen menschlicher Expertise und künstlicher Intelligenz bildet die Basis, um Planungsaufgaben präziser und schneller zu bewältigen. Eine parametrierte Datenstruktur gewährleistet die eindeutige und strukturierte Erfassung aller wesentlichen Bauwerksinformationen, was die Grundlage für nachfolgende Data-Mining- und KI-Trainings-Prozesse schafft. Mithilfe fortschrittlicher Data-Mining-Techniken werden aus den strukturierten Datenmengen relevante Muster und Zusammenhänge extrahiert, welche wiederum als Trainingsdaten für das AI-Training dienen und so die Leistungsfähigkeit des KI-Systems kontinuierlich verbessern.

Die Kombination aus parametrischer und algorithmischer Modellierung ermöglicht es, Bauwerksmodelle automatisiert und regelbasiert zu erzeugen, wodurch ein hohes Maß an Flexibilität und Anpassungsfähigkeit erreicht wird. Im Rahmen der Ermittlung von Leistungskennzahlen kommen automatisierte Auswertungsprozesse zum Einsatz, die dank moderner Schnittstellen und datenbasierter Workflows eine effiziente Analyse von Mengen, Kosten und Nachhaltigkeitsindikatoren erlauben. Die Analyse der Leistungskennzahlen basiert auf klar definierten methodischen Ansätzen und bietet eine solide Grundlage für die Bewertung der entworfenen Infrastrukturmodelle. Spezifisch kommt ein CVAE Algorithmus zum Einsatz, da somit Variantenuntersuchungen und -optimierungen im Vorwärts- als auch im Inversmodus erstmalig ermöglicht werden.

Zukünftige Weiterentwicklungen zielen darauf ab, die Optimierung der Methoden und die Präzision der Analysen weiter zu steigern. Insbesondere sollen die Entwicklungszyklen für KI-Modelle beschleunigt sowie Schnittstellen zwischen Mensch, KI und Softwarelandschaft effizienter gestaltet werden, um noch intelligentere und nachhaltigere Planungsprozesse zu ermöglichen.

Literatur

[1] Kraus, M.A. (2022), Erklärbare domänenspezifische Künstliche Intelligenz im Massiv- und Brückenbau. Beton- und Stahlbetonbau, 117: 795-804. https://doi.org/10.1002/best.202200079

[2] 1. Balmer, V. M., Kuhn, S. V., Bischof, R., Salamanca, L., Kaufmann, W., Pérez-Cruz, F., Kraus, M. A.: Design Space Exploration and Explanation via Conditional Variational Autoencoders in Meta-Model-Based Conceptual Design of Pedestrian Bridges. arXiv 2022. https://doi.org/10.48550/arXiv.2211.16406

[3] Kraus, M.A., Kuhn, S.V., Hodel, A., Bischof, R., Maissen, A., Salamanca Mino, L. and Pérez-Cruz, F. (2024), Parametrische Modellierung und generatives tiefes Lernen für den Brückenentwurf. Bautechnik, 1: 174-180. https://doi.org/10.1002/bate.202300122

[4] André Borrmann, Markus König, Christian Koch, Jakob Beetz (Hrsg.): Building Information Modeling. Technologische Grundlagen und industrielle Praxis, 2. Auflage, Wiesbaden: Springer Vieweg 2021, S. 9.

[5] Jonas Wiederer, Anna-Maria Mehringer, Simon K. Höng, Adrian Schubert, Matthias Obergrießer, Michael Kraus: AI-Driven Data Extraction from Bridge Engineering Documents, ACCCBE 2025

[6] Jonas Wiederer, Simon K Höng und Friedrich Eder: Konzept zur KI-gestützten parametrischen Brückenmodellierung für ressourcen- und kostenoptimierte Bauwerksentwürfe. Hamburg, 35. Forum Bauinformatik 2024

TAE

Anwendungen, Technologien & Perspektiven

KI-gestützte Schadensdokumentation im Ingenieurbau – Potenziale und Herausforderungen bei der Integration in BIM-Modelle

Daniel Fröhlich, M. Sc.
Hochschule München, Institut für Material- und Bauforschung, Deutschland

Prof. Dr.-Ing. Christoph Dauberschmidt
Hochschule München, Institut für Material- und Bauforschung, Deutschland

Zusammenfassung
Die Langlebigkeit von Bauwerken stellt ein zentrales Anliegen für Stakeholder:innen wie Immobilienverwalter:innen, Ingenieur:innen und insbesondere Immobilieneigentümer:innen dar. Es besteht ein wesentliches Interesse daran, den Immobilienwert über die gesamte Nutzungsdauer zu sichern, Schäden frühzeitig zu erkennen und zu begrenzen. Eine zentrale Funktion übernimmt hierbei die bauwerksdiagnostische Zustandsbewertung durch qualifizierte, sachkundige Planende. Die systematische Identifikation, Klassifikation und Bewertung von Schadensbildern im Rahmen von Inspektion und Wartung erfordert jedoch ein hohes Maß an ingenieurtechnischer Verantwortung sowie fundierte Fachkenntnisse, Erfahrung und personelle Ressourcen. Vor diesem Hintergrund verfolgt das von der Nemetschek Innovationsstiftung geförderte Forschungsprojekt „AInspect2Twin[1]" das Ziel, Inspektions- und Wartungsdaten mithilfe künstlicher Intelligenz zu digitalisieren und für eine zeitaufgelöste Bauwerksbewertung nutzbar zu machen. Die vorliegende Arbeit stellt hierzu eine automatisierte Vorgehensweise zur Integration visuell erkennbarer Betonschäden in eine BIM-basierte Umgebung vor.

1. Einführung

Die regelmäßige Erfassung und Bewertung von Schäden an Bauwerken stellen einen zentralen Bestandteil der baulichen Unterhaltung sowie eines nachhaltigen Gebäudemanagements dar. In Anbetracht des zunehmenden Fachkräftemangels [1] und der notwendigen Erfahrungsanforderungen an Ingenieur:innen, gewinnt der Einsatz automatisierter, reproduzierbarer und objektiver Verfahren zur Schadenserfassung zunehmend an Bedeutung. Durch eine automatisierte Schadensaufnahme können Inspektionsergebnisse wirtschaftlich und effizient generiert werden, was die Planung von Wartungs- und Instandsetzungsmaßnahmen vereinfacht.

Eine zentrale Voraussetzung für die Umsetzung der Automatisierung ist der Einsatz künstlicher Intelligenz [2]. Umfangreiche Trainingsdatensätze aus zurückliegenden Inspektions- und Wartungsintervallen können dabei die Grundlage für verlässliche Modelle bieten. Diese Modelle sollen eine präzise Detektion, Klassifikation und Segmentierung von Schäden ermöglichen.

Das vorgestellte Forschungsprojekt verfolgt einen interdisziplinären Ansatz, in dem Fachkenntnisse zur Schadenserfassung aus den Bereichen Glas-, Stahl- und Stahlbetonbau gebündelt und in ein KI-Modell integriert werden. Der Beitrag konzentriert sich auf die methodische Ausarbeitung eines Workflows zur systematischen Erfassung und Dokumentation von Schäden an Stahlbetonbauwerken, zunächst entwickelt für den exemplarischen Anwendungsfall von Rissbildungen bei (Stahl-)Betonbauteilen. Im Mittelpunkt stehen die erforderlichen Randbedingungen und Parameter für das Training des KI-Modells sowie die Visualisierung der erfassten Daten in einer BIM-basierten Umgebung unter besonderer Berücksichtigung des offenen IFC-Standards. Insbesondere wird hierbei auf visuell erfassbare Schadensarten eingegangen.

2. Grundlagen und verwandte Arbeiten

Bevor die Methodik zur visuellen Auswertung und Darstellung vorgestellt wird, werden zunächst die relevanten Grundlagen zu Digitalen Zwillingen und BIM sowie die erforderlichen Eingangsparameter aus den dieser Arbeit zugrunde liegenden Studien zur KI-basierten Schadenserkennung skizziert.

2.1 Digitaler Zwilling

Digitale Zwillinge verknüpfen physische Bauwerke mit virtuellen Modellen, die durch Sensor- und Inspektionsdaten kontinuierlich aktualisiert werden. Bei Ingenieurbauwerken besteht der digitale Zwilling im Regelfall aus einem geometrischen 3DModell sowie einer Datenschnittstelle zur Integration von Zustandsdaten [3].

Die Erfassung dieser Zustandsdaten erfolgt durch UAV-Inspektionen, Sensordaten (IoT-Systeme) oder 3D-Vermessungen, beispielweise mittels Punktwolken aus Laserscannern oder photogrammetrische Methoden. [4] [5]. Der Einsatz von IoT-Monitoringsystemen stellt eine verhältnismäßig neue Entwicklung zur Prognose der Le-

1 https://hm.edu/forschungsprojekte_de/forschungsprojekt_detail_8834.de.html

bensdauer von Bauwerken dar. Die Systeme zur Bestimmung der Restnutzungsdauern werden entweder in bestehende Betonstrukturen nachträglich integriert oder bereits im Neubau vorgesehen[6] [7]. Ergänzend werden papierlose Schadens- und Risskartierungen erstellt, die anschließend in nachgelagerten Prozessen in die virtuellen Modelle überführt werden.
In den digitalen Zwillingen können so Schadens- und Alterungsprozesse aus Inspektions- und Wartungszeiträumen nachvollziehbar hinterlegt werden.

2.2 BIM und Datenintegration

Der manuelle Arbeitsablauf der Informations- und Attributzuordnung, beispielsweise in einem IFC-basierten BIM-Modell, ist jedoch ressourcen-intensiv und potenziell fehleranfällig. Die Umwandlung von Informationen zwischen unterschiedlichen Datenformaten führt zudem häufig zu Datenverlusten oder semantischen Inkonsistenzen und erschwert dadurch den Integrationsprozess[8]. Vor diesem Hintergrund stellt das Vorgehen aktuell noch keinen Teil der alltäglichen Praxis von Sachkundig Planenden der Instandsetzung (SKPI) dar.
Angesichts von möglichen Informationsbrüchen, Datenverlusten und dem zunehmendem Fachingenieur:innen-Mangel erscheint ein skalierbarer, automatisierter Ansatz vielversprechend: Der Einsatz KI-gestützter Algorithmen sowohl zur Schadenserkennung als auch zur modellbasierten Verknüpfung. Auch die bereits in der Vergangenheit gesammelten analogen und digitalen Daten können hierfür als Trainingsgrundlage für die KI-Modelle verwendet werden. Aufbauend auf diesen Grundlagen beschreibt der Abschnitt „Methodik" den Trainings- und Auswertungsworkflow exemplarisch am Schadensbild von Rissen an Stahlbetonbauwerken.

3. Ansatz zur KI-gestützten Eigenschaftenerkennung und Visualisierung

3.1 Allgemeines

Eine systematische Integration von Bauwerksuntersuchungen an Stahlbetonbauteilen in Tiefgaragen in ein BIMModell beginnt bei der Erfassung der Zustandsdaten. Neben UAVInspektionen und Sensordaten aus IoTSystemen werden insbesondere 3DVermessungen mittels Laserscanner oder photogrammetrischer Verfahren eingesetzt.
Aus den Messungen entsteht eine hochaufgelöste Punktwolke, die den IstZustand des Bauwerks geometrisch abbildet. Damit diese Daten nutzbar werden, muss die Punktwolke zunächst in das Koordinatensystem des BIMModells registriert und mit semantischen Informationen angereichert werden [10].
Im nächsten Schritt erfolgt der Abgleich der segmentierten Bauteile mit dem bestehenden BIMModell. Liegt noch kein Modell vor, kann aus der Punktwolke ein geometrischer Digitaler Zwilling (3D-Modell) generiert werden. Die Parametrisierung des Modells erfolgt entweder manuell oder halbautomatisiert, beispielweise mittels des in [11] vorgeschlagenen Workflows. Nach der geometrischen Parametrisierung erfolgt die zustandsbezogene Anreicherung: Erkannte Schäden werden als zusätzliche Objekte bzw. Attribute im Modell hinterlegt. Dies ist exemplarisch für Risse im Mauerwerk in Abb. 1 dargestellt. Aufbauend auf der beschriebenen Datenpipeline wird im folgenden Abschnitt die methodische Vorgehensweise zur Segmentierung und Informationsextraktion erläutert. Im Anschluss daran erfolgt die Begründung der Modellwahl. Diese stützt sich auf Studien, die im Rahmen des Forschungsprojekts von Krefft und Hoegner[2] an der Hochschule München bereits durchgeführt wurden.

3.2 Schadenserkennung, Segmentierung und Informationsextraktion

In [12] wird eine automatisierte Methode zur Detektion und Quantifizierung von Rissen auf Mauerwerksoberflächen vorgestellt. Kernstück ist eine auf semantische Segmentierung trainierte neuronale Netzwerkarchitektur (YOLO11), die Risse in Bilddaten zuverlässig identifizieren kann. Obwohl sich [12] auf Mauerwerksoberflächen bezieht, lässt sich der Ansatz auch auf Betonoberflächen übertragen, wobei Unterschiede in der Datenaufbereitung berücksichtigt werden.
Die 3D-Punkte werden photogrammetrisch erfasst und auf die Bildebene projiziert, wodurch metrisch interpretierbare Segmentierungsdaten entstehen. Auf dieser Grundlage können segmentierte Risse quantitativ ausgewertet werden: Die Rissbreite wird aus Segmentierungsmasken abgeleitet und mittels Skalierungsfaktoren in metrische Maße überführt, während die Längenbestimmung graphenbasiert über die Ermittlung des längsten zusammenhängenden Risspfades mithilfe des Dijkstra-Algorithmus [13] erfolgt. Die in Abb. 1 verwenden Bilder der Punktwolken wurden mit der beschriebenen Methode verarbeitet.

2 https://www.dgpf.de/src/tagung/jt2025/start.html

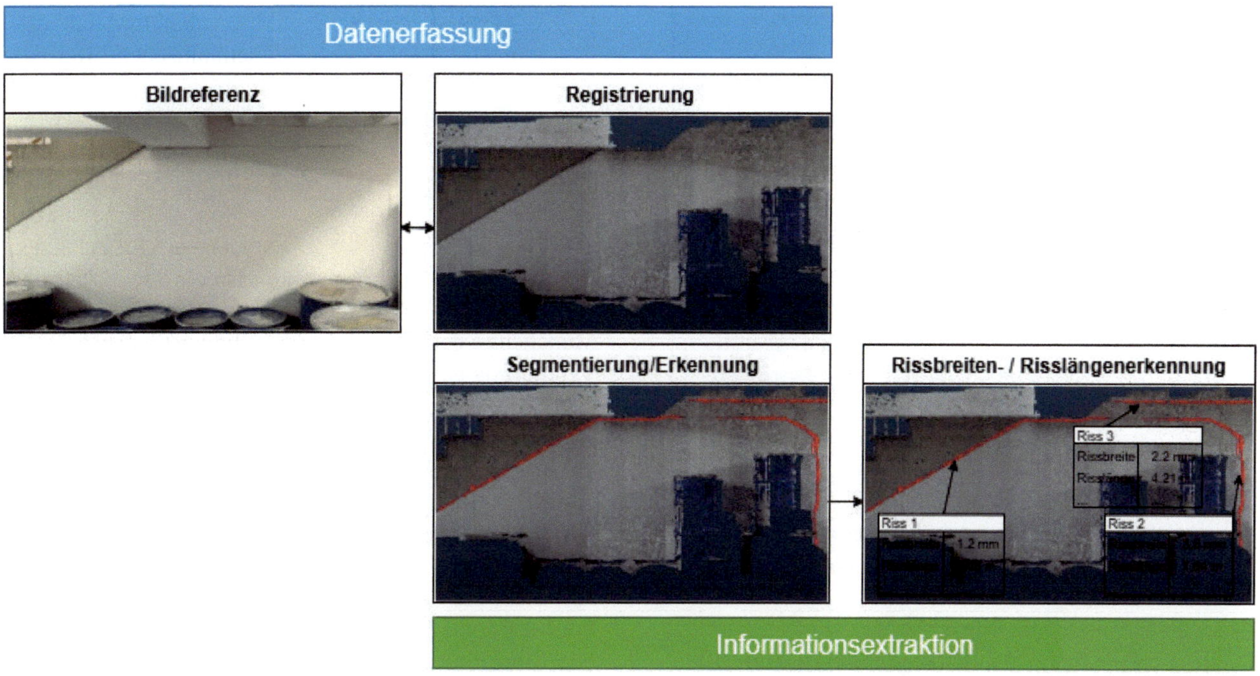

Abb. 1: Von der Datenerfassung zur Informationsextraktion – exemplarische Darstellung am Beispiel von Mauerwerksrissen. Die Segmentierung erfolgt entsprechen der in [12] vorgestellten Methode.

Krefft und Hoegner untersuchten darüber hinaus in [14] die automatisierte Schadenserkennung in der Bauwerksprüfung mittels semantischer Segmentierung von Bildern. Ziel der Untersuchung war die Identifikation eines Modells, das sowohl hohe Genauigkeit als auch Rechenleistungs-effizienz bietet, um in praktischen Anwendungsfällen, wie der Inspektion und Wartung von Bauwerken insbesondere der Infrastruktur, eingesetzt werden zu können.

Verglichen wurden das auf Objekterkennung spezialisierte Modell YOLO11 und die Encoder-Decoder-Architekturen DeepLabV3+ und UNet++. Diese wurden jeweils mit verschiedenen Encodern kombiniert: ResNet, EfficientNet, MobileNet und einem Mix Vision Transformer (MiT). Als Datengrundlage diente der Datensatz DACL10k, bestehend aus rd. 8.000 annotierten Bildern mit 19 Schadenklassen, darunter Risse, Korrosion und Abplatzungen.

Die Ergebnisse der Studie zeigten, dass das DeepLabV3+-Modell in Kombination mit einem transformerbasierten Encoder (MiT) die höchste Genauigkeit mit einem mittleren Intersection over Union (mIoU) von 0,409 erreichte. Im Vergleich dazu erzielte das YOLO11-Modell nur einen mIoU von 0,321, was dessen begrenzte Eignung für pixelgenaue Segmentierungsaufgaben verdeutlicht.

Die Untersuchung bestätigt somit das Potenzial von Aufmerksamkeitsmodellen für die präzise und effiziente Analyse struktureller Schäden.

Abschließend sprechen sich die Autoren für eine Weiterentwicklung transformerbasierter Netzwerkarchitekturen sowie für eine Erweiterung und Diversifizierung der Trainingsdatensätze aus, um die Genauigkeit der Schadenserkennung und -quantifizierung künftig weiter zu steigern.

3.3 Semantische Darstellung

Die ermittelten Rissgeometrien und Kennwerte müssen konsistent im BIM-Modell abgelegt werden. Im Folgenden wird dargestellt, wie der Segmentierungsoutput geometriegetreu und mit semantischen Informationen als IFC-Objekt integriert wird. Die Industry Foundation Classes (IFC) stellen einen international anerkannten, offenen, herstellerneutralen und maschinenlesbaren Standard dar. Solche offenen Formate sollen sicherstellen, dass Informationen aus Punktwolken, UAVAufnahmen und Sensordaten ohne Verluste zwischen Softwarelösungen ausgetauscht werden können. IFCbasierte BIMModelle ermöglichen es, zusätzliche Schadensobjekte als Platzhalterentitäten mit Geometrie, Typ, Schweregrad und Erfassungsdatum zu speichern.

Das aktuelle IFC-Schema IFC 4.3 unterstützt die exemplarisch für Risse relevanten Attribute nicht. Bis eine Standardisierung erfolgt, werden Risse als IfcProxy mit Property Sets, beispielweise wie in **Tab. 1** dargestellt, abgelegt. Die Positionsgeometrie wird dabei als Surface geführt und Messwerte in **Psets** gespeichert. Der zugrunde liegende Workflow sowie die verwendeten Frameworks sind in Abb. 2 dargestellt.

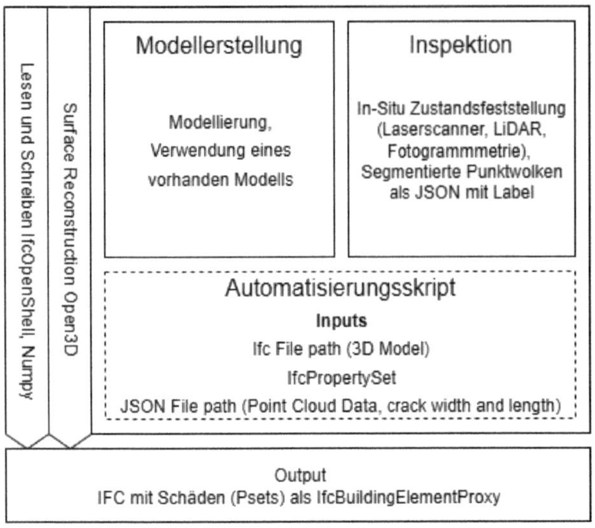

Abb. 2: Workflow zur semantischen Darstellung der Inspektionsdaten und KI-gestützten Schadenserkennung

Es ergibt sich folgender Workflow:

I. Registrierung und Modellabgleich: Die segmentierten Punktwolken werden mittels Referenzpunkten in das BIM-Koordinaten-system überführt. Nicht erfasste Bauteile können aus der Punktwolke als neue IFCElemente generiert werden.

II. Anreicherung mit Zustands-informationen: Die in der Punktwolke identifizierten Schadensbereiche werden als vernetzte Flächen im BIMModell verankert und mit PropertySets ergänzt. Diese enthalten Angaben zur Schadensart (Riss, Abplatzung, Korrosion), zu den Maßen (Länge, Breite, Fläche) sowie zum Erfassungszeitpunkt.

III. Zeitliche Analyse: Durch die Verwendung von Zeitstempeln werden zeitliche Veränderungen zwischen den Wartungsintervallen nachweisbar. Die Verknüpfung mit Sensordaten ermöglicht die Erstellung eines digitalen Zwillings, der den Zustand der Tiefgarage in Echtzeit abbildet und Daten für Prognosen zur künftigen Beanspruchung bereitstellt.

4. Anwendungsfall – TG Karlstraße 6

Die zuvor beschriebene Methode wurde exemplarisch an der Bodenplatte der Tiefgarage der Hochschule München (Karlstraße 6) angewendet.

Die Tiefgarage wurde mittels LiDAR und Befundbildern erfasst. Die daraus resultierende hochaufgelöste Punktwolke wurde in das Koordinatensystem des in Abbildung 3 dargestellten BIM-Modells registriert und mit semantischen Informationen angereichert.

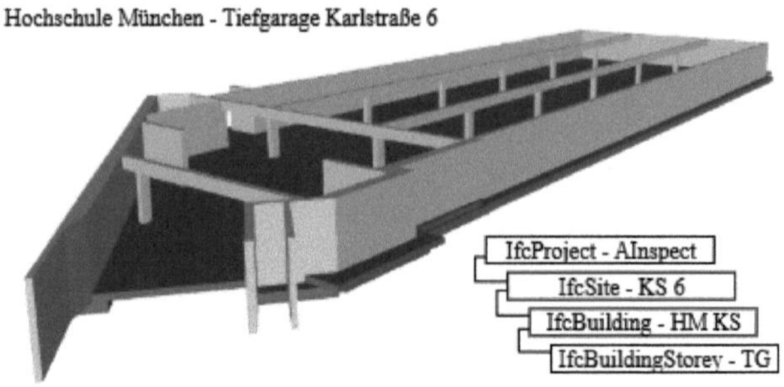

Abb. 3: IFC-Modell der Tiefgarage der Hochschule München in der Karlstraße 6 als Modellbeispiel zur Validierung des Workflows

Für die metrische Auswertung wurden 3D-Punkte auf die Bildebene projiziert. Das trainierte KI-Modell segmentierte rissartige Schadstellen in den Bilddaten; die Segmentierungen wurden räumlich in der Punktwolke verortet.

Auf Basis der Segmentierungsmasken wurden die Rissbreiten mittels Skalierungsfaktoren in metrische Maße überführt. Die Risslängen wurden graphenbasiert über den Dijkstra-Algorithmus als längster zusammenhängender Risspfad ermittelt. Die so identifizierten Rissgeometrien wurden sowohl als JSON-Dateien (vgl. Abb. 4) gespeichert als auch im LAS-Format als Punktwolken exportiert (vgl. Abb. 5).

```
{
  "damage": {
    "cracks": [
      {
        "global_id": "",
        "width_mm": null,
        "length_mm": null,
        "points_3d": [],
        "points_2d": []
      }
    ],
    "spalling": [],
    "corrosion": []
  }
}
```

Abb. 4: Vorgeschlagene Struktur der JSON-Datei zur Schadenserkennung exemplarisch für Risse, Abplatzungen und Korrosion

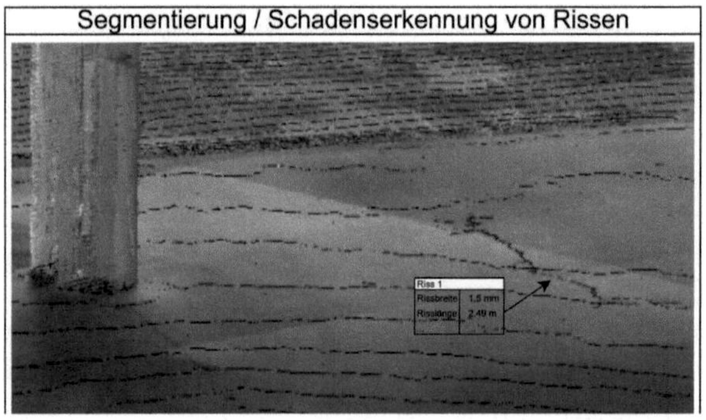

Abb. 5: Darstellung der Punktwolke und exemplarisch Segmentierung eines Risses am Übergang zwischen Zufahrtsrampe und Parkfläche.

Die segmentierten Punktwolken wurden mithilfe der Poisson Surface Reconstruction zu Flächen trianguliert und als IfcProxy-Elemente in ein IFC-basiertes BIM-Modell überführt. Ein Python-Skript vervollständigte die zugehörigen Property Sets und ordnete sie den Proxy-Elementen automatisiert zu. Da IFC 4.3 derzeit keine speziellen Entitäten für Risse bereitstellt, erfolgt die Ablage der Rissgeometrie (Surface) und Attribute projektspezifisch über Proxy und Property Sets (Abb. 6).

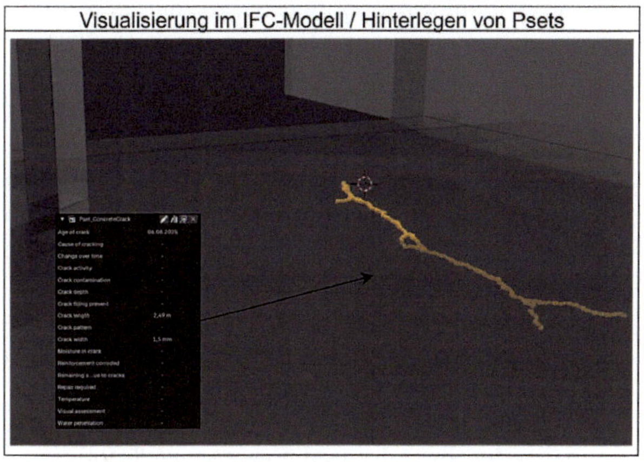

Abb. 6: Visualisierung innerhalb eines IFC-Modells sowie semantische Anreicherung mit Riss-geometrien

Tab. 1: Vorgeschlagene Property Sets für die Beschreibung von Rissen im Beton

IFC4concrete-crack-Attribute	Wert
Rissbreite	mm
Risslänge	m
Risstiefe	mm
Rissverlauf	linienförmig, verzweigt, netzförmig…
Rissart	Trennriss, Biegeriss, Krakelee-Riss
Rissursache	Schwinden, Setzung, Last…
Feuchtigkeit	Ja/Nein
Wasserdurchtritt	Ja/Nein
Visuelle Zustandsbewertung	Optisch, statisch relevant, kritisch
Bereits Instand gesetzt?	Ja/Nein
Rissfüllung vorhanden	Ja/Nein
Datum	
Temperatur	°C

5. Diskussion

Für eine belastbare Oberflächenrekonstruktion aus Punktwolken sind korrekt ausgerichtet und geglättete Normalen essenziel. Die Poisson-Parameter der vorgeschlagenen Oberflächenrekonstruktion müssen jeweils auf die spezifischen Punktwolken abgestimmt werden [15]. Die Auswahl der Parameter erfordert fachliche Erfahrung und beeinflusst maßgeblich die Genauigkeit der Rekonstruktion.

Ein weiteres Problem besteht darin, dass häufig kein aktuelles As-Built-Modell des untersuchten Bauwerks vorliegt. Nach Abschluss der Bauausführung werden Planungsmodelle nur selten aktualisiert, sodass für die skizzierte Vorgehensweise zunächst ein entsprechendes Modell erzeugt oder ein bestehendes angepasst werden muss. Dadurch entsteht bereits vor der eigentlichen Schadenserkennung zusätzlicher manueller Aufwand. Eine mögliche Konsequenz, falls kein aktuelles As-Built-Modell vorliegt, sind Fehler in der Visualisierung der Messdaten. Diese können jedoch teilweise durch die KI-gestützte Informationenextraktion sowie die in den vernetzten Objekten hinterlegten Attribute relativiert werden, da die Informationen zur Geometrie der Schäden unabhängig von der Visualisierung und Genauigkeit der Modellerstellung existieren.

Darüber hinaus existiert im aktuellen IFC-Schema 4.3 keine standardisierte „Schadens-bzw. Defektklasse". Zwar lassen sich Rissgeometrien als IfcElementProxy über Netzrepräsentationen (z. B. add_mesh_representation) abbilden und semantisch über Property Sets beschreiben – jedoch handelt es sich hierbei lediglich um einen Workaround und nicht um ein dediziertes Datenmodell.

Auch die Forschung bestätigt diese Lücke: Zwar existieren methodische Ansätze zur Schadensdokumentation, allerdings keine anerkannten offenen Standards für den durchgängigen Austausch einschließlich automatisierter Erfassung und Übertragung [16]. Ohne definierte Modellierungsrichtlinien besteht das Risiko, dass unterschiedliche Teams Schäden uneinheitlich dokumentieren. Das erschwert Vergleichbarkeit und verhindert eine Skalierbarkeit.

Zusammenfassend ist daher die Entwicklung neuer Softwarelösungen oder integrierter Ansätze erforderlich, die Schäden zuverlässig erkennen und entweder standardisiert in IFC überführen oder auf Basis von Beziehungen in einer strukturierten und formalen Beschreibung darstellen [17].

Der vorgestellte Ansatz demonstriert das Potenzial, Risse automatisiert zu detektieren, geometrisch zu verorten und mit quantitativen Kennwerten zu hinterlegen. Für eine praxisreife Integration in bestehende Arbeits- und Modellierungsprozesse ist jedoch ein zusätzlicher Entwicklungsaufwand erforderlich.

6. Ausblick

In einem nächsten Schritt wird die Methode zur Schadenserkennung unter kontrollierten Bedingungen an standardisierten Betonprobekörpern validiert.

Verwendet werden Betonbalken mit definierten, kraftinduzierten Rissbreiten und -verläufen (linear, verzweigt, netzförmig), deren Rissbreiten und -längen mithilfe von Bildkorrelation sowie Risslupen als Ground-Truth-Daten erfasst werden.

Die Auswertung erfolgt auf zwei Ebenen: (1) die Segmentierungsqualität und (2) die metrische Genauigkeit der abgeleiteten Kenngrößen. Die Segmentierungsleistung wird mittels IoU pro Klasse und mIoU bewertet.
Für die Quantifizierung werden die Breiten aus den Segmentierungsmasken in metrische Einheiten skaliert und die Längen über den Dijkstra-Algorithmus bestimmt. Die mittleren absoluten Fehler werden als ΔL und ΔB berechnet.
Zukünftige Forschung wird sich zudem mit ergänzenden Sensortechnologien befassen, die über die optischen Verfahren hinausgehen. Ein besonderer Fokus liegt hierbei auf Methoden zur Überwachung von Korrosionsparametern, um beispielweise den Eintrag von Chloriden sichtbar zu machen.

Danksagung. Diese Arbeit wurde von der NEMETSCHEK Innovationsstiftung unterstützt.

Literatur

[1] VDI e.V., Institut der deutschen Wirtschaft e.V.: VDI/IW-Ingenieurmonitor 4. Quartal 2024. Düsseldorf/Köln: VDI/IW, 2025.]

[2] Al-Hakam Hamdan, Jakob Taraben, Marcel Helmrich, Tobias Mansperger, Guido Morgenthal, Raimar J. Scherer: A semantic modeling approach for the automated detection and interpretation of structural damage. In: Automation in Construction, Vol. 128, 2021, https://doi.org/10.1016/j.autcon.2021.103739].

[3] Muhammad Fawad, Marek Salamak, Qian Chen, Kalman Koris: Development of an immersive digital twin framework to support infrastructure management: a case study of bridge asset health monitoring. In: Proceedings of the 41st ISARC, Lille, 2024, S. 808–814, ISBN 978-0-6458322-1-1, ISSN 2413-5844.

[4] Caterina Gabriella Guida, Marco Limongiello: An Evolved Bridge Digital Twin Framework: A New Paradigm for Infrastructure Monitoring and Management. In: New Technologies, Development and Application VIII (2025), s. 187–197.

[5] Patrick Pfändler, Karen Bodié, G. Crotta, Michael Pantic, Roland Siegwart, Ueli Angst: Non-destructive corrosion inspection of reinforced concrete structures using an autonomous flying robot. In: Automation in Construction, Vol. 158, 2024, https://doi.org/10.1016/j.autcon.2023.105241

[6] Christoph Dauberschmidt, Florian Stauder, Marcus Kopp: Korrosionsinhibitoren – Möglichkeit zur Verlängerung der Nutzungsdauer von Parkflächen mit chloridhaltigen Rissen. In: 11. Kolloquium Parkbauten, Februar 2024, Narr Francke Attempto Verlag

[7] Yurena Seguí Femenas, Michèle Gschwind, Ueli Angst: DuraMon – Korrosionsmonitoring in Stahlbetonbauten für intelligentere, kostengünstigere, sicherere und nachhaltigere Erhaltungs- und Instandsetzungslösungen. 2024. https://doi.org/10.3929/ethz-b-000662172

[8] Michael Belsky, Rafael Sacks, Ioannis Brilakis: Semantic Enrichment for Building Information Modeling. In: Computer-Aided Civil and Infrastructure Engineering, Vol. 31, Nr. 4, 2016, S. 261–274. https://doi.org/10.1111/mice.12128.

[9] Bonsang Koo, Raekyu Jung, Youngsu Yu, Inhan Kim: A geometric deep learning approach for checking element-to-entity mappings in infrastructure building information models. In: Journal of Computational Design and Engineering, 8(1), 2021, S. 239–250. https://doi.org/10.1093/jcde/qwaa075.

[10] Dušan Isailović, Vladeta Stojanovic, Matthias Trapp, Rico Richter, Rade Hajdin, Jürgen Döllner: Bridge damage: Detection, IFC-based semantic enrichment and visualization. In: Automation in Construction, Vol. 112, 2020, 103088. https://doi.org/10.1016/j.autcon.2020.103088.

[11] Christoph Emunds, Nicolas Pauen, Veronika Richter, Jérôme Frisch, Christoph van Treeck: SpaRSE-BIM: Classification of IFC-based geometry via sparse convolutional neural networks. In: Advanced Engineering Informatics, Vol. 53, 2022, 101641, ISSN 1474-0346. https://doi.org/10.1016/j.aei.2022.101641.

[12] Lorenz Krefft, Ludwig Hoegner: A Method for Crack Detection and Quantification in Masonry Using Neural Network-Based Image Analysis, Dreiländertagung der DGPF, der OVG und der SGPF in Muttenz, Schweiz – Publikationen der DGPF, Band 33, 2025

[13] Aric A. Hagberg, Daniel A. Schult, Pieter J. Swart: Exploring Network Structure, Dynamics, and Function using NetworkX. In: Proceedings of the 7th Python in Science Conference (SciPy 2008), S. 11–16.

[14] Lorenz Krefft, Ludwig Hoegner: Semantic Segmentation of Structural Damage: A Comparative Study of YOLO11 and Encoder-Decoder Networks in *Proceedings der 3D GeoInfo & Smart Data Smart Cities (Tagungsband)*, Tokyo, Japan. (erscheint)

[15] Michael Kazhdan, Matthew Bolitho, Hugues Hoppe: Poisson surface reconstruction. In: SGP '06: Proceedings of the Fourth Eurographics Symposium on Geometry Processing, 2006, S. 61–70.

[16] Silvana Bruno, Mariella De Fino, Fabio Fatiguso: Historic Building Information Modelling: performance assessment for diagnosis-aided information modelling and management. In: Automation in Construction, Vol. 86, 2018, S. 256–276. https://doi.org/10.1016/j.autcon.2017.11.009.

[17] Al-Hakam Hamdan, Raimar Scherer: A knowledge-based Approach for the Assessment of Damages to Constructions. In: 36th CIB W78 2019 Conference, Northumbria University, Newcastle, UK, September 2019

Künstliche neuronale Netze in der Geotechnik – Fortschritte & Anwendungen

David Schneider, M. Eng.
Technische Hochschule Köln, Deutschland

Prof. Dr.-Ing. Niels Bartels
Technische Hochschule Köln, Deutschland

Zusammenfassung
Der Einsatz künstlicher neuronaler Netze (KNN) erlangt zunehmend auch in der Geotechnik Bedeutung, insbesondere für die Modellierung und Prognose von Baugrundbedingungen, wie die Korngrößenverteilung oder mögliche Setzungen. Diese Technologien ermöglichen es, komplexe geotechnische Herausforderungen effizienter und präziser zu adressieren, da sie Muster in großen Datenmengen erkennen und fundierte Vorhersagen treffen können. Doch auch für andere Sachzusammenhänge, wie beispielsweise geotechnische Erkundungen oder Laborversuche, werden KNN entwickelt und eingesetzt, sodass sie in unterschiedlichen Anwendungsfällen, wie der Baugrundcharakterisierung, der Prognose von Georisiken oder dem Tunnelbau, anzutreffen sind. Auf Basis einer Literaturrecherche beleuchtet diese Analyse den aktuellen Stand der Technik sowie internationale Forschungstrends. Die Relevanz dieses Themas liegt in der zunehmenden Komplexität moderner geotechnischer Projekte, bei denen traditionelle Methoden zur Datenverarbeitung oft an ihre Grenzen stoßen oder eine geringere Effizienz aufweisen. KNN bieten wertvolle Alternativen, indem sie automatisiert relevante Informationen aus großen Datenpools extrahieren. Diese Ausarbeitung zielt darauf ab, einen Überblick über die aktuellen Anwendungsfälle von KNN im Bereich der Geotechnik zu schaffen und im Zuge dessen Potenziale für zukünftige Entwicklungen aufzuzeigen.

1. Einführung

Die Modellierung des Verhaltens von Boden und Gestein in geotechnischen Anwendungen ist aufgrund ihrer natürlichen Komplexität und Ungewissheit, die aus physikalischen Prozessen während ihrer Entstehung resultiert, äußerst anspruchsvoll (Wu et al. 2025; Kim und Ji 2022; Onyelowe et al. 2023). Herkömmliche analytische Methoden stoßen hier oft an ihre Grenzen, da sie Schwierigkeiten haben, komplexe nicht-lineare und plastische Eigenschaften sowie die Unsicherheiten effektiv zu handhaben (Wenighofer und Galler 2018). Als digitale Technologie bieten KNN als Teil der Künstlichen Intelligenz (KI) im Allgemeinen innovative Lösungen für diese komplexen Herausforderungen. KI zielt darauf ab, Computersysteme zu entwickeln, die menschliche Intelligenz bei der Problemlösung nachahmen können, insbesondere bei Aufgaben, die Entscheidungsfindung, Mustererkennung und die Verarbeitung von unvollständigen oder unsicheren Daten erfordern (Abdellah 2024). Im Rahmen der KI hat sich das Maschinelle Lernen (ML) als ein Werkzeug erwiesen, das Systemen die Fähigkeit verleiht, aus Erfahrungen zu lernen und sich zu verbessern, ohne explizit programmiert zu werden (Pirnia et al. 2018).
Innerhalb dieser Technologie sind künstliche neuronale Netze (KNN), engl. Artificial Neural Networks (ANNs), die derzeit am häufigsten verwendete KI-Technik in der Geotechnik (Liu et al. 2024). KNNs sind robuste, nichtlineare Modelle, die durch die Simulation von Neuronen Informationen verarbeiten und lernen, komplexe, nichtlineare Beziehungen zwischen Eingabe- und Ausgabedaten herzustellen (Onyelowe et al. 2023). Ihr Hauptvorteil liegt in ihrer Fähigkeit Muster in großen Datensätzen zu erkennen und genaue Vorhersagen zu treffen, selbst bei verrauschten, also statistisch großen Abweichungen, oder unvollständigen Daten. (Sharma et al. 2021)
Die Anwendungen von KNNs in der Geotechnik sind vielfältig und umfassen unter anderem die Klassifizierung von Böden (Tehrani et al. 2022), die Vorhersage mechanischer Bodeneigenschaften wie Kohäsion und Verdichtungsparameter, die Berechnung von Gründungen, die Analyse der Hangstabilität, die Vorhersage des Setzungsverhaltens von Fundamenten und die Modellierung des Tunnelverhaltens (Ebid 2021; Zhang et al. 2021; Thienert et al. 2025). Vor diesem Hintergrund beleuchtet diese Ausarbeitung die jüngsten Fortschritte und Anwendungen von Künstlicher Intelligenz, insbesondere von Künstlichen Neuronalen Netzen, in der Geotechnik und zeigt ihr Potenzial zur Verbesserung der Effizienz, Genauigkeit und Nachhaltigkeit in diesem Ingenieurzweig auf.

2. Methodik

Methodisch liegt der Ausarbeitung eine Literaturanalyse unter Verwendung der spezialisierten Datenbanken Google Scholar und Scopus zu Grunde. Ziel dieser Literaturanalyse ist es, einen umfassenden Überblick über den aktuellen wissenschaftlichen Diskurs zum Einsatz von KNN in der Geotechnik zu erhalten. Auf dieser Grundlage wird eine SWOT-Analyse erstellt, um die Vor- und Nachteile von KNN in diesem Fachgebiet zu evaluieren.

Eine SWOT-Analyse ist ein Instrument der strategischen Planung, das zur Identifizierung und Bewertung von internen und externen Faktoren eines Projekts oder allgemein eines Sachverhalts dient (Paul und Wollny 2014). Die Analyse umfasst vier Komponenten: Stärken (Strengths) und Schwächen (Weaknesses) beziehen sich auf interne Merkmale, während Chancen (Opportunities) und Risiken (Threats) externe Umweltbedingungen behandeln (Puyt et al. 2023). Diese Methode zielt darauf ab, durch eine systematische Bewertung eine fundierte Entscheidungsgrundlage zu schaffen (Schawel und Billing 2018). Die Anwendung der SWOT-Analyse in diesem Kontext ermöglicht es, die aktuellen Vorteile und Anwendungsgrenzen von KNN in der Geotechnik zu identifizieren. Durch die Analyse der Chancen und Risiken lässt sich abschätzen, wie KNN-Technologien den Fortschritt in geotechnischen Anwendungen beeinflussen können. Ziel ist es, strategische Empfehlungen zu entwickeln, die die Implementierung von KNN optimieren und gleichzeitig potenzielle Herausforderungen herausstellen.

3. Anwendungsfälle von KNN in der Geotechnik

3.1 Baugrundcharakterisierung

Die Baugrundcharakterisierung ist eine grundlegende Aufgabe der Geotechnik, die essenziell für die sichere und wirtschaftliche Planung und Ausführung von Bauprojekten ist (Abdellah 2024). Traditionell ist dieser Prozess jedoch mit erheblichen Herausforderungen verbunden, darunter die Heterogenität des Untergrunds, die räumliche Variabilität und die Unsicherheit von Baugrunddaten (Chen et al. 2025). Geotechnische Messungen vor Ort sind oft spärlich und von nur wenigen Orten verfügbar, was zu unvollständigen Datensätzen führt. Dieses Phänomen wird auch als „MUSIC-3X" (Multivariate, Unsicher und Einzigartig, Spärlich, Unvollständig und potenziell Korrumpiert mit 3D-Raumvariabilität) bezeichnet (Phoon et al. 2023). Diese Datenattribute erschweren herkömmliche geostatistische Methoden, die zudem oft eine Vorabbestimmung von Hyperparametern erfordern und mit hohem Rechenaufwand verbunden sind (Chen et al. 2025).

Für die KI-basierte Lösung dieser und weiterer geotechnischer Aufgaben können unterschiedliche Modelle verwendet werden. Dafür sind in Abb. 1 die Beziehungen zwischen den KI-Modellen und den geotechnischen Anwendungen dargestellt. Dabei geht aus der linken Seite der Abbildung hervor, dass KI der Überbegriff für diese Modelle ist und KNN, ML und Deep Learning (DL) jeweils spezialisierte Untergruppen bilden (Kreutzer 2023). Künstliche Intelligenz und Maschinelles Lernen, insbesondere Deep Learning, haben sich als Werkzeuge für die räumliche Mustercharakterisierung bei großflächigen Untergrunduntersuchungen erwiesen (Satipaldy et al. 2021). Sie bieten Ansätze, um die Komplexität und Unsicherheit der Baugrundcharakterisierung zu bewältigen und Prozesse zu optimieren: So wurde im Rahmen einer Studie ein optimiertes Deep Neural Network (DNN)-basiertes Modell zur Klassifikation geotechnischer Schichten des 3D-Untergrundraums in Seoul, Südkorea entwickelt (Kim und Ji 2022). Dieses Modell nutzt eine umfangreiche Bohrlochdatenbank, deren Daten mittels Anomalieerkennung und Normalisierung fehlender Werte vorverarbeitet wurden. Die 3D-Raumkoordinaten und die Tiefen der geotechnischen Schichten dienen als Merkmale, um sieben indizierte geotechnische Schichten zu klassifizieren. Die Genauigkeit der resultierenden 3D-Karte wurde durch den Vergleich mit thematisch klassifizierten Karten, wie 2D-Schwerkraftanomalien und geostatistischen Simulationen, validiert (Kim und Ji 2022). Dieses Modell erreichte eine durchschnittliche Genauigkeit von 75 %, also einer Übereinstimmung der Schichtenzu-ordnung in dreiviertel aller Fälle, und war der erste Versuch, ein DL-basiertes 3D-Rauminterpolationsmodell für die geotechnische Schichtklassifikation zu entwickeln. So bieten Data-Driven Site Characterization (DDSC) für datenzentrierte Geotechnik die Möglichkeit 3D-stratigraphische Karten zu erstellen und Planungsparameter auf der Grundlage von Standortuntersuchungsdaten zu schätzen (Satipaldy et al. 2021).

ML-Methoden können ebenfalls den Verformungsmodul kohäsiver Böden basierend auf Spitzendrucksondierun-

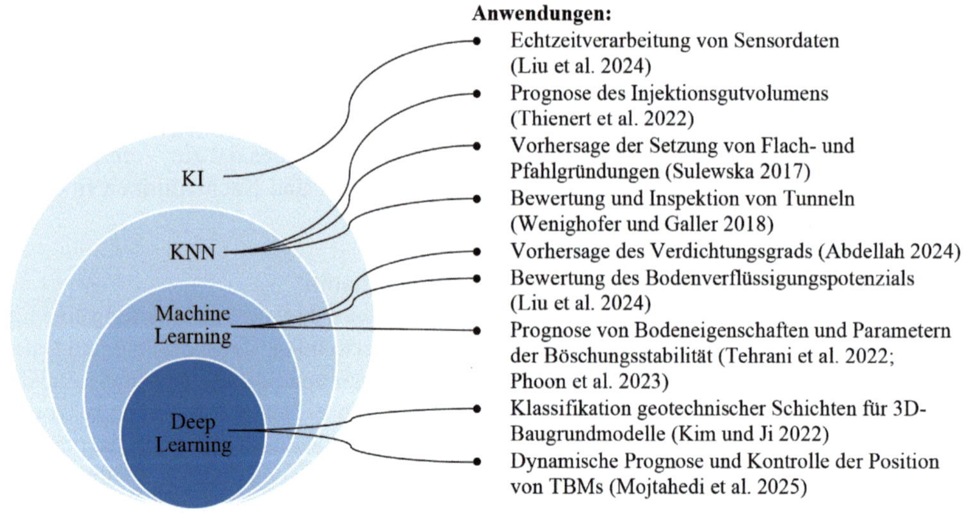

Abb. 1: Zugehörigkeiten von exemplarischen Anwendungen zu den Arten Künstlicher Intelligenz

gen (CPT-Daten) voraussagen (Ofrikhter und Ponomarev 2025). Eine Datenbank, die CPT-Ergebnisse und bodenphysikalische Eigenschaften aus Bohrlochdaten umfasst, verbesserte die Vorhersagegenauigkeit signifikant. Insbesondere bei fortschrittlicheren Modellen wie KNNs und Gradient-Boosting-Methoden konnten somit realitätsnähere Beschreibungen des Baugrunds aufgestellt werden. Ähnlich wurde der Rekompressionsindex (Cr), dessen Bestimmung durch Ödometerversuche zeitaufwendig ist, erfolgreich mittels eines GMDH-Typ-Neuronalen Netzes aus einfacher zu bestimmenden Indexparametern wie der Flüssigkeitsgrenze und der ursprünglichen Porenzahl vorhergesagt (Kordnaeij et al. 2015).
KNNs sind bereits weit etabliert für die Klassifikation von Böden und die Vorhersage von Bodeneigenschaften (Moayedi et al. 2020). So wurden beispielsweise Konvolutionsneuronale Netze, engl. Convolutional Neural Networks (CNNs) für die Klassifikation von Bodentypen eingesetzt. Auch die Scherfestigkeit von Böden kann mittels KI-basierter Techniken effizient und genau vorhergesagt werden (Sharma et al. 2021). Mehrere Studien zeigen, dass ML-Algorithmen, wie Support Vector Machines (SVM), KNNs und Entscheidungsbäume, engl. Decision Tree (DT), dominierend für die Bodenklassifikation sind, da sie komplexe nichtlineare Beziehungen genau beschreiben können (Shao et al. 2023).
KI kann auch die Auswertung umfangreicher geophysikalischer Messdaten, wie Gamma-Ray, Gamma-Gamma, Neutronen und spezifischer elektrischer Widerstand, nutzen, um Bodenschichten im Felsbau abzugrenzen (Huang und Wänstedt 1998). Dies bietet eine kostengünstigere und effizientere Alternative zu traditionellen Kernbohrungen. Ferner können ANNs eingesetzt werden, um die Korngrößenverteilung von Böden aus Bildern zu bestimmen (Pirnia et al. 2018).

3.2 Prognose von Georisiken

Durch die Auswertung von Untergrundinformationen mittels KNNs können ebenfalls Ereignisse wie Straßen- oder Hangrutschungen und Subsidenzen prognostiziert werden. KI-Algorithmen können dafür Daten, die von seismischen IoT-Sensoren gesammelt wurden, analysieren, um Muster, Anomalien und Trends zu identifizieren, die auf potenzielle Gefahren hindeuten. Diese Fähigkeit ermöglicht es Ingenieuren, die Komplexität des Untergrunds besser zu verstehen und regionale Georisikobewertungen durchzuführen, indem fehlende Daten interpoliert werden (Liu et al. 2024; Wu et al. 2025).
Die Überwachung und Prognose der Hangstabilität sowie die Kartierung der Rutschungsanfälligkeit sind zentrale Anwendungsbereiche von KI in der Geotechnik (Tehrani et al. 2022). Traditionelle Methoden zur Analyse kontinuierlicher Untergrundstrukturen mit horizontalen und vertikalen Korrelationen stoßen oft an ihre Grenzen, insbesondere bei komplexen standortspezifischen Merkmalen. Hier können KI- bzw. ML-basierte Methoden als wesentliche Werkzeuge zur Charakterisierung räumlicher Muster bei großflächigen Untergrunduntersuchungen dienen (Kim und Ji 2022).

Für die Vorhersage von Hangbewegungen und die Bewertung der Stabilität haben sich insbesondere Long Short-Term Memory (LSTM)-Modelle als effektiv erwiesen, da sie dynamische geologische Parameter und historische Daten besser verarbeiten können als Support Vector Machines (SVM), also eine Sonderform von ML, oder Backpropagation Neural Networks, eine Sonderform von KNN (Mojtahedi et al. 2025). Auch für die modellierte zeitlich variierende Versagenswahrscheinlichkeit von Rutschungen unter Berücksichtigung räumlicher Variabilität und Echtzeitdaten werden zunehmend Deep Learning-Methoden eingesetzt. Darüber hinaus werden CNNs, SVMs und Random Forest (RF)-Modelle zur Echtzeitbeobachtung und direkter Prognose der Hangstabilität verwendet (Liu et al. 2024).
Bei der Kartierung der Rutschungsanfälligkeit sind ML-Methoden, einschließlich DL, populär geworden und zeigen vielversprechende Vorhersageleistungen im Vergleich zu konventionellen Methoden (Tehrani et al. 2022). SVM, DT und RF-Algorithmen, wobei letztere eine Verknüpfung mehrerer Entscheidungsbäume (DT) darstellt, gehören zu den gängigsten Methoden. Hybride Ansätze wie CNN-SVM, CNN-RF und CNN-LR wurden entwickelt, um die Klassifikationsleistung bei der Rutschungsanfälligkeitskartierung zu verbessern (Zhang et al. 2021). Teil der aktuellen Forschung ist die Bilderkennung und Anwendung von Large Language Models (LLMs) für virtuelle Inspektionsmodelle, um die Hangstabilität zu bewerten (Wu et al. 2025).
Daneben ist die Vorhersage des Potenzials von Bodenverflüssigungen in erdbebengefährdeten Gebieten von entscheidender Bedeutung (Yaghoubi et al. 2024; Sulewska 2017). KNN wurden umfassend für die Verflüssigungsbewertung eingesetzt, um komplexe Beziehungen zwischen verschiedenen Bodenparametern zu lösen. Probabilistische Neuronale Netze und Support Vector Machines (SVMs) sind ebenfalls für die Bewertung des seismischen Verflüssigungspotenzials genutzt worden (Ebid 2021). Neuere Entwicklungen umfassen hybride maschinelle Lernmodelle wie PSO-KELM (Kernel Extreme Learning Machine mit Particle Swarm Optimization) zur genauen Bewertung des Verflüssigungspotenzials mittels Cone Penetration Test (CPT) und Scherwellengeschwindigkeits-Tests (Vs) Daten (Liu et al. 2024).
CNNs werden ebenfalls eingesetzt, um das Auftreten und den Zeitpunkt von Verflüssigungsereignissen vorherzusagen. Dies geschieht durch Training mit Zeit-Frequenz-Verteilungsbildern aus Simulationen der Standortreaktion (Liu et al. 2024), um die Stichprobengröße von Verflüssigungsdatensätzen zu erweitern und die Modellgenauigkeit zu verbessern. Insbesondere dort, wo umfassende Daten schwer zu beschaffen sind, hat sich die Wasserstein Generative Adversarial Network (WGAN)-Methode als praktikabel erwiesen (Liu et al. 2024).
Auch im Bereich der Bodenerosion finden ML-Techniken Anwendung. KI kann zur Abschätzung von Bodenerosion eingesetzt werden (Ebid 2021). Regressionsbasierte ML-Algorithmen werden zur Kartierung der Winderosionsgefährdung verwendet (Onyelowe et al. 2023).

Studien haben den Einsatz von ML-Modellen, wie z. B. Random Forest, zur Bewertung der Anfälligkeit für Grabenerosion gezeigt (Yaghoubi et al. 2024).

3.3 Bauausführung von Tiefbauleistungen

Weiterführend bieten Bauvorhaben mit geotechnischen Schwerpunkten auch bei der Bauausführung Herausforderungen, darunter unvorhergesehene Untergrundbedingungen, Umweltauflagen und die wachsende Komplexität von Bauprojekten, die oft zu kostspieligen Überschreitungen und Sicherheitsrisiken führen können (Wu et al. 2025). In diesem Kontext haben sich KNN auch für die Bauausführung als praktikables Werkzeug erwiesen, um diese Komplexität zu bewältigen und Prozesse im Baumanagement und in der Bauüberwachung maßgeblich zu verbessern (Abdellah 2024; Zhang et al. 2021).

Die Verknüpfung des Internets der Dinge (IoT) mit KI-Technologien eröffnet ein enormes Potenzial für die geotechnische Überwachung. KI-Algorithmen sind in der Lage, die von IoT-Sensoren gesammelten Daten zu analysieren und Muster, Anomalien sowie Trends zu identifizieren, die auf potenzielle Gefahren, Baumängel oder strukturelle Schwachstellen hindeuten. Dadurch entstehen Echtzeit-Informationssysteme, die Frühwarnungen ermöglichen, Interventionen erleichtern und die Sicherheit auf Baustellen sowie die Zustandsüberwachung von Bauwerken gewährleisten (Guerra et al. 2025). Die fortschrittliche Sensorik und Datenerfassung liefern große Mengen geotechnischer Daten, die von ML-Algorithmen effizient genutzt werden können (Satipaldy et al. 2021).

Die Prognose von Baukosten und der Bauzeit ist ein kritischer Aspekt jedes Bauprojekts. KI kann in diesem Bereich schnelle und präzise Vorhersagen treffen, indem sie eine Vielzahl von Eingabeparametern verarbeitet. Diese Informationen sind sowohl für Bieter als auch für Bauherren von großer Bedeutung, um realistische Angebote zu erstellen, aus den vergangenen Bauvorhaben zu lernen und auftretende Kostenüberschreitungen zu vermeiden. Um adäquate Aussagen über diese baubetrieblichen Parameter zu treffen, sind jedoch eine Vielzahl an Daten und damit an Projektwissen erforderlich. Diese liegen aktuell nicht in der Qualität und Quantität vor, weshalb auch die Präzision und Sensitivität der KI-Systeme gering sind. (Sharma et al. 2021).

Intelligente Verdichtungssysteme (IC-Systeme) sind eine reale Anwendung der KI in der Geotechnik und spielen eine zentrale Rolle im Erdbau (Ebid 2021; Guerra et al. 2025). ML kann zur Vorhersage von Verdichtungsparametern für fein- und grobkörnige Böden eingesetzt werden (Abdellah 2024; Onyelowe et al. 2023). IC-Systeme nutzen Sensoren, um Daten über Bodeneigenschaften während des Verdichtungs-prozesses in Echtzeit zu erfassen. KI-Algorithmen analysieren diese Daten, um den Verdichtungsprozess dynamisch zu optimieren. Dies gewährleistet eine gleichmäßige Dichte und Steifigkeit des Bodens, reduziert Nacharbeiten und steigert die Gesamtqualität der Bauleistung (Guerra et al. 2025).

3.4 Gründungstechnik und Tunnelbau

Schließlich werden KNNs auch zur Vorhersage der lateralen Reibungswiderstände von Pfählen in bindigen Böden eingesetzt, wobei sie realitätsnähere Ergebnisse im Vergleich zu bisherigen mathematischen Ansätzen erzielen. So dienen als Input-Parameter die Pfahllänge, -durchmesser, die durchschnittliche effektive Spannung und die undrainierte Scherfestigkeit (Abdellah 2024). Studien zeigen erfolgreiche Anwendungen von KNNs zur Vorhersage der axialen Mantelreibung und des Spitzendrucks von Pfählen (Moayedi et al. 2020), oft basierend auf Cone Penetration Test (Liu et al. 2024) oder Standard Penetration Test (SPT) (Zhang et al. 2021). Darüber hinaus werden sie zur Optimierung des Designs von Tiefgründungen und zur Vorhersage des Verhaltens von Pfahlgruppen genutzt (Ebid 2021). Das komplexe Verhalten des Bodens unter Lasten wird durch KNNs besser modellierbar (Ebid 2021; Moayedi et al. 2020). Dies schließt die Vorhersage der dynamischen Pfahl-Boden-Interaktion bei gekoppelten Schwingungen und die Abschätzung lateraler Wandbewegungen bei ausgesteiften Baugruben ein (Yin et al. 2020).

KNNs ermöglichen auch die präzise Vorhersage von Setzungen bei Flachgründungen in körnigen Böden (Sulewska 2017; Zhang et al. 2021). Hierbei werden Eingangsgrößen wie die aufgebrachte Spannung, die Ergebnisse von SPTs, die Fundamentbreite, -form und -tiefe berücksichtigt (Abdellah 2024). Die Vorhersage von Konsolidationssetzungen in Sanierungsprojekten mittels ML ist somit ebenfalls ein wichtiges Anwendungsfeld (Ebid 2021). KI ermöglicht die Echtzeit-Bestimmung von Aushubmaterialparametern für Erddruckschild-Tunnelbohrmaschinen (EPB-TBM) (Thienert et al. 2025). Dies umfasst die Charakterisierung des ausgehobenen Materials auf dem Förderband, um dessen Eigenschaften und Recyclingpotenzial in Echtzeit zu bestimmen. KNNs können dabei Schlüsselparameter wie den Slump-Wert und die Scherfestigkeit von Mischböden mit hoher Genauigkeit vorhersagen (Thienert et al. 2025). Die Vorhersage der TBM-Penetrationsrate ist eine häufige Anwendung von KI, oft unter Einsatz von hybriden Modellen, die verschiedene Neuronale Netze kombinieren, um Betriebs- und geologische Daten zu analysieren (Zhang et al. 2021; Liu et al. 2024; Mojtahedi et al. 2025).

Für die Vorhersage von Boden- und Tunnelsetzungen werden KNN ebenfalls eingesetzt. Sie werden beispielsweise zur Prognose von Oberflächensetzungen infolge von Untertagebau (Hopfield-Netzwerke) (Chao et al. 2018) oder zur Vorhersage der Konvergenz eingesetzt (Onyelowe et al. 2023). Verbesserte Algorithmen wie Long Short-Term Memory (LSTM) ermöglichen präzisere Langzeitprognosen bei Verformungen (Mojtahedi et al. 2025). Über die reinen Verformungsvorhersagen hinaus werden KNNs zur Sicherstellung der Stabilität und Langlebigkeit unterirdischer Infrastrukturen eingesetzt (Yaghoubi et al. 2024). Dies umfasst die Optimierung von Stützkonstruktionen und die Analyse der Tunnelstabilität während des Baus mittels neuro-fuzzy Systemen (Ebid 2021). KI-gestützte Systeme können somit auch dazu bei-

tragen, die Bemessung von Tunneln zu optimieren und die Qualität der Gebirgsbewertung vor dem Tunnelvortrieb zu verbessern (Liu et al. 2024).
KI-basierte Bildanalysen, insbesondere mit DNNs, werden für die Inspektion von Tunneln sowie zur Erkennung von Rissen und Leckagen genutzt (Yin et al. 2020; Wenighofer und Galler 2018). 3D-Laserscanner werden dabei eingesetzt um die Tunnelverformungen wie die Ovalisierung des Querschnitts, die Risse und Fugenspalten zu erfassen. Die gesammelten Daten werden dann durch DNNs ausgewertet. Automatisierte Arbeitsabläufe sind hierbei unerlässlich, um die großen Datenmengen effizient zu verarbeiten (Wenighofer und Galler 2018).

4. SWOT-Analyse

Künstliche Neuronale Netze (KNN) haben sich in der Geotechnik als einflussreiches Werkzeug erwiesen, das sowohl erhebliche Stärken und Chancen als auch bestimmte Schwächen und Risiken mit sich bringt (Shao et al. 2023; Liu et al. 2024). Dafür wurden die Ergebnisse der SWOT-Analyse in der Tabelle 1 dargestellt und im Weiteren näher erläutert.

Überlegenheit gegenüber traditionellen statistischen Methoden in der Vorhersagegenauigkeit (Zhang et al. 2021; Ofrikhter und Ponomarev 2025) führen zu erheblichen Kosten- und Zeiteinsparungen (Abdellah 2024; Liu et al. 2024).
Schwächen von KNNs in der Geotechnik: Trotz ihrer Stärken haben KNNs auch Nachteile. Sie erfordern in der Regel große Mengen an hochwertigen und zuverlässigen Daten für ein effektives Training und genaue Vorhersagen (Yaghoubi et al. 2024; Padarian et al. 2020; Wenighofer und Galler 2018). In der Geotechnik sind Daten oft „uggly“, also räumlich variabel, spärlich, standortspezifisch und unvollständig (Phoon et al. 2023). Das Training von KNNs kann rechenintensiv und zeitaufwendig sein, insbesondere bei komplexen Architekturen (Liu et al. 2024; Kim und Ji 2022). Die „Black Box“-Natur von KNNs, bei der die internen Mechanismen schwer zu interpretieren sind, kann das Vertrauen und die Akzeptanz in der Praxis mindern (Onyelowe et al. 2023; Padarian et al. 2020). Zudem neigen sie zu Overfitting, insbesondere bei kleinen Trainingsdatensätzen, was die Generalisierungsfähigkeit beeinträchtigen kann (Zhang et al. 2021; Cui und Jing 2019). So gibt es kein universell anwendbares Modell; die Auswahl hängt von den spezifischen Zielen und Datenmerkmalen ab (Zhang et al. 2021).

Tab. 1: Ergebnisse der SWOT-Analyse zu KNN in der Geotechnik

Stärken	Schwächen
• Nachbildung komplexer geotechn. Beziehungen • Anpassungsfähigkeit an unterschiedliche Datensätze • Hohe Zuverlässigkeit bei der Charakterisierung von Böden und der Erstellung von Schichtenmodellen	• Bedarf an großen Datenmengen für das Training auf geotechnische Anwendungsfälle • Undurchsichtige Herkunft der Ergebnisse • Risiko der Überanpassung (Overfitting) an den Trainingsdatensatz
Chancen	**Risiken**
• Unterstützung detaillierter 3D-Modelle • Echtzeit-Prognosen im Tunnelbau • Verbesserte Vorhersagen geotechn. Eigenschaften • Erweiterte geotechn. Analysen durch physikgeleitete KI-Modelle	• Fehlklassifikationen bei unvollständigen Trainingsdatensätzen • Ohne Interpretation durch Fachkräfte können fehlerhafte Ergebnisse ungefiltert in die Planung einfließen

Stärken von KNNs in der Geotechnik: Ein großer Vorteil von KNNs ist ihre Fähigkeit, komplexe nichtlineare Beziehungen zu modellieren und jede kontinuierliche Funktion zu approximieren (Zhang et al. 2021; Huang und Wänstedt 1998; Sharma et al. 2021). Dies ist besonders nützlich angesichts der inhärenten Komplexität und Heterogenität geotechnischer Materialien und Prozesse (Liu et al. 2024). KNNs zeichnen sich durch ihre selbstlernenden und adaptiven Fähigkeiten aus; sie können aus Erfahrungen lernen und sich an neue Daten anpassen, ohne explizit programmiert zu werden (Liu et al. 2024). Sie sind zudem robust gegenüber Fehlern und können auch bei verzerrten oder unvollständigen Daten noch zuverlässige Ergebnisse liefern (Sharma et al. 2021). Ihre Fähigkeit zur Mustererkennung und Klassifizierung macht sie ideal für Aufgaben wie die Bodentypklassifizierung, die Vorhersage von Gesteinseigenschaften oder die Erkennung von Verformungen (Moayedi et al. 2020; Chao et al. 2018). Die Effizienz bei der Verarbeitung großer Datenmengen (Ebid 2021; Pirnia et al. 2018) und die

Chancen durch den Einsatz von KNNs: Die Anwendung von KNNs eröffnet zahlreiche Möglichkeiten. Sie ermöglichen eine verbesserte räumlich-zeitliche Charakterisierung von Untergrundbedingungen und die Vorhersage von Bodeneigenschaften an unbeprobten Stellen, was zur Entwicklung hochauflösender 3D-Modelle führt (Satipaldy et al. 2021; Moayedi et al. 2020). Im Tunnelbau können sie zur Echtzeit-Überwachung und -Prognose der Vortriebsleistung, Verformungen und Injektionsmengen eingesetzt werden, was die Bauausführung beschleunigt und Risiken reduziert (Wenighofer und Galler 2018; Thienert et al. 2025; Thienert et al. 2022). Die Vorhersage von mechanischen und physikalischen Eigenschaften wie Scherfestigkeit, Kompressibilität und Verflüssigungspotenzial wird präziser und effizienter (Kordnaeij et al. 2015; Onyelowe et al. 2023). Darüber hinaus bieten sie großes Potenzial in der Hangstabilitätsanalyse und zur Vorhersage von Rutschungen (Chao et al. 2018; Shao et al. 2023; Liu et al. 2024). Die Kombination von KNNs mit anderen KI-Methoden wie Deep Learning oder physikgeleitete Modelle sowie die Nutzung numerischer Methoden (FEM, DEM) zur Generierung großer Datensätze können die Leistungsfähigkeit weiter steigern (Pirnia et al. 2018; Zhang et al. 2021).

Risiken bei der Verwendung von KNNs: Zu den Risiken zählt die starke Abhängigkeit von der Datenqualität und -quantität, da minderwertige oder unzureichende Daten zu unzuverlässigen Vorhersagen führen können (Abdellah 2024; Phoon et al. 2023). Ein weiteres Risiko besteht im Missbrauch oder der mangelnden Kenntnis über die Algorithmen, was zu Fehlinterpretationen oder ineffizientem Einsatz führen kann, insbesondere bei der Abstimmung von Hyperparametern (Tehrani et al. 2022). Es ist entscheidend zu erkennen, dass die Ausgabe von KI-Techniken nicht immer direkt in die Praxis umgesetzt werden kann und möglicherweise Anpassungen durch erfahrene Ingenieure erfordert. Die Möglichkeit von Fehlklassifikationen, wenn Merkmale nicht im Trainingsdatensatz enthalten sind, ist ebenfalls ein relevantes Risiko (Wenighofer und Galler 2018). Um diese Herausforderungen zu bewältigen, sind interdisziplinäre Zusammenarbeit, Investitionen in Datenmanagement und eine kontinuierliche Weiterentwicklung der KI-Algorithmen erforderlich (Liu et al. 2024).

5. Zusammenfassung und Ausblick

Künstliche Neuronale Netze (KNN) bieten in der Geotechnik die Stärke, komplexe nichtlineare Beziehungen zu modellieren, aus Erfahrungen zu lernen und sich an neue Daten anzupassen. Sie sind robust gegenüber Fehlern und unvollständigen Daten, erkennen Muster effizient und können durch präzisere Vorhersagen zu erheblichen Kosten- und Zeiteinsparungen führen. Zu ihren Schwächen gehören der hohe Bedarf an großen Mengen hochwertiger Daten, eine oft rechenintensive und zeitaufwändige Schulung sowie die schwere Interpretierbarkeit ihrer „Black Box“-Natur. Zudem neigen sie bei kleinen Trainingsdatensätzen zu Overfitting. Chancen ergeben sich aus der verbesserten räumlich-zeitlichen Charakterisierung des Untergrunds, der Echtzeit-Überwachung im Tunnelbau und der präzisen Vorhersage mechanischer Bodeneigenschaften. Als Risiken sind die starke Abhängigkeit von der Datenqualität, das Missbrauchspotenzial durch mangelndes Wissen über die Algorithmen und die Gefahr unzuverlässiger Vorhersagen bei im Trainingsdatensatz nicht enthaltenen Merkmalen zu nennen.

Die Zukunft der KI in der Geotechnik wird maßgeblich von einer stärkeren Integration von physikgeleiteten Modellen und Domänenwissen geprägt sein, um die Interpretierbarkeit und Generalisierbarkeit der Modelle zu verbessern. Es wird einen weiterhin wachsenden Fokus auf die Qualität, Quantität und Standardisierung von Daten geben, was Investitionen in das Datenmanagement und die gemeinsame Nutzung von Datensätzen erfordert.

KI-Algorithmen werden zunehmend für Echtzeit-Monitoring und dynamische Vorhersagen eingesetzt, beispielsweise zur Überwachung von Tunnelbauten oder Hangrutschungen, um frühzeitige Warnsysteme zu etablieren und die Bauausführung zu beschleunigen. Die Entwicklung hochauflösender 3D-Modelle des Untergrunds und die Vorhersage von Bodeneigenschaften an unbeprobten Stellen durch datengesteuerte Standortcharakterisierung (DDSC) wird eine zentrale Rolle spielen.

Ein weiteres wichtiges Feld ist die Erforschung von Large Language Models (LLMs), die das Potenzial haben, textbasierte geotechnische Daten zu verarbeiten, Wissen zu extrahieren, die Problemformulierung zu unterstützen und Entscheidungsfindungen zu erleichtern, oft in Kombination mit multimodalen Daten wie Bildern und Zahlen. Die Fähigkeit von LLMs, in Berichten und Texten verstreute Informationen zu sammeln und aufzubereiten, bietet das Potenzial bestehendes Wissen über den Baugrund effizient nutzbar zu machen.

Insgesamt zeichnet sich der Trend in der Geotechnik ab, dass durch KI-Anwendungen effizientere, sicherere und nachhaltigere Prozesse etabliert werden. Dafür gilt es in der Zukunft jedoch den dargestellten Herausforderungen, wie die Datenknappheit, der Rechenintensität und der „Black Box“-Natur, durch interdisziplinäre Zusammenarbeit und kontinuierliche Weiterentwicklung der Algorithmen zu begegnen.

Literaturverzeichnis

Abdellah, Walid Serier (2024): A review of applications of artificial intelligence in geotechnical engineering. In: *18th African Regional Conference on Soil Mechanics and Geotechnical Engineering*. Online verfügbar unter https://www.issmge.org/uploads/publications/51/127/ARCSMGE2024-150.pdf.

Chao, Zhiming; Ma, Guotao; Zhang, Ye; Zhu, Yanjie; Hu, Hengyang (2018): The application of artificial neural network in geotechnical engineering. In: *IOP Conf. Ser.: Earth Environ. Sci.* 189, S. 22054. DOI: 10.1088/1755-1315/189/2/022054.

Chen, Weihang; Shi, Chao; Ding, Jianwen; Wang, Tengfei; Connolly, David P. (2025): Data-driven sparse learning of three-dimensional subsurface properties incorporating random field theory. In: *Engineering Geology* 349, S. 107972. DOI: 10.1016/j.enggeo.2025.107972.

Cui, Kai; Jing, Xiang (2019): Research on prediction model of geotechnical parameters based on BP neural network. In: *Neural Comput & Applic* 31 (12), S. 8205–8215. DOI: 10.1007/s00521-018-3902-6.

Ebid, Ahmed M. (2021): 35 Years of (AI) in Geotechnical Engineering: State of the Art. In: *Geotech Geol Eng* 39 (2), S. 637–690. DOI: 10.1007/s10706-020-01536-7.

Guerra, Nuno; Matos Fernandes, Manuel; Ferreira, Cristiana; Gomes Correia, António; Pinto, Alexandre; Sêco Pinto, Pedro (Hg.) (2025): Geotechnical Engineering Challenges to Meet Current and Emerging Needs of Society. Erscheinungsort nicht ermittelbar: Taylor & Francis. Online verfügbar unter https://library.oapen.org/bitstream/id/1fd2925c-be5b-4fca-b18b-4a5ae3239790/9781040259825.pdf.

Huang, Yi; Wänstedt, Stefan (1998): The introduction of neural network system and its applications in rock engineering. In: *Engineering Geology* 49 (3-4), S. 253–260. DOI: 10.1016/S0013-7952(97)00056-2.

Kim, Han-Saem; Ji, Yoonsoo (2022): Three-dimensional geotechnical-layer mapping in Seoul using borehole database and deep neural network-based model. In: *Engineering Geology* 297, S. 106489. DOI: 10.1016/j.enggeo.2021.106489.

Kordnaeij, Afshin; Kalantary, Farzin; Kordtabar, Behrouz; Mola-Abasi, Hossein (2015): Prediction of recompression index using GMDH-type neural network based on geotechnical soil properties. In: *Soils and Foundations* 55 (6), S. 1335–1345. DOI: 10.1016/j.sandf.2015.10.001.

Kreutzer, Ralf T. (2023): Künstliche Intelligenz Verstehen. Grundlagen - Use-Cases - Unternehmenseigene KI-Journey. 2nd ed. Wiesbaden: Springer Fachmedien Wiesbaden GmbH. Online verfügbar unter https://ebookcentral.proquest.com/lib/kxp/detail.action?docID=30773639.

Liu, Hongchen; Su, Huaizhi; Sun, Lizhi; Dias-da-Costa, Daniel (2024): State-of-the-art review on the use of AI-enhanced computational mechanics in geotechnical engineering. In: *Artif Intell Rev* 57 (8), S. 1–58. DOI: 10.1007/s10462-024-10836-w.

Moayedi, Hossein; Mosallanezhad, Mansour; Rashid, Ahmad Safuan A.; Jusoh, Wan Amizah Wan; Muazu, Mohammed Abdullahi (2020): A systematic review and meta-analysis of artificial neural network application in geotechnical engineering: theory and applications. In: *Neural Comput & Applic* 32 (2), S. 495–518. DOI: 10.1007/s00521-019-04109-9.

Mojtahedi, F. Fazel; Yousefpour, N.; Chow, S. H.; Cassidy, M. (2025): Deep Learning for Time Series Forecasting: Review and Applications in Geotechnics and Geosciences. In: *Arch Computat Methods Eng* 32 (6), S. 3415–3445. DOI: 10.1007/s11831-025-10244-5.

Ofrikhter, I. V.; Ponomarev, A. B. (2025): Estimation of Soil Deformation Modulus from Cone Penetration Test Data Using Machine-Learning Methods. In: *Soil Mech Found Eng* 62 (1), S. 57–64. DOI: 10.1007/s11204-025-10034-y.

Onyelowe, Kennedy C.; Mojtahedi, Farid F.; Ebid, Ahmed M.; Rezaei, Amirhossein; Osinubi, Kolawole J.; Eberemu, Adrian O. et al. (2023): Selected AI optimization techniques and applications in geotechnical engineering. In: *Cogent Engineering* 10 (1), Artikel 2153419. DOI: 10.1080/23311916.2022.2153419.

Padarian, José; Minasny, Budiman; McBratney, Alex B. (2020): Machine learning and soil sciences: a review aided by machine learning tools. In: *SOIL* 6 (1), S. 35–52. DOI: 10.5194/soil-6-35-2020.

Paul, Herbert; Wollny, Volrad (2014): Instrumente des strategischen Managements. Grundlagen und Anwendungen. 2., aktualisierte und erw. Aufl. München: De Gruyter Oldenbourg.

Phoon, K. K.; Zhang, L. M.; Cao, Z. J. (2023): Special issue on "Machine learning and AI in geotechnics". In: *Georisk: Assessment and Management of Risk for Engineered Systems and Geohazards* 17 (1), S. 1–6. DOI: 10.1080/17499518.2023.2185938.

Pirnia, Pouyan; Duhaime, François; Manasht, Javad (2018): Machine learning algorithms for applications in geotechnical engineering. Online verfügbar unter https://members.cgs.ca/conferences/geoedmonton/papers/geo2018paper339.pdf.

Puyt, Richard W.; Lie, Finn Birger; Wilderom, Celeste P.M. (2023): The origins of SWOT analysis. In: *Long Range Planning* 56 (3), S. 102304. DOI: 10.1016/j.lrp.2023.102304.

Satipaldy, Bauyrzhan; Marzhan, Taigan; Zhenis, Ulugbek; Damira, Gulbadam (2021): Geotechnology in the Age of AI: The Convergence of Geotechnical Data Analytics and Machine Learning. In: *fmr* 2 (1), S. 136–151. DOI: 10.63995/ZOAF3555.

Schawel, Christian; Billing, Fabian (2018): Top 100 Management Tools. Das wichtigste Buch eines Managers Von ABC-Analyse bis Zielvereinbarung. 6. Aufl. 2018. Wiesbaden: Springer Gabler (SpringerLink Bücher).

Shao, Wei; Yue, Wenhan; Zhang, Ye; Zhou, Tianxing; Zhang, Yutong; Dang, Yabin et al. (2023): The Application of Machine Learning Techniques in Geotechnical Engineering: A Review and Comparison. In: *Mathematics* 11 (18), S. 3976. DOI: 10.3390/math11183976.

Sharma, Sparsh; Ahmed, Suhaib; Naseem, Mohd; Alnumay, Waleed S.; Singh, Saurabh; Cho, Gi Hwan (2021): A Survey on Applications of Artificial Intelligence for Pre-Parametric Project Cost and Soil Shear-Strength Estimation in Construction and Geotechnical Engineering. In: *Sensors (Basel, Switzerland)* 21 (2). DOI: 10.3390/s21020463.

Sulewska, Maria (2017): Applying Artificial Neural Networks for analysis of geotechnical problems. In: *Computer Assisted Methods in Engineering and Science* 18 (4), S. 231–241. Online verfügbar unter https://cames-old.ippt.pan.pl/index.php/cames/article/view/101.

Tehrani, Faraz S.; Calvello, Michele; Liu, Zhongqiang; Zhang, Limin; Lacasse, Suzanne (2022): Machine learning and landslide studies: recent advances and applications. In: *Nat Hazards* 114 (2), S. 1197–1245. DOI: 10.1007/s11069-022-05423-7.

Thienert, Christian; Gutberlet, Lara; Klaproth, Christoph; Budach, Christoph; Müller, Pierre; Heim, Andre; Kassel, Andreas (2025): Real-time determination of EPB-TBM excavation material parameters using AI-based measurement data analyses. In: *Tunnelling into a Sustainable Future – Methods and Technologies*, S. 3279–3286. DOI: 10.1201/9781003559047-418.

Thienert, Christian; Ouschan, Michael; Wenighofer, Robert; Könemann, Frank; Klaproth, Christoph; Gabriel, Patrick et al. (2022): Potenziale und Grenzen der Prognose von Injektionsparametern mittels Künstlicher Intelligenz – Ergebnisse einer Fallstudie bei einem Tunnelprojekt in Skandinavien. In: *Geomechanics and Tunnelling* 15 (5), S. 525–534. DOI: 10.1002/geot.202200050.

Wenighofer, Robert; Galler, Robert (2018): Künstliche neuronale Netze im Einsatz zur Gebrauchstauglichkeitsbewertung des einschaligen maschinellen Tunnelbaus. In: *Berg Huettenmaenn Monatsh* 163 (12), S. 517–523. DOI: 10.1007/s00501-018-0799-4.

Wu, Stephen; Otake, Yu; Mizutani, Daijiro; Liu, Chang; Asano, Kotaro; Sato, Nana et al. (2025): Future-proofing geotechnics workflows: accelerating problem-solving with large language models. In: *Georisk: Assessment and Management of Risk for Engineered Systems and Geohazards* 19 (2), S. 307–324. DOI: 10.1080/17499518.2024.2381026.

Yaghoubi, Elaheh; Yaghoubi, Elnaz; Khamees, Ahmed; Vakili, Amir Hossein (2024): A systematic review and meta-analysis of artificial neural network, machine learning, deep learning, and ensemble learning approaches in field of geotechnical engineering. In: *Neural Comput & Applic* 36 (21), S. 12655–12699. DOI: 10.1007/s00521-024-09893-7.

Yin, Zhen-yu; Jin, Yin-fu; Liu, Zhong-qiang (2020): Practice of artificial intelligence in geotechnical engineering. In: *J. Zhejiang Univ. Sci. A* 21 (6), S. 407–411. DOI: 10.1631/jzus.A20AIGE1.

Zhang, Wengang; Li, Hongrui; Li, Yongqin; Liu, Hanlong; Chen, Yumin; Ding, Xuanming (2021): Application of deep learning algorithms in geotechnical engineering: a short critical review. In: *Artif Intell Rev* 54 (8), S. 5633–5673. DOI: 10.1007/s10462-021-09967-1.

Digitalisierung in der Geotechnik – KI, Digitale Zwillinge & neue Prozesse

Dipl.-Ing. Holger Kaiser
BAUER Resources GmbH, Schrobenhausen, Deutschland

Zusammenfassung
Die Digitalisierung hat in den vergangenen Jahren nahezu alle Wirtschaftszweige erfasst und transformiert. In der Geotechnik, einem traditionell durch physische Präsenz und manuelle Prozesse geprägten Bereich, vollzieht sich dieser Wandel langsam, aber stetig, geprägt durch Mitarbeiter und Hersteller von digitalen Produkten. Speziell in den Bereichen Spezialtiefbau, Altlastensanierung und Geothermie eröffnen digitale Technologien neue Dimensionen der Effizienz, Präzision und Sicherheit. Die Integration von Künstlicher Intelligenz (KI), digitalen Zwillingen und innovativen Prozessautomatisierungen markiert einen Paradigmenwechsel, der sowohl die operative Bauausführung als auch die administrativen Supportfunktionen grundlegend verändert.
Die vorliegende Arbeit analysiert die praktische Implementation digitaler Technologien bei der BAUER AG, einem global agierenden Spezialtiefbau- Altlasten-, Bergbau- Geothermie- und Maschinenbauunternehmen und demonstriert, wie KI-gestützte Systeme und digitale Zwillinge die gesamte Wertschöpfungskette vom Vertrieb über die Planung bis zur Bauausführung verändert.

1. Einführung

Die erfolgreiche Digitalisierung in der Geotechnik erfordert mehr als die bloße Implementierung neuer Technologien. Es bedarf einer ganzheitlichen Transformation der Unternehmensprozesse und einer systematischen Befähigung der Mitarbeitenden. Die Einführung von KI-Systemen und digitalen Zwillingen muss von umfassenden Schulungsprogrammen begleitet werden, die sowohl technische Kompetenzen als auch das Verständnis für neue Arbeitsabläufe vermitteln.
Besonders kritisch ist die Schaffung einer Datenkultur, in der die kontinuierliche Erfassung, Pflege und Nutzung digitaler Informationen als Kernkompetenz verstanden wird. Dies umfasst die Standardisierung von Datenformaten, die Etablierung von Qualitätssicherungsprozessen und die Schaffung klarer Verantwortlichkeiten für die Datenintegrität. Nur durch diese ganzheitliche Herangehensweise kann das volle Potenzial der Digitalisierung in einem großen Unternehmen, wie der BAUER AG, ausgeschöpft werden.

2. Prozessoptimierung im organisatorischen Bereich einer Baufirma

Es gibt eine Vielzahl von organisatorischen Prozessen bevor, während oder nachdem eine Baufirma die eigentliche Arbeit auf der Baustelle durchführt. Um die allgemeinen Geschäftskosten zu reduzieren sind Effizienzgewinne im organisatorischen Bereich ein großer Hebel, um Kosten zu sparen.

2.1 KI-gestützte Dokumentenverarbeitung in der kaufmännischen Administration

Die Implementierung intelligenter Dokumentenverarbeitungssysteme in der kaufmännischen Abteilung repräsentiert einen fundamentalen Schritt zur Prozessoptimierung. Moderne OCR-Technologien (Optical Character Recognition) [1] in Kombination mit Natural Language Processing (NLP) [2] ermöglichen die automatisierte Extraktion und Verarbeitung von Rechnungsdaten. Die KI-Systeme erkennen nicht nur strukturierte Daten wie Rechnungsnummern, Beträge und Steuersätze, sondern interpretieren auch kontextuelle Informationen und ordnen diese den entsprechenden Kostenstellen und Projekten zu.
Die nahtlose Integration in SAP-Systeme erfolgt über standardisierte APIs, wobei die KI-Lösung als intelligente Middleware fungiert. Durch maschinelles Lernen verbessert sich die Erkennungsgenauigkeit kontinuierlich, da das System aus Korrekturen und Validierungen lernt. Dies reduziert die manuelle Dateneingabe um bis zu 85 % und minimiert gleichzeitig die Fehlerquote signifikant. Besonders in der projektbasierten Abrechnung des Spezialtiefbaus oder des Altlastenbereiches, wo komplexe Leistungsverzeichnisse und variable Abrechnungsmodelle vorherrschen, zeigt sich der Mehrwert dieser Automatisierung.

2.2 Generative KI als Produktivitätskatalysator im administrativen Bereich

Die Integration von Large Language Models (LLMs) [3] wie Claude und GitHub Copilot transformiert die Arbeitsweise des Sekretariats grundlegend. Diese KI-Assistenten fungieren als intelligente Programmierpartner bei der Entwicklung von VBA-Skripten für Microsoft Office-Anwendungen. Die natürlichsprachliche Interaktion ermöglicht es auch Mitarbeitenden ohne tiefgreifende Programmierkenntnisse, komplexe Automatisierungen zu erstellen.
Praktische Anwendungsfälle umfassen die Automatisierung von Serienbriefen mit dynamischen Inhalten, die

intelligente Kategorisierung und Weiterleitung von E-Mails basierend auf Projektcodes, sowie die Erstellung von Robot Process Automation (RPA), mit dem E-Mails automatisiert in Dateisystemen abgelegt werden. Die KI-Assistenten generieren nicht nur funktionsfähigen Code, sondern erklären auch die zugrundeliegende Logik, wodurch ein kontinuierlicher Wissenstransfer stattfindet. Dies führt zu einer Demokratisierung der Automatisierung und befähigt Fachabteilungen, eigenständig Effizienzsteigerungen zu realisieren.

Die KI-gestützte Übersetzung technischer Dokumentationen für Spezialtiefbau-Projekte oder Marketingunterlagen für Brunnenbaumaterial, das die Schwesterfirma GWE GmbH im Portfolio hat, erfordert ein tiefes Verständnis fachspezifischer Terminologie. Moderne Übersetzungssysteme werden mit unternehmensspezifischen Glossaren und Translation Memories trainiert, um konsistente und präzise Übersetzungen zu gewährleisten. Dies beschleunigt nicht nur die Time-to-Market für internationale Ausschreibungen, sondern erhöht auch die Qualität der Kommunikation mit lokalen Partnern und Behörden.

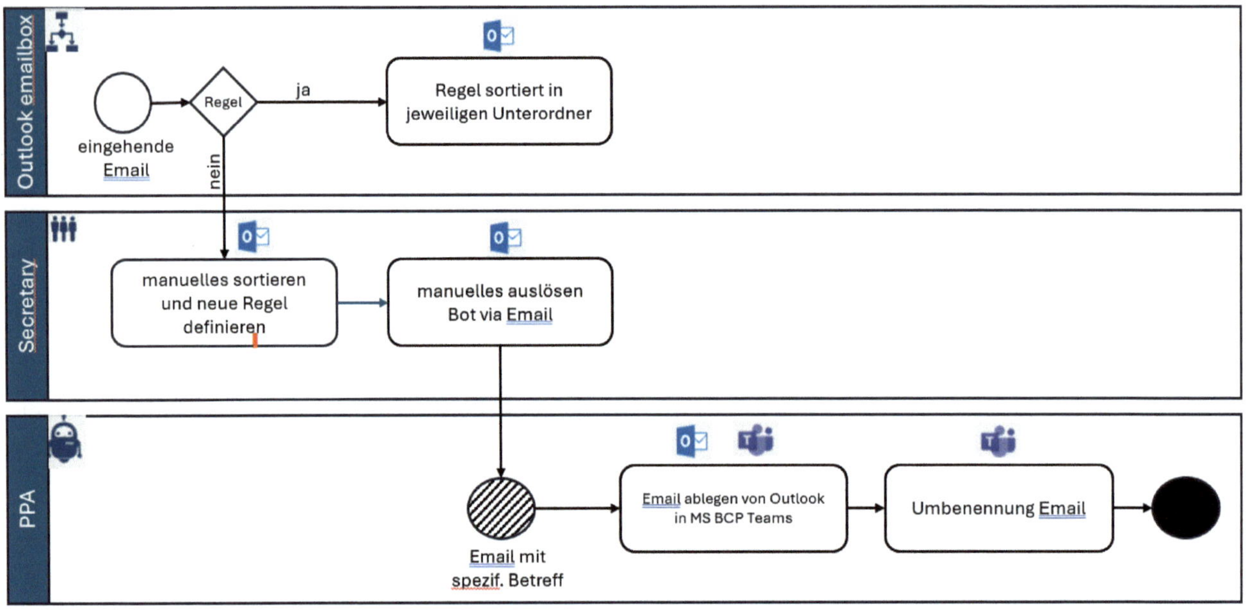

Abb. 1: RPA-Prozess für die Ablage einer Mail in einem Dateisystem

2.3 Mehrsprachige Content-Generierung im globalen Vertrieb und Marketing

In einem international agierenden Unternehmen stellt die mehrsprachige Kommunikation eine zentrale Herausforderung dar. Die Integration von neuralen maschinellen Übersetzungssystemen wie DeepL revolutioniert die Erstellung von Produkt- und Marketingunterlagen. Diese Systeme gehen weit über einfache Wort-für-Wort-Übersetzungen hinaus und berücksichtigen kulturelle Nuancen, Fachterminologie und branchenspezifische Konventionen.

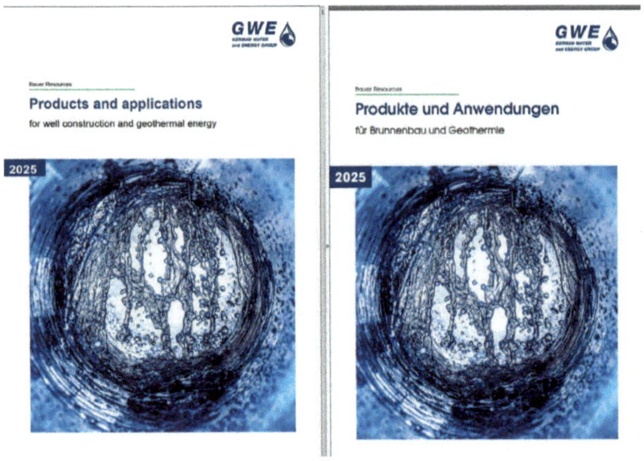

Abb. 2: Perfekte Übersetzung von Marketingunterlagen

2.4 KI-unterstützte Softwareentwicklung in der IT-Abteilung

Die hausinternen IT-Abteilungen stehen vor der Herausforderung, maßgeschneiderte digitale Lösungen für spezifische Anforderungen der Geotechnik zu entwickeln. Die Integration von KI-Programmierassistenten wie Claude transformiert den Entwicklungsprozess fundamental. Diese Systeme unterstützen bei IT-Systemen in allen organisatorischen und operativen Bereichen, baut Software und Hardwaresysteme und kümmert sich um die technische Infrastruktur des Unternehmens.

Bei der Entwicklung von Web-Portalen für Projektmanagement oder mobilen Apps für die Baustellendokumentation reduziert sich die Entwicklungszeit erheblich. Die KI-Assistenten helfen bei der Implementierung komplexer Funktionalitäten wie Echtzeit-Datenvisualisierung von Bohrfortschritten, Integration von IoT-Sensordaten aus Geothermie-Anlagen oder der Entwicklung von Augmented-Reality-Features für die Baustellenvisualisierung. Besonders wertvoll ist die Unterstützung bei der Erstellung von APIs zur Integration verschiedener Systeme, von der Maschinendatenerfassung bis zur ERP-Anbindung

3. Neue Prozesse im planerischen Bereich einer Baufirma durch digitale Produkte

Die Segmente, Bau, Maschinen, und Resources der BAUER AG haben planerische Bereiche für die Baustelle und die Produktion. Als Arbeitsvorbereitung oder Produktentwicklung wird seit Jahren auf 3D- Planung gesetzt.

Building Information Modeling (BIM) hat sich in der oberirdischen Bauplanung bereits als Standard etabliert. Die Übertragung dieser Methodik auf geothermische Projekte erfordert jedoch spezifische Anpassungen, da hier die Modellierung des unsichtbaren Untergrunds im Vordergrund steht. Das implementierte System basiert auf einer bidirektionalen Datenintegration zwischen dem BIM-Modell und verschiedenen Datenquellen aus dem Baustellenbetrieb.

Die Kernkomponente bildet ein erweitertes BIM-Modell, das nicht nur geometrische und geologische Informationen enthält, sondern als lebender digitaler Zwilling fungiert. Dieses Modell wird kontinuierlich mit Echtzeitdaten u. a. aus Maschinendaten und Drucksensoren aktualisiert, das während der Bohrarbeiten und der Rohleitungsverlegung kritische Parameter wie Injektionsdruck und Temperaturverläufe erfasst. Die Integration erfolgt über standardisierte IoT-Protokolle (MQTT, OPC UA), wodurch eine latenzarme Datenübertragung gewährleistet wird.

3.1 Digitale Zwillinge und BIM in der operativen Bauausführung

Die Implementation von Building Information Modeling (BIM) und digitalen Zwillingen markiert einen Quantensprung in der Präzision und Sicherheit der Bauausführung. Im Spezialtiefbau, wo millimetergenaue Arbeit oft entscheidend ist, revolutioniert die Integration von BIM-Modellen in die Maschinensteuerung die operative Praxis. Moderne Bagger und Bohrgeräte sind mit GPS-gestützten Steuerungssystemen ausgestattet, die in Echtzeit mit dem digitalen Zwilling des Bauprojekts kommunizieren. Der Maschinenführer sieht auf seinem Display nicht nur die aktuelle Position und Tiefe, sondern erhält auch automatische Warnungen bei Annäherung an definierte Grenzen der Maschine. Das System verhindert aktiv Überschreitungen der im BIM-Modell definierten Parameter, wodurch Schäden an unterirdischen Leitungen, unbeabsichtigte Durchdringungen von Sperrschichten oder Überschreitungen von Gründungstiefen effektiv vermieden werden.

Diese digitalen Zwillinge integrieren multiple Datenströme: geologische Schichtmodelle, Grundwasserstände, Altlastenkataster und Bestandsleitungen. Durch maschinelles Lernen werden die Modelle kontinuierlich mit realen Messdaten aus der Bauausführung abgeglichen und verfeinert. Dies ermöglicht prädiktive Analysen, etwa zur Vorhersage von Schichtänderungen oder zur Optimierung von Injektionsmengen bei Baugrundverbesserungen.

3.2 KI-gestützte Punktwolkenverarbeitung in der Drohnenvermessung

Die Integration von Drohnentechnologie in der Geotechnik hat die Vermessung und Dokumentation von Baustellen, Altlastenflächen und geologischen Formationen revolutioniert. Die dabei generierte große Anzahl von Punktwolkendaten stellt jedoch erhebliche Herausforderungen hinsichtlich Verarbeitung und Analyse dar. Moderne KI-Algorithmen transformieren diese Rohdaten in präzise, nutzbare 3D-Modelle und ermöglichen eine Automatisierung, die mit konventionellen Methoden undenkbar wäre.

Die photogrammetrische Erfassung mittels UAV (Unmanned Aerial Vehicles), oder allgemein „Drohnen, generiert Punktwolken mit Millionen bis Milliarden von Datenpunkten. KI-basierte Algorithmen, insbesondere Deep-Learning-Modelle wie PointNet++ und Random Forest Classifier, identifizieren und eliminieren automatisch Störelemente wie Vegetation, temporäre Baustelleneinrichtungen oder Fahrzeuge. Diese semantische Segmentierung erfolgt mit einer Präzision, die manuelle Bereinigungsprozesse bei weitem übertrifft, während der Zeitaufwand um den Faktor 10 bis 20 reduziert wird.

Abb. 3: Bereinigte Punktwolke aus einer Drohnenvermessung einer Altlastenbaustelle

Die Optimierung der Flugpfade und Aufnahmeparameter durch maschinelles Lernen maximiert die Datenqualität bei minimaler Flugzeit. KI-Systeme analysieren historische Projektdaten, Wetterbedingungen und spezifische Geländecharakteristika, um optimale Missionsparameter zu berechnen. Bei der Volumenberechnung mit LIDAR Sensoren in mobilen Endgeräten in der Altlastensanierung oder der Fortschrittskontrolle bei Geothermie-Bohrungen erreichen die KI-gestützten Auswertungen eine Genauigkeit von über 98 % bei gleichzeitiger Reduktion der Prozesszeit über die gesamte Baustellenzeit von Tagen auf Stunden.

Besonders wertvoll ist die Fähigkeit der KI-Systeme, Veränderungen zwischen zeitversetzten Aufnahmen zu detektieren und zu quantifizieren. Im Bereich der Altlastensanierung ermöglicht dies die präzise Überwachung von Materialverschiebungen oder Oberflächengenauigkeit bei Einbauten.

3.3 Digitale Lieferscheinverarbeitung und mobile Mengenerfassung

Die Digitalisierung der Materialwirtschaft auf Baustellen stellt einen kritischen Baustein für die durchgängige Prozessautomatisierung dar. Die Implementation mobiler Erfassungssysteme für Lieferscheine direkt durch die Bauleitung revolutioniert die traditionell papierbasierte Dokumentation und eliminiert Medienbrüche zwischen Baustelle und Verwaltung.

Moderne mobile Applikationen ermöglichen es Bauleitern, Lieferscheine mittels Smartphones oder Tablet zu scannen. Integrierte OCR-Technologie in Kombination mit Machine-Learning-Algorithmen extrahiert automatisch relevante Informationen wie Lieferantendaten, Materialnummern, Mengenangaben und Lieferdatum. Die KI-Systeme sind dabei auf die spezifischen Herausforderungen von Baustellendokumenten trainiert: verschmutzte oder geknickte Papiere, wechselnde Lichtverhältnisse und verschiedenste Lieferscheinformate unterschiedlicher Zulieferer.

Die extrahierten Daten werden in Echtzeit validiert, indem sie mit Bestelldaten, Leistungsverzeichnissen und Projektbudgets abgeglichen werden. Abweichungen oder Unstimmigkeiten lösen automatische Warnmeldungen aus, die eine sofortige Klärung noch während der Warenannahme ermöglichen. Dies ist besonders kritisch im Spezialtiefbau, wo Materialmengen von Zementsuspensionen oder Bewehrungsstähle exakt den Projektanforderungen entsprechen müssen.

Die nahtlose Integration in das Abrechnungssystem erfolgt über standardisierte Schnittstellen, wobei die erfassten Mengen automatisch den entsprechenden Kostenstellen und Leistungspositionen zugeordnet werden. Dies ermöglicht eine tagesaktuelle Projektkostenüberwachung und vereinfacht die Nachweisführung gegenüber Auftraggebern erheblich. Durch die digitale Archivierung mit automatischer Verschlagwortung sind Lieferdokumente jederzeit auffindbar und rechtssicher dokumentiert.

Die Kombination mit GPS-Daten und Zeitstempeln schafft zudem eine lückenlose Dokumentation der Materialflüsse auf der Baustelle. Bei Großprojekten der Altlastensanierung, wo die ordnungsgemäße Entsorgung kontaminierter Materialien nachweispflichtig ist, bietet diese digitale Kette einen rechtssicheren Nachweis der gesamten Entsorgungslogistik.

3.4 BIM-Integration in der Geothermie: Vernetzung von Sensordaten und Baustellendokumentation

Die nach geothermischen Bohrungen durchgeführten Druckprüfungen generieren essenzielle Daten zur Bewertung der Rohrstabilität und möglichen Beschädigungen während des Einbaus. Das entwickelte Druckprüfungs- und Überwachungssystem erfasst diese Messwerte automatisch über kalibrierte Drucktransmitter mit einer Abtastrate von bis zu 100 Hz. Die hochauflösenden Druckverläufe werden mittels Edge-Computing-Einheiten vorverarbeitet und an zentrale Rechenzentren weitergeleitet.

Die Sensordaten durchlaufen einen mehrstufigen Validierungsprozess, bei dem Machine-Learning-Algorithmen Anomalien detektieren und Plausibilitätsprüfungen durchführen. Besonders hervorzuheben ist die Implementierung eines LSTM-Netzwerks (Long Short-Term Memory), das auf historischen Druckverläufen trainiert wurde und unerwartete Druckentwicklungen frühzeitig identifiziert.

Parallel zur Sensorintegration erfolgt die systematische Erfassung und Verknüpfung der täglichen Baustellendokumentation. Das digitale Bautagebuch, das von Bauleitern und Polieren über mobile Endgeräte gepflegt wird, enthält qualitative Beobachtungen, Materialverbräuche, Personalzeiten und besondere Vorkommnisse. Diese semi-strukturierten Daten werden an zentrale Rechenzentren geleitet.

Verknüpft mit den Daten aus dem Senor und den 3D Modelldaten können Bauleiter über standardisierte Visualisierungen, Projekte besser kontrollieren.

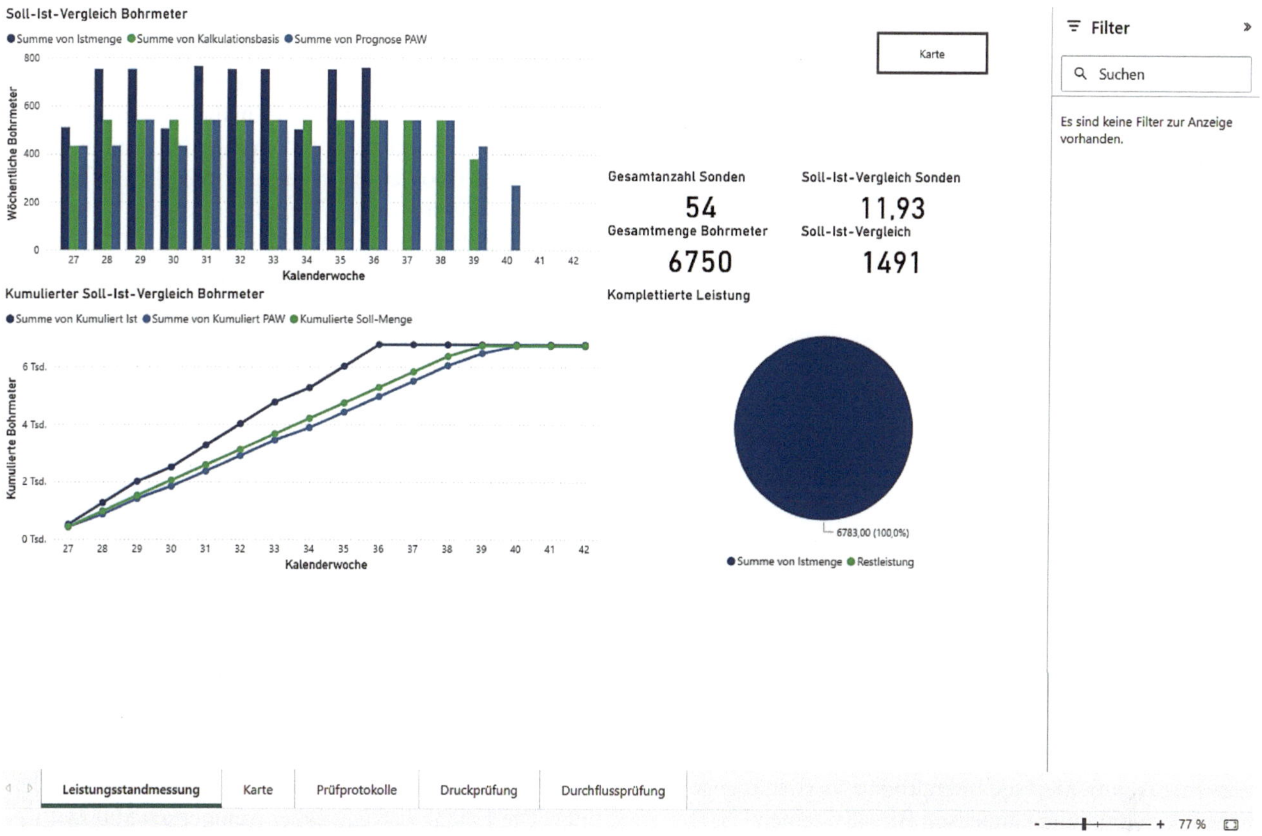

Abb. 4: Projektfortschrittskontrolle mit App und Sensordaten

4. Neue Prozesse: Autonomie und Intelligenz auf der Baustelle

In der BAUER AG werden eigene, große Software- und Hardwareprojekte entwickelt, die die Arbeitsprozesse in allen Bereichen heutzutage und in Zukunft verändern.

4.1 Ecosystem Ground: KI-gestützte Digitalisierung geotechnischer Grundlagen

Die Planungsabteilung steht vor der Herausforderung, heterogene geotechnische Datenquellen zu integrieren. Bodengutachten, die oft als gescannte PDF-Dokumente oder in Papierform vorliegen, enthalten essenzielle Informationen über Schichtverläufe, Korngrößenverteilungen, Scherfestigkeiten, Kontaminination und hydrogeologische Parameter. Für das entwickelte „Ecosystem Boden" beginnt mit diesen Dokumenten ein mehrstufiger Prozess bis hin zu Maschine.

Die erste Stufe umfasst die optische Zeichenerkennung (OCR) unter Verwendung von Tesseract und PPOCR in Kombination mit Open Source Bildvorverarbeitungs-algorithmen. Besondere Aufmerksamkeit gilt der Erkennung von Bohrprofilen, die häufig als grafische Darstellungen mit Symbolen und Schraffuren vorliegen. Ein Convolutional Neural Network (CNN) [4] wurde auf einem Datensatz annotierten Bohrprofilen trainiert und erreicht bei der Klassifikation von Bodenarten nach DIN 4023 im Durchschnitt eine Genauigkeit von 97 %. Um eine 100 %-ige Genauigkeit zu erreichen, wurde eine intuitive Webseite erstellt, in der Projektarbeiter einfach die wenigen Korrekturen händisch durchführen. Diese Verbesserung führt auch zur Verbesserung des Netzwerkes. Nach der erfolgreichen Texterkennung erfolgt die semantische Analyse und Strukturierung der Daten. Ein hybrides System aus regelbasierten Parsern und Machine-Learning-Modellen identifiziert relevante Datenpunkte wie Schichtgrenzen, Grundwasserstände, Laborwerte und geotechnische Kennwerte. Die Extraktion erfolgt kontextabhängig, wobei das System zwischen verschiedenen Darstellungsformen (Tabellen, Fließtext, Diagramme) unterscheidet und die Information entsprechend interpretiert.

Die extrahierten Daten werden in einer Datenbank gespeichert und auf unternehmensspezifische Problemstellungen optimiert. Zum Beispiel lassen sich komplexe Abfragen wie „Alle Projekte in München mit Kiesschichten > 2 m Mächtigkeit im Grundwasserbereich" oder „Korrelation zwischen SPT-Werten und Setzungsverhalten in quartären Sedimenten". Die Verwendung von Datenbanken erlaubt dabei die effiziente Verarbeitung räumlicher und zeitlicher Beziehungen zwischen geologischen Einheiten.

Die strukturierten Bodendaten werden anschließend für die Generierung dreidimensionaler geologischer Modelle verwendet. Mittels geostatistischer Interpolationsverfahren (Linear und Kriging) werden aus punktuellen Aufschlussdaten kontinuierliche Untergrundmodelle erstellt [5].

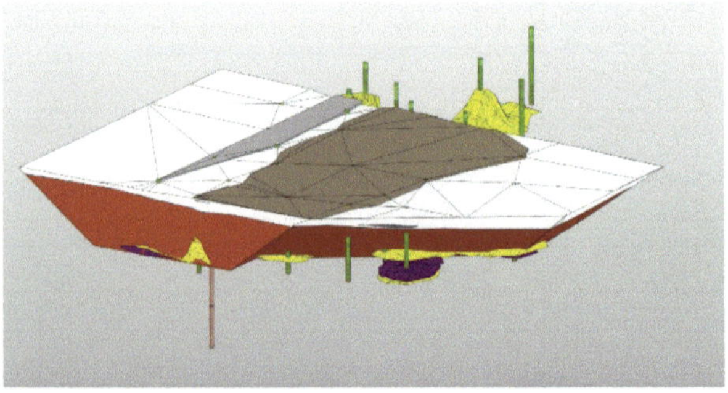

Abb. 5: Automatisch erstelltes 3D Geologiemodel inkl. Kontamination angepasst auf die Baustelle

Die Integration in das BIM-System erfolgt über eine eigens entwickelt API in Autodesk Revit, erweitert um geotechnische Eigenschaftssätze. Das resultierende 3D-Geologiemodell ist nicht statisch, sondern wird kontinuierlich mit neuen Aufschlussdaten aktualisiert. In Zukunft wird ein Bayesianisches Updating-Verfahren genutzt, um die Vorinformationen aus benachbarten Projekten als Prior-Verteilung zu beachten und aktualisiert diese mit projektspezifischen Messdaten [6].
Die Entwicklung eines Model Context Protocol (MCP) Servers revolutioniert die Interaktion zwischen menschlichen Akteuren und komplexen BIM-Systemen [7]. Der MCP-Server fungiert als intelligente Middleware, die natürlichsprachliche Anfragen in strukturierte BIM-Queries übersetzt und die Ergebnisse kontextgerecht aufbereitet.
Das zugrunde liegende Large Language Model wurde speziell auf geotechnische Fachsprache und BIM-Terminologie fine-tuned. Es versteht komplexe Anfragen wie „Zeige mir alle Bohrungen mit artesischen Verhältnissen im Projektgebiet Nord der geplanten Baugrube". Die Antworten werden nicht nur textuell, sondern auch visuell aufbereitet, indem relevante 3D-Visualisierungen und Schnittdarstellungen automatisch generiert werden.

4.2 Ferngesteuerte und autonome Baugeräte

Die Implementierung ferngesteuerter und autonomer Baggersysteme stellt einen Paradigmenwechsel in der Ausführung geotechnischer Arbeiten dar. Die entwickelten Systeme basieren auf einer Kombination aus hochpräziser GNSS-Positionierung (RTK-GPS mit Genauigkeiten < 2cm), LIDAR-basierter Umgebungserkennung und Machine-Vision-Systemen zur Materialklassifikation. Der Autonomiegrad reicht dabei von teilautonomen Assistenzsystemen bis zu vollständig selbstständig operierenden Einheiten.
Das Steuerungssystem nutzt Reinforcement Learning-Algorithmen (Proximal Policy Optimization), die in simulierten Umgebungen trainiert und anschließend durch Transfer Learning an reale Bedingungen angepasst wurden. Besondere Herausforderungen ergeben sich aus der Heterogenität des Baugrunds und unvorhersehbaren Hindernissen wie Findlingen oder anthropogenen Einlagerungen. Das System verwendet daher adaptive Grabstrategien, die basierend auf dem Eindringwiderstand und der visuellen Materialerkennung in Echtzeit optimiert werden.
Die Integration mit dem digitalen Zwilling ermöglicht es, Aushubarbeiten präzise nach dem geplanten Baugrubenmodell durchzuführen. Abweichungen zwischen Soll- und Ist-Geometrie werden kontinuierlich erfasst und führen zu automatischen Plananpassungen. Ein besonderer Fokus liegt auf der Arbeitssicherheit: Multiple redundante Sensorsysteme überwachen den Arbeitsbereich und initiieren bei Gefährdungssituationen sofortige Sicherheitsabschaltungen.

4.3 Baustellenpersonal und universelle Sprachkommunikation

Die Überwindung von Sprachbarrieren auf internationalen Baustellen erfolgt durch die Implementierung einer KI-gestützten Lösung, die - analog zum Babelfisch aus Douglas Adams' „Per Anhalter durch die Galaxis" - eine nahtlose mehrsprachige Kommunikation ermöglicht [8]. Das System basiert auf der Integration von DeepL Voice mit kontextsensitiven Übersetzungsmodellen, die speziell auf bautechnische Terminologie trainiert wurden.
Jeder Mitarbeiter erhält ein robustes Headset, das die gesprochene Sprache in Echtzeit erfasst, übersetzt und dem Gesprächspartner in dessen Muttersprache wiedergibt. Die Latenz beträgt dabei weniger als 500 Millisekunden, wodurch natürliche Gespräche möglich werden. Das System berücksichtigt nicht nur die reine Übersetzung, sondern auch kulturelle Kontexte und fachspezifische Idiome.
Zukünftig wird die Integration von Augmented Reality den Kommunikationsprozess noch verbessern: Über AR-Brillen werden Übersetzungen zusätzlich als Untertitel eingeblendet, technische Zeichnungen mit lokalisierten Annotationen versehen und Sicherheitshinweise in der jeweiligen Sprache visualisiert. Die KI-Lösung lernt kontinuierlich aus den Interaktionen und verbessert ihre Übersetzungsqualität projektspezifisch. Ein Feedback-Mechanismus erlaubt es Nutzern, Fehlübersetzungen zu korrigieren, die dann in das Modell zurückfließen.

5. Fazit und Ausblick

Die dargestellten Digitalisierungsansätze in der Geotechnik demonstrieren das transformative Potenzial von KI, digitalen Zwillingen und Prozessautomatisierung. Die Integration von BIM-Modellen mit Echtzeit-Sensordaten und intelligenten Dokumentationssystemen schafft eine bisher unerreichte Transparenz und Kontrolle über geotechnische Projekte. Das Ecosystem Boden revolutioniert die Verwertung geologischer Daten und ermöglicht datengetriebene Entscheidungen auf Basis umfassender geologischer Wissensgraphen.
Die Einführung autonomer Systeme und intelligenter Schnittstellen markiert den Übergang von der Digitalisierung zur echten digitalen Transformation. Dabei steht nicht die Technologie selbst im Vordergrund, sondern deren Beitrag zur Lösung realer Herausforderungen: erhöhte Arbeitssicherheit, reduzierte Projektrisiken, ver-

besserte Ressourceneffizienz und die Überwindung von Kommunikationsbarrieren in globalen Teams.
Zukünftige Entwicklungen werden sich auf die weitere Integration von Quantencomputing für komplexe geologische Simulationen, die Nutzung von Schwarm-Robotik für Erkundungsaufgaben und die Entwicklung vollständig autonomer Baustellen konzentrieren. Die kontinuierliche Weiterentwicklung der KI-Modelle durch föderiertes Lernen über multiple Projekte hinweg, wird dabei die Grundlage für eine neue Generation prädiktiver und präskriptiver Systeme in der Geotechnik bilden.

Literatur

[1] https://en.wikipedia.org/wiki/Optical_character_recognition abgerufen am 01.09.2025
[2] https://en.wikipedia.org/wiki/Natural_language_processing abgerufen am 01.09.2025
[3] https://en.wikipedia.org/wiki/Large_language_model abgerufen am 01.09.2025
[4] https://en.wikipedia.org/wiki/Convolutional_neural_network abgerufen am 01.09.2025
[5] https://en.wikipedia.org/wiki/Kriging abgerufen am 01.09.2025
[6] https://en.wikipedia.org/wiki/Bayesian_probability abgerufen am 01.09.2025
[7] https://en.wikipedia.org/wiki/Model_Context_Protocol am 01.09.2025
[8] Adams, Douglas (1979):
Per Anhalter durch die Galaxis. Aus dem Englischen von Benjamin Schwarz.
München: Heyne (Originaltitel: The Hitchhiker's Guide to the Galaxy).

KI-gestützte Automatisierung in der Planung von Infrastrukturbauwerken – Potenziale und Herausforderungen kritisch reflektiert

Dipl.-Ing. Dirk Münzner
BuP: Boll Beraten und Planen, Stuttgart

Zusammenfassung
Der Vortrag erläutert anhand konkreter Fallbeispiele die Potentiale und Herausforderungen von KI-Anwendungen bei der Planung und dem Bau von Infrastrukturbauwerken. Hierbei wird die Wirkungsweise von KI-gestützter Automation exemplarisch über die eingesetzten AI-Agents erläutert und dargelegt, wie der „Weg zum Ziel" aussehen könnte.

1. Einführung

1.1 Motivation

Was motiviert ein mittelständiges Ingenieurbüro, die Wirkungsweise von KI-Anwendungen, maschinellem Lernen und ähnlichen modernen IT-Tools zu hinterfragen und eigene Werkzeuge für den täglichen Einsatz im Büro zu entwickeln?
Als Beispiel sei ein Auszug aus der Statik einer Eisenbahnbrücke aus dem Jahr 1912 dargestellt.
Der Verfasser hatte offensichtlich viel Muße für Sorgfalt, eine schöne Schrift, ordentliche Skizzen und hat auf wenigen Seiten eine Konstruktion entwickelt, die trotz mangelhaftem Wartungszustand bis heute Bestand hat.
Wie sieht dies im Vergleich zur heutigen Arbeit eines Ingenieurs aus?

Die Arbeit des *Ingenieurs* hat sich durch die Einführung schneller Kommunikation über E-Mail und Teams-Chats, einer Vielzahl von zu berücksichtigenden Regelwerken und der erschöpfenden Menge an Attributen, Werten, Randbedingungen und das Handling von umfassenden BIM-Modellen, vielfach zu der eines *Datenmanagers* gewandelt. Die Flut an Angaben, Forderungen, kurzfristiger Änderungen und Parallel-Planungen nimmt viel Zeit in Anspruch. Die Zeit für die sorgfältige Entwicklung einer Konstruktion zu finden, wird immer knapper.
Unser Ziel bei BuP. Boll Beraten und Planen ist es, durch den Einsatz von „KI"-Assistenten unsere Ingenieure von der Datenflut zu entlasten und wieder mehr zielgerichtetes Arbeiten zu ermöglichen. Die vollständige Einführung der BIM-Methode und damit die Verwendung von „digital lesbarer" Modellen ermöglicht dies.

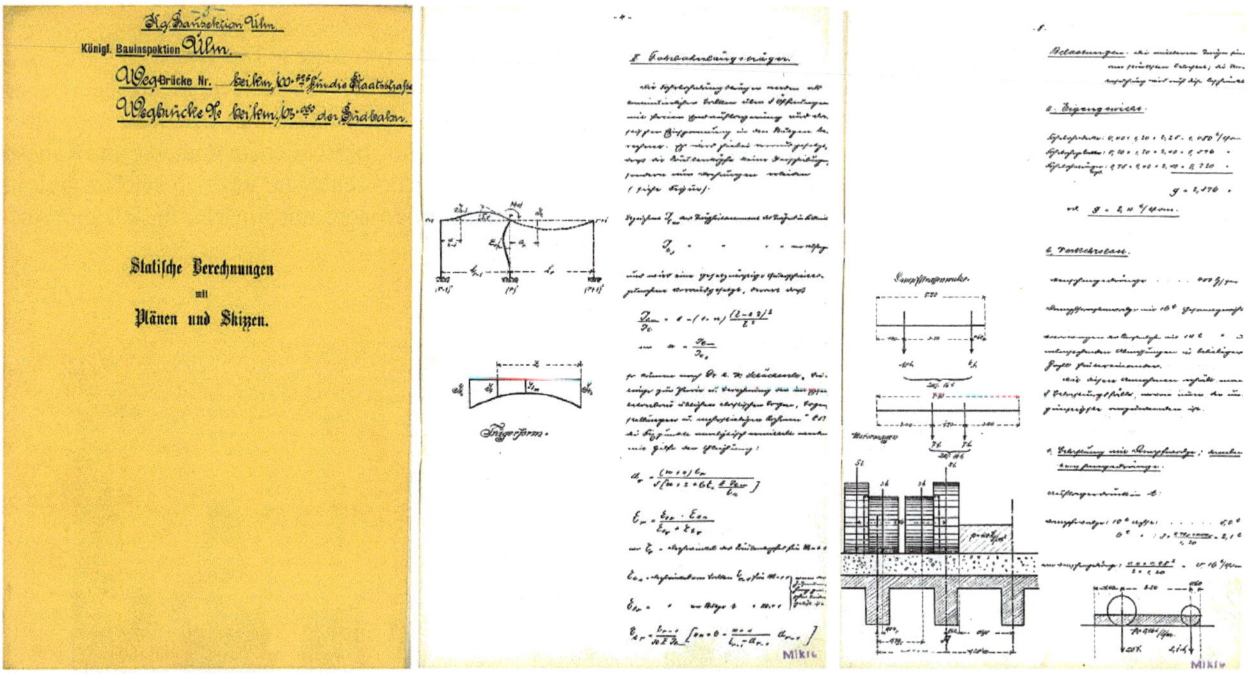

Abb. 1: Beispiel: Statik von 1912

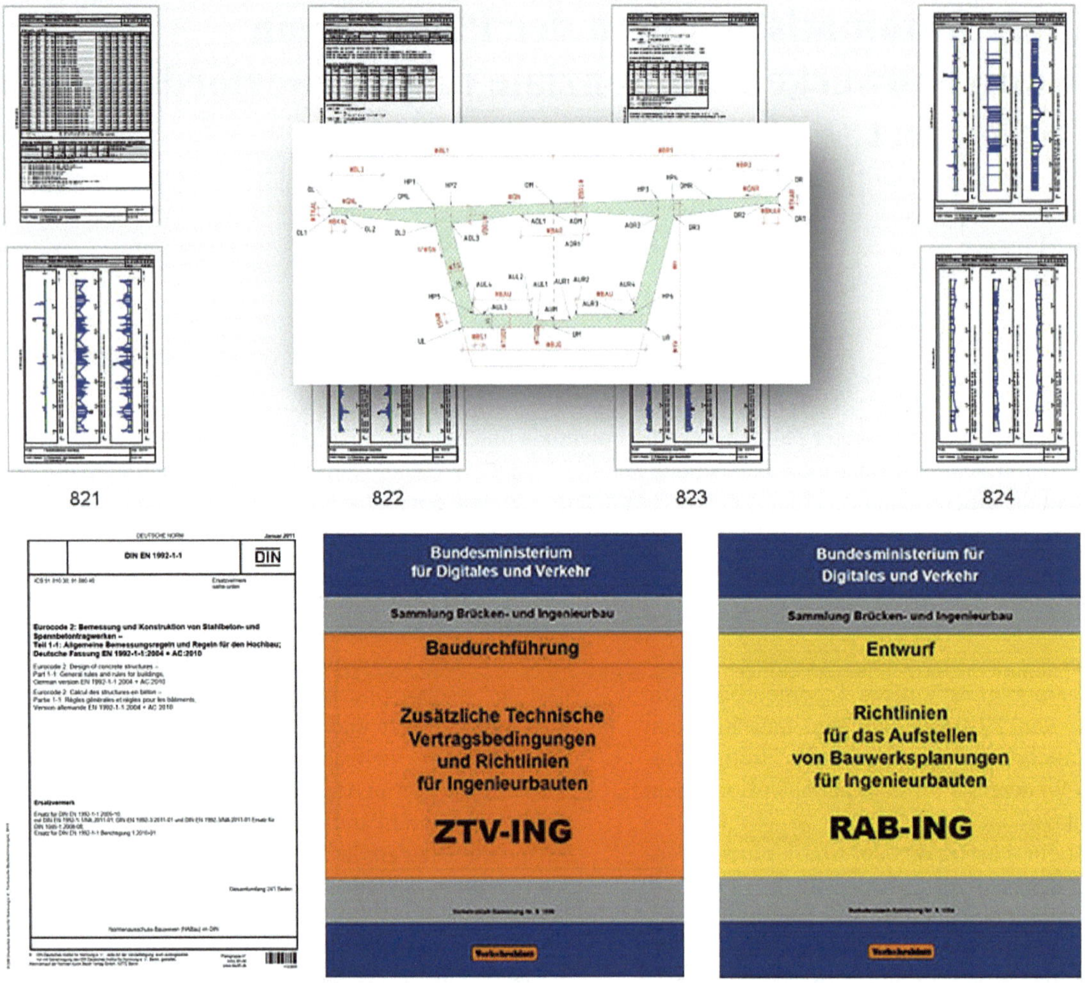

Abb. 2: Beispiel: Statik heute

1.2 Wirtschaftlicher Druck und knappe Ressourcen

Ziel der Verwendung von KI-Agenten darf ausdrücklich nicht der jedem Ingenieur innewohnende Wunsch nach technologischer Perfektion (=„Spieltrieb“) sein, sondern muss sich an wirtschaftlich messbaren Parametern orientieren.

Die aktuelle Marktlage bedingt, dass hier vorrangig die Verbesserung der Effizienz der Bearbeitung und damit der Wirtschaftlichkeit und der gezielte Einsatz der knappen Ressource „Mensch“ im Vordergrund steht. Dies gilt insbesondere unter der Maßgabe, dass bei der Erneuerung der unzähligen Infrastrukturbauwerke ein Skalierungseffekt erreicht werden muss.

1.3 Persönliches Interesse > Top-Down

Neben all diesen nüchternen Betrachtungen bedarf es jedoch auch eines hohen Maßes an Offenheit gegenüber neuen Technologien, persönlichem Interesse und Robustheit gegenüber Rückschlägen, um sich solchen technischen Herausforderungen mit zunächst unsicherem Ausgang zu stellen.

Abb. 3: Überzeugen braucht Zeit und Argumente

Der Ingenieur ist stets ein Dienstleister am Kunden und muss sich bei der Bewerbung um neue Projekte immer bewusst sein, dass die eigene Einschätzung neuester Top-Technologie nur dann vom Kunde geteilt wird und diesen überzeugt, wenn er diese auch verstehen kann. Gleiches gilt für die Einführung von Technologien im eigenen Büro – je **niederschwelliger** desto besser.

1.4 Niederschwellige Technologie

Ein gutes Beispiel ist hier OpenAI ChatGPT: Ohne viele Lehrgänge, QM-Prozesse und „Druck" hat sich diese Technologie im Büroalltag ausgebreitet – leider auch gepaart mit allen Gefahren durch falsche Antworten, Verlust der Datenhoheit und vielem mehr.

Der Einsatz von KI-Agenten muss sich hieran orientieren und besser funktionieren, sonst ist die Verwendung fraglich. Der Einsatz darf aber auch nicht den „Knopfdruck-Ingenieur" noch stärker dazu verleiten, das eigene Denken zu schonen.

2. Grundlagen der KI-gestützte Automatisierung

2.1 Was ist „Künstliche Intelligenz"?

Eine Erläuterung zur Künstlichen Intelligenz soll an dieser Stelle nicht erfolgen, es sollen nur folgende zentrale Aspekte erklärt werden:

- Künstliche Intelligenz ist ein Überbegriff über viele Teilgebiete, in denen der Computer über Algorithmen „zu lernen scheint".
- Künstliche Intelligenz ermöglicht einem Computersystem eine höhere Abstraktion eines Datensatzes.
- Umgangssprachlich wird „KI" vielfach mit „LLM" = „Large Language Model" gleichgesetzt. Diese wurden über riesige Datensätze aus Sprache, Bildern und Videos trainiert und können so wahrscheinliche Antworten auf Fragen liefern.

Wichtiger Aspekt: Die „KI" arbeitet hier mit Wahrscheinlichkeitsvektoren. Die Antwort ist die in Bezug auf die Trainingsdaten wahrscheinlichste aber nicht unbedingt dir richtige. An einem einfachen Beispiel erklärt: „1+1" muss nicht unbedingt „2" ergeben.

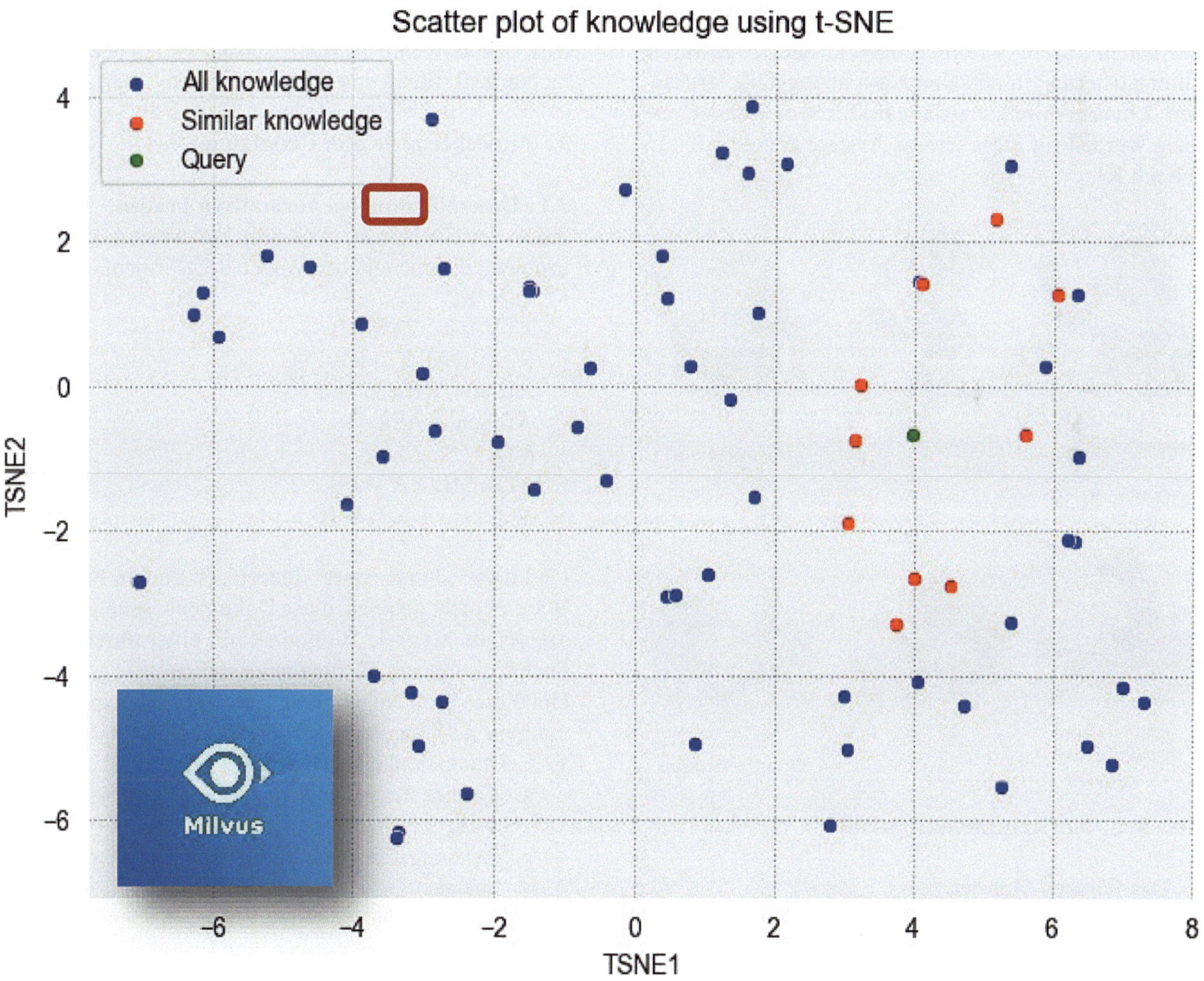

Abb. 4: Frage-/Antwortvektor in MILVUS

2.2 Was ist „Künstliche Intelligenz“ nicht?

Die „Künstliche Intelligenz“ ist nicht „intelligent“ im Sinne von „kreativ“. Eine KI-App kann nur antworten, was vorher trainiert wurde.

Eine Frage zum b/t-Verhältnis des Schweißträgers einer Eisenbahnbrücke wird ChatGPT immer irgendwie „nett“ beantworten, da es programmiert wurde, dem Nutzer ein positives Gefühl zu geben. Aber nur wenn bspw. die „RiL 804.4101“ auch Teil der Trainingsdaten war, können Fragen hierzu explizit mit Normenwissen beantwortet werden.

Übliche Programme wie ChatGPT laden zudem die Frage sowie möglicherweise angehängte Dokumente in eine Cloud und werten die Informationen dort in Bezug auf die Fragestellung aus. Das Programm nutzt diese Daten weiter als Lerndaten – Vertrauliches, Firmeninterna, ggf. lizenzrechtlich geschützte und/oder personenbezogene Daten landen somit im Pool der Trainingsdaten. Dies sollte jedem Anwender und auch der Geschäftsführung bewusst sein.

2.3 Was verstehen wir bei BuP. Boll Beraten und Planen unter „KI“

Wir haben unsere Anforderungen an die KI-gestützte Automatisierung in einzelne Anwendungsfälle strukturiert. Um die Anwendungsfälle besser begreifbar zu machen, wurden für diese jeweils Avatare erstellt – natürlich mit KI.

Abb. 5: Unsere KI-Anwendungsfälle

- Das Wissens-Monster
  Kennt alle relevanten Normen und kann hierzu Fragen beantworten, z. B .: Welche Anprallast ist auf Verkehrszeichenbrücken anzusetzen?
- Der Rechen-Robi
  Unterstützt bei Berechnungen und Schnittstellen, generativem Design und Auswertungen.
- Die Erfahrung
  Reichert Wissen aus bestehendem Schriftverkehr, Berichten, Statiken und erkannten Fehlern („Fuck-Ups“) an.
- Drony
  Sammelt als fliegendes UAV oder bodengestütztes Verfahren automatisiert Daten, ermittelt Position und Flugweg eigenständig und wertet die relevanten Daten aus.
- Data-Crusher-Tools
  Tool-box von KI-gestützten Werkzeugen zur Unterstützung bei dem Umgang mit Datenformaten und großen Daten-Mengen.
- Sid – das Daten-Monster
  Frisst riesige Datenmengen wie E-Mail-Korrespondenz, Projektdokumentationen, Plandatenbanken und Prüfverzeichnisse und wertet diese aus.

Unsere Roadmap verdeutlicht eines sehr gut: Es geht nicht um „die KI“ im Unternehmen, sondern um konkrete Aufgaben, die durch KI-Tools unterstützt werden können – und die alle nichts mit ChatGPT oder Clouddiensten in den USA oder China zu tun haben, welche datenschutz-rechtliche Bedenken aufwerfen oder Lizenzrechte, z. B. für Normentexte, verletzen.

3. Praxisbeispiele und Umsetzung

3.1 Unterstützung bei normativen Fragen

Jeder, der für Infrastrukturprojekte arbeitet, kennt das Problem: die unendlichen Weiten der Normenlandschaft:

- DIN, EC
- ZTV-ING, ZTV-LB
- RAB-ING, RE, RE-ING
- RIL804, RIL835, RIL835
- ArbSchG, ASR
- VDI
- LTB, MBO, VV TB
- VOB, HVA-Stb, BGB

Und diese „Landschaft“ ändert sich zudem beständig. Wäre es nicht geboten, diese Dokumente seitens des Gesetzgebers als freie Bibliothek mit einer durchdachten Suchfunktion zur Verfügung zu stellen?

Um dieses Problem zu lösen, haben wir eine eigene, trainierbare KI-Umgebung aufgesetzt:

1. Leistungsfähige Hardware
   a. Großes Servergehäuse mit starker Stromversorgung
   b. Leistungsfähige Grafikkarten mit großem Arbeitsspeicher
2. Leistungsfähige, aktuelle LLM
   a. Kein eigenes Training „von Grund auf“
   b. Schnelles Upgrade auf neue Versionen
   c. Hier: Llama 3.3:70B (37GB)
3. Selbst entwickelte Software für das Einlesen und Trainieren von Normen
4. Selbst entwickelte Oberfläche für die Abfrage

Eine solche Aufgabe scheint klar umrissen – bis ein tragfähiges, funktionierendes Tool zur Verfügung stand waren jedoch viele Testläufe und Änderungen notwendig. Denn eine Norm ist für Menschen geschrieben, die diese dann interpretieren – das muss Algorithmen erst „beigebracht“ werden.

Andere Nationen gehen hier beispielhaft voran: In Australien oder Finnland können Normen frei heruntergeladen werden und ausdrücklich auch für das Training von LLMs verwendet werden.

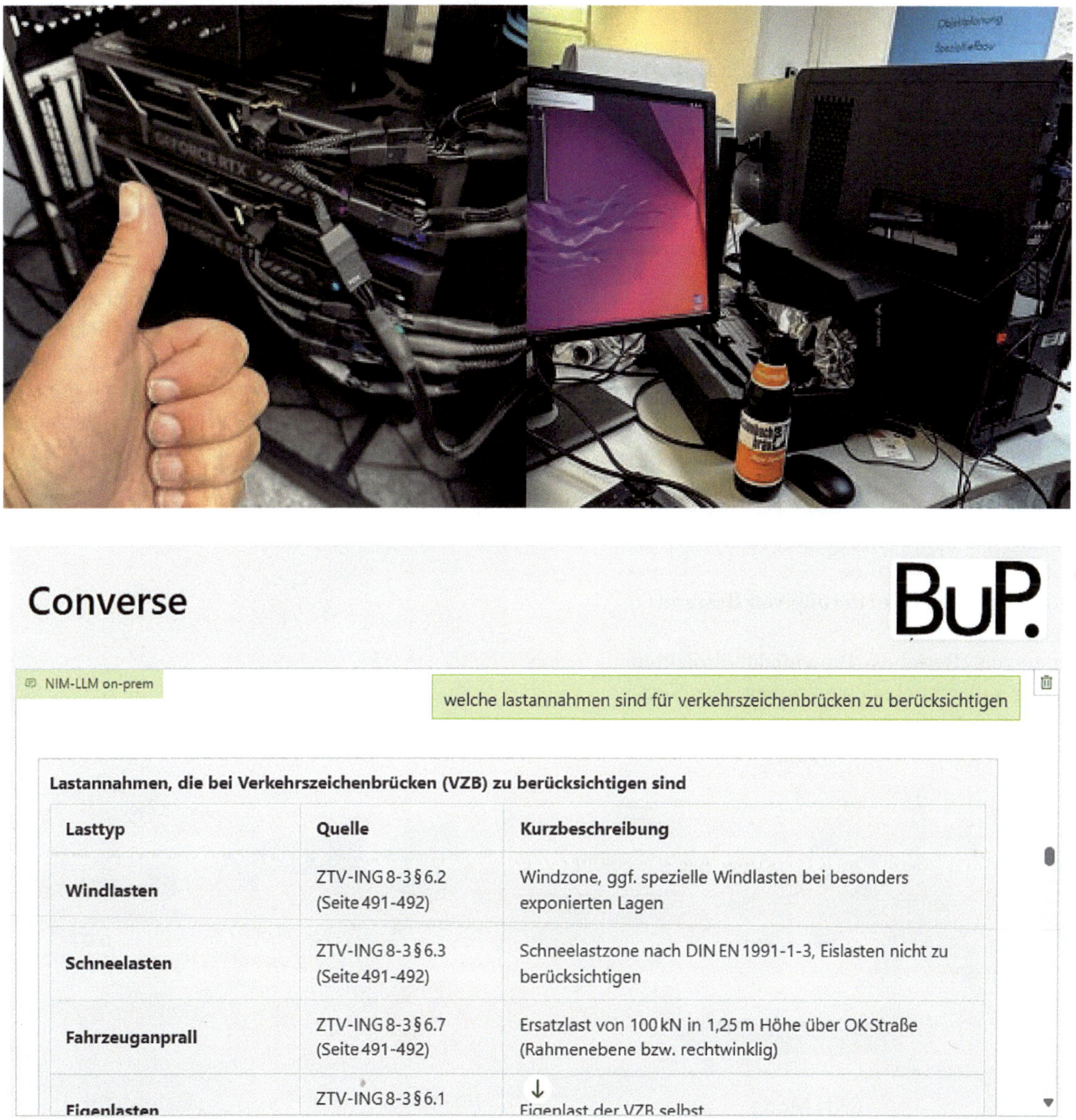

Abb. 6: Hard- und Software für normative Fragen

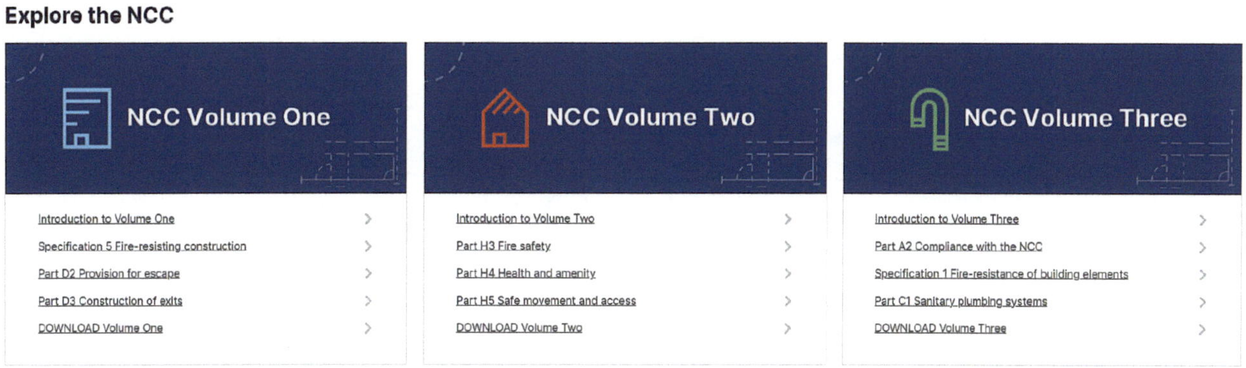

Abb. 7: Download australischer Baunormenwerke

Bei uns in Deutschland ist das nicht so. Normen müssen von jedem Ingenieurbüro selbst bei unterschiedlichen Behörden oder Verlagen angefragt, erworben und vielfach auch auf das Büro lizenziert werden. Diese sind dann lizenzrechtlich geschützt und dürfen nicht in ein LLM integriert werden. Kann man so etwas als das Vorgehen einer selbsternannten **KI-Supermacht** bezeichnen?

Abb. 8: Medienbericht zum Führungsanspruch

3.2 Unterstützung bei der Sortierung von Bestandsunterlagen

Die Bearbeitung von „Bestands-/Brownfield"-Projekten beginnt mit einer äußerst unbeliebten Arbeit: Das Sichten und Sortieren von Bestandsunterlagen.

Auch hier kann uns die KI beim „Durchforsten" unterstützen:

1. Lade alle Dateien im Ordner.
2. Schneide den Bereich des Plankopfes heraus und wandle ihn in Text um.
3. Untersuche die ausgegebenen Texte: Was könnte eine Planbezeichnung darstellen?
4. Erstelle eine Liste aus Dateinamen, Plancodes und Bezeichnungen.
5. Erstelle eine Liste von Dokumenten, die mutmaßlich Statik-Dokumente sind.
6. Schlage das Einfügen der Daten in das Dokumentenmanagementsystem vor.
7. Erstelle eine Liste von Dokumenten, die du nicht zuordnen kannst.

Schon ist eine tage- oder wochenlange Arbeit auf wenige Stunden „geschrumpft", die Arbeit wird effektiv und effizient.
Gleiches gilt für die Projektkorrespondenz und die Dokumentation zum Abschluss von Projekten – Sichten, Bewerten und Sortieren kann ein Computer sehr gut.

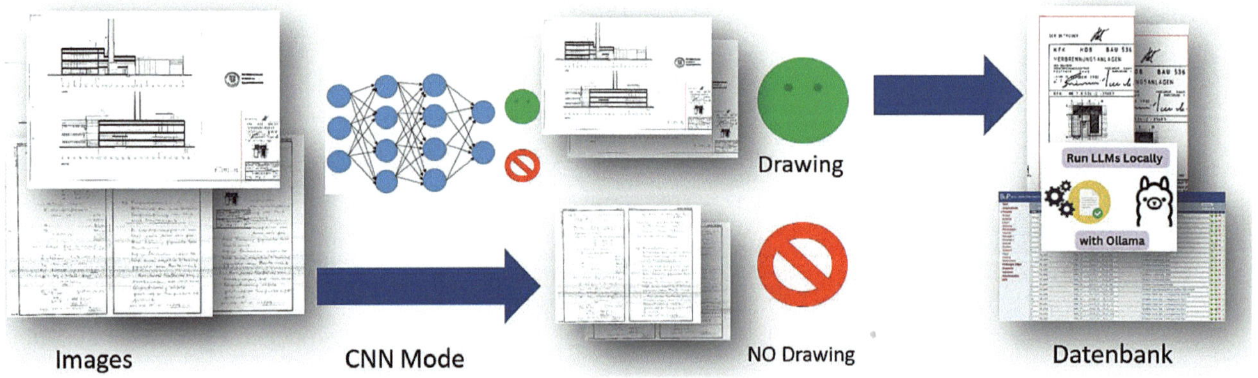

Abb. 9: KI- basierte Dokumentensortierung

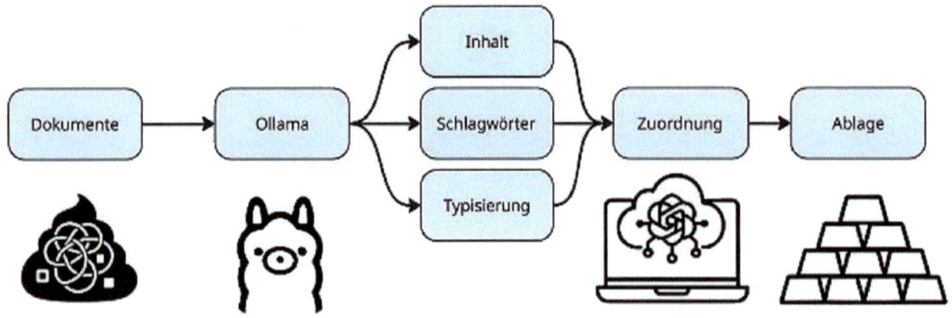

Abb. 10: Sortierung Dokumente gem. HVA-B

3.3 Erfassung und Einschätzung von Bestandsbauwerken aus Stahl

Ein weiteres Thema aus dem Bereich der Bestandsbauwerke: Sind keine Unterlagen vorhanden, das Bauwerk soll jedoch dennoch in Bezug auf die Tragfähigkeit bewertet werden?

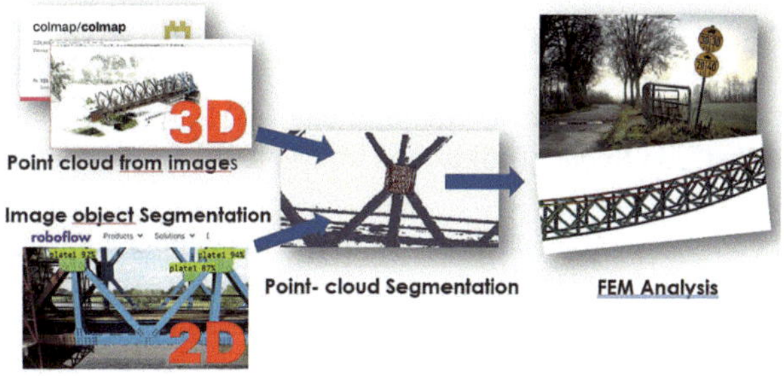

Abb. 11: Drone based load capacity estimation

Hier greifen unsere Tools von Drony, Data-Crusher und Rechen-Robi ineinander:

1. Mittels Drony wird die Brücke mit systematisch errechneten Flugpfaden beflogen und eine Vielzahl von Bildern aufgenommen.
2. Diese werden mittels Photogrammetrie-Software wie *Pix4D* oder der freien Software *Colmap* ausgewertet und in eine Punktwolke überführt. Diese Punktwolke ist zwar „3D" aber bei Weitem kein Informations- oder Berechnungsmodell.
3. In einem parallelen Schritt werden die maßgebenden Elemente „Knoten" und „Stäbe" in den 2D-Bildern mittels Bilderkennung erkannt.
4. Unser KI-Tool ermittelt nun die 3D-Positionen und Typen in der Punktwolke aus den in den 2D-Bildern erkannten Elementen. Aus einem „Haufen Punkte" werden so die für FEM-Berechnungen relevanten Daten extrahiert – es entsteht ein Informationsmodell des Tragsystems.
5. Ein weiteres Tool „richtet" dieses Tragsystem anschließend nach üblichen Konstruktionsprinzipien aus: konstante Trägerhöhe, gleiche Knotenabstände und Ähnliches.
6. Noch in Entwicklung ist ein weiterer Einsatz von „Drony" um mittels eines drehbaren 2D- Lasers die maßgebenden Querschnitte ermitteln zu können.
7. Rechen-Robi erzeugt daraus eine Eingabedatei für die Produkte von SOFiSTiK, mit denen anschließend die Tragfähigkeit ermittelt werden kann.

3.4 Niederschwelliger Zugang zu BIM-Modellen

Ist BIM tot? Die Modelle benutzt doch eh keiner!
Solche Antworten sind bei Planungspartnern und Baustellen der Standard – ist BIM (Building Information Modelling) tatsächlich eine unbrauchbare Methode?

Abb. 12: BIM auf der Baustelle – keine Liebesbeziehung?

Die Antwort im Sinne unserer Branche kann nur lauten: „Nein!". Tatsächlich liegen jedoch der Aufwand bei der Modellerstellung und der daraus folgende Nutzen z. B . bei der Bauausführung, noch weit auseinander, der „Return of Invest" (ROI) scheint daher vielfach nicht gegeben. Grund dafür sind die riesigen Datenmengen, auf die oftmals nur Experten mit Spezialprogrammen zugreifen können.
Wie kann man den Zugang zu Informationen jedem ermöglichen, also „niederschwelliger" gestalten?

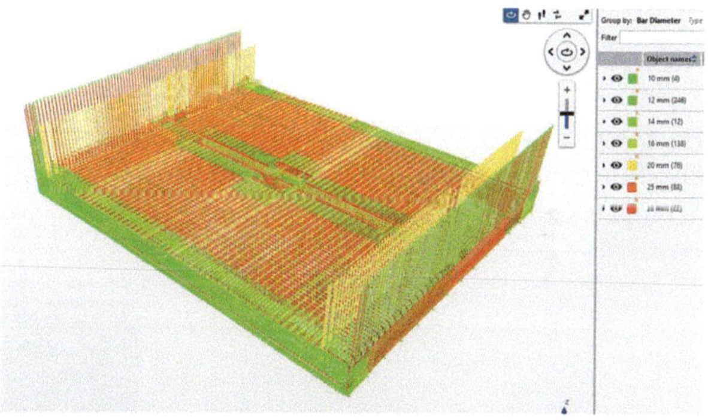

Abb. 13: BIM-Bewehrungsmodell

Eine große Hürde liegt hier z. B . in der einfachen Abfrage der benötigten Information: Einem erfahrenen BIM-Koordinator ist es ein Leichtes, etwa mit dem Spezialprogramm „desite MD" die Tonnage der „oberen Lage Block 34" auszuwerten. Dies einem Bauleiter zuzumuten, ist jedoch zum Scheitern verurteilt.

Es wäre daher erforderlich, dass ein KI-Assistent diese Frage in Text- oder Sprachform entgegennimmt, die Modelldaten analysiert und dann eine Antwort, gepaart mit einer graphischen Anzeige, ausgibt.

Abb. 14: Beispieldialog zur Abfrage mit KI

Hierzu wird das IFC-Modell in eine grafische Datenbank überführt, die auch hierarchische Verknüpfungen abbildet und eine entsprechende Auswertung erlaubt.

Die Frage des Bauleiters „Block 34“ und „obere Lage“, „Summe Tonnage“ wird vom LLM in jeder Sprache erkannt und eine Abfrage der Datenbank in der Sprache CYPHER übersetzt. Die Antwort dieser Abfrage wird anschließend vom LLM wieder in Text übersetzt.

Wichtig zur Technik: Die KI bzw. das LLM agieren hier als „Vermittler“ zwischen einer Eingabe in *freier Sprache* und einer *Programmiersprache für grafische Datenbanken*. Die Datenbankabfrage erfolgt so, wie sie ein Experte durchführen würde, und das LLM „rechnet nicht selbst“, da Rechenfunktionen im LLM erwiesenermaßen fehlerhaft sind.

Diese Nutzung von LLM + grafischer Datenbank ist leistungsfähig und liefert über nachvollziehbare Abläufe Ergebnisse aus Datenbanken.

4. Ausblick

Die Möglichkeiten zur Steigerung von Qualität und Effizienz in Planung und Prüfung sind groß, wenn auch nur bedingt niederschwellig.

4.1 Kontextualisierung

Jeder Planungsschritt folgt vorgegebenen Regeln, erfordert aber die Kreativität von Ingenieur und Konstrukteur, um ein wirtschaftliches, regelkonformes, resilientes Werk zu planen.

Blenden wir nochmals zurück:

1. Im eingangs erwähnten Beispiel bestimmt das Aufbringen von *Tinte* auf Papier und die Interpretation durch den Menschen die Konstruktion.
2. Mit der Einführung von *CAD* wurde das Aufbringen von Tintenpartikeln effizienter gestaltet, die Interpretation blieb jedoch auf den Menschen fokussiert.
3. Mit der Einführung von *BIM* wird dem „Aufbringen von Tinte“ auf den Plan weitere Informationen vorgeschaltet: Die Tinte „weiß“, dass sie zu einem Grün-

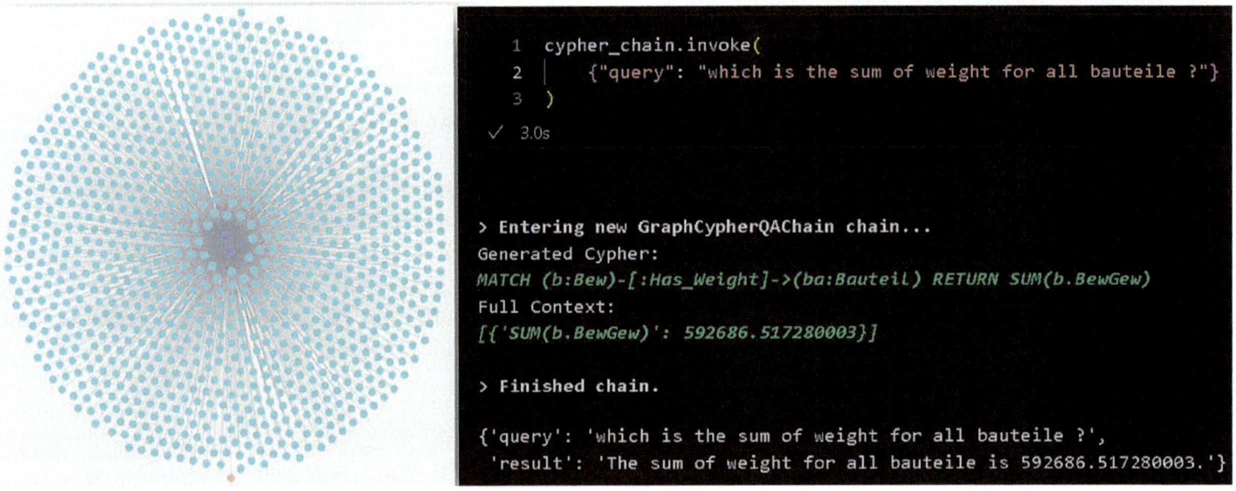

Abb. 15: Visualisierung VisualDB und Cypher- Abfrage

dungspfahl, d = 90 cm, h = 18,50 m gehört. Diese Information wird digital in Form von Attributen an das Element angehängt.

4. Mit Verwendung von KI-Tools und LLMs „versteht" das Programm nun auch, dass es sich nicht nur um die Zeichenkette „P-F-A-H-L" handelt, sondern um einen Gründungspfahl – und das auch in jeder anderen Sprache: Pile, Pieu d'injection, توده خسته, 壁

Kontextualisierung bedeutet in diesem Zusammenhang, dass der Modellinhalt des BIM-Modells in Beziehung zu anderen Inhalten gesetzt wird, die in einem Zusammenhang stehen. Dieser Kontext hilft zunächst, zentrale Vorgaben zur Attribuierung – wie z. B. beim *Semantischen Objektmodell* (SOM) der Deutschen Bahn – herzustellen.

Als weiteres Beispiel kann hier eine Verbindung von BIM-Modell, Betonrezeptur und Baugrundgutachten hergestellt werden.

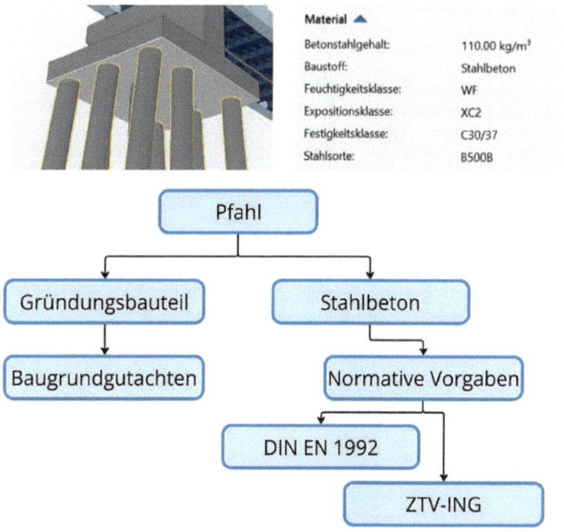

Abb. 17: Ontologie Gründungselement

Das System erkennt über den Kontext „Pfahl" die Verbindung zwischen den Vorgaben zum Bauteil *Pfahl* in den Standsicherheitsnachweisen, dem BIM-Modell, den normativen Vorgaben, dem Leistungsverzeichnis und dem Baugrundgutachten und kann aus diesem Kontext heraus prüfen, ob die Betongüte/Expositionsklasse der Pfähle im Modell korrekt attribuiert wurde.

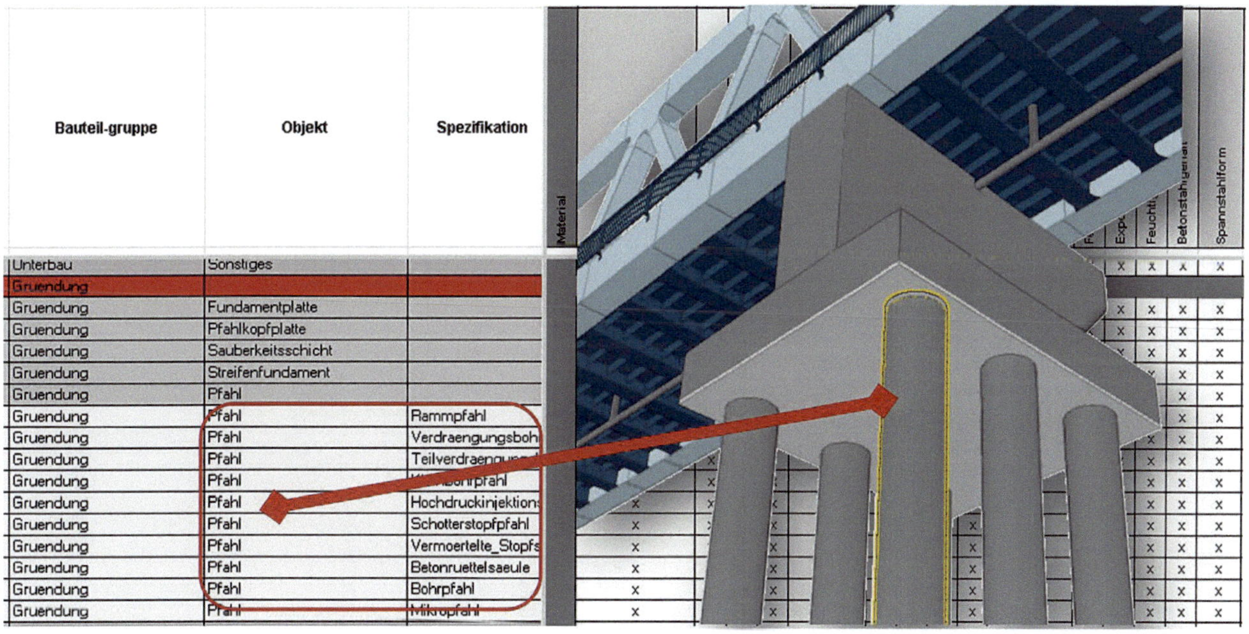

Abb. 16: Kontextbasierte Attribuierung

Abb. 18: AI-Reasoning mit Ergebnis: falsch

Das System liefert dem Ingenieur dann Hinweise darauf, was ggf. nochmals geprüft werden müsste.

4.2 Kontextbasierte Erstellung von Planungsunterlagen

Ein weiterer Schritt zur „Robo-Baustelle“ ist das komplette Erstellen von Planungsmodellen und -unterlagen auf Basis von Planungskontexten.
Im folgenden Beispiel wurden konstruktive Angaben wie Wandstärke, Lage von Aussparungen und Nischen, Bewehrungspositionen, Modell- und Planausgaben für einen Eisenbahntunnel so formuliert, dass entsprechende Algorithmen daraus direkt Modelle und vollständige Planunterlagen erstellen konnten.

Die Vorteile dieser Methodik liegen auf der Hand:
- Alle Modelle und Unterlagen haben die gleiche Qualität.
- Änderungen und Prüfeintragungen können übergreifend eingearbeitet werden.
- Skalierungs- und Wiederholungseffekte greifen, d. h. von Projekt zu Projekt steigt die Effizienz.

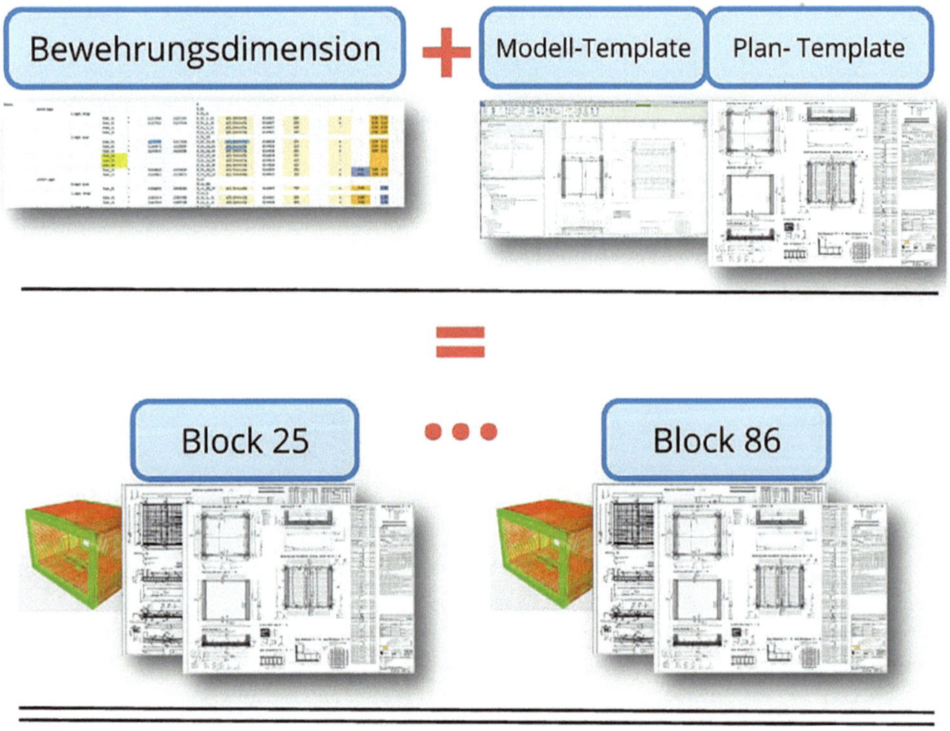

Abb. 19: Kontextbasierte Planerstellung

4.3 Fazit

„Potenziale und Herausforderungen kritisch reflektiert"

Mit den aufgezeigten Praxisbeispielen konnten die zugrunde liegenden Techniken und die Herausforderungen bei der Implementierung KI- gestützter Automation in die täglichen Arbeitsabläufe eines Ingenieurs aufgezeigt werden.
Schauen wir auf das Medienecho, welches unser Schaffen als Ingenieure für bessere Verkehrsinfrastruktur oftmals nach sich zieht:
- Ewige Planungszeiten
- Nervige Verzögerungen und Stillstände auf der Baustelle, Bevölkerung leidet unter Stau, Dreck und Lärm
- Massive Kostensteigerungen
- Wie konnte das in unserem bürokratielastigen Staat passieren (Carolabrücke, Talbrücke Rahmede)

Ist das unser Anspruch? Die letzten „Buzzwords" für Abhilfe hierzu lauteten *Digitalisierung* bzw. *BIM.* Hat unsere Bau-Industrie, die versprochenen Potenziale hieraus nutzen können – oder ist alles noch komplexer und aufwändiger geworden?
Wie das eingangs aufgezeigte Beispiel zeigt, haben wir als verantwortliche Ingenieure die gewachsenen technischen Möglichkeiten der letzten 100 Jahre mit besseren Normenwerken, computergestützten Berechnungen, CAD, BIM, Digitalisierung vielfach dazu genutzt unsere Arbeitsprozesse „aufzublähen", die von uns entwickelten Konstruktionen sind nicht unbedingt in gleichem Maße „besser" geworden. Eine Brücke, Baujahr 2025 werden unsere Nachfahren 2135 auch als „alt" bewerten, genau wie wir eine Brücke aus dem Jahr 1910 ertüchtigen oder ersetzen müssen.
Setzen wir die Möglichkeiten der **KI-gestützten Automation** also nicht dazu ein, noch komplexere Workflows, zusätzliche Nachweise, Dokumentationen, Überwachungsschritte und VOB-Schriftverkehr zu generieren – sondern dafür, dass von jeder Ingenieurstunde mehr **Leistung am Bauwerk** ankommt und nicht in begleitenden Prozessen „verpufft".

Energiesystemplanung im Dialog mit KI – von der Idee zum Konzept in Minuten

Wie KI-gestützte Planungsmodelle die Entwicklung nachhaltiger Energiekonzepte beschleunigen

Dr.-Ing. Bernd Petraus
Founder & CTO @DBI AG / berta & rudi, Böblingen, Deutschland

Zusammenfassung
Der Beitrag adressiert die Grenzen einer klassischen, sequenziellen Energiekonzeptionierung unter steigender technischer und regulatorischer Komplexität, volatilen Preis- und CO_2-Pfaden sowie knappen Planungskapazitäten. Vorgeschlagen wird eine dialogorientierte Vorgehensweise, beispielhaft beschrieben durch den Einsatz der Software „berta & rudi“: berta erzeugt aus wenigen Eingaben stundenfeine Bedarfsprofile (KI, trainiert auf Daten aus ca. 2,5 Mio. Gebäuden), rudi optimiert darauf aufbauend das Energiesystem in Varianten unter frei wählbaren Zielen (Investitionskosten, Gesamtkosten, CO_2) und einstellbaren Restriktionen. Die Berechnungen werden in Workshops live ausgeführt, sodass Referenz und kontrastierende Alternativen unmittelbar verglichen, Sensitivitäten (z. B. Preisbänder, Technologiesperren) geprüft, Break-even-Punkte sichtbar und Entscheidungen belastbar vorbereitet werden. Statt statischer Berichte entsteht ein fortschreibbares, transparentes Modell. Dabei verändern sich Rollen und Verantwortlichkeiten in der Planung, während Iterationszeiten sinken, Annahmen offengelegt und Akzeptanz sowie Entscheidungsqualität steigen.

1. Einführung

Die Energiewende erfordert neue Methoden in der Planung und Umsetzung technischer Anlagen und Energiesysteme. Klassische Planungsprozesse sind zu langsam, zu aufwändig und zu fehleranfällig, woraus sich hohe Folgekosten ableiten. Gleichzeitig verschärfen Fachkräftemangel, zunehmende Komplexität und politische Rahmenbedingungen die Situation. Exemplarisch anhand der Software „berta & rudi“ wird im Folgenden eine dialogorientierte Arbeitsweise für frühe Energiekonzepte vorgestellt und in der Realität steigender Komplexität, knapper Ressourcen und volatiler Rahmenbedingungen verankert.

Entscheidungen sollen nicht mehr in langen Backoffice-Schleifen, sondern im gemeinsamen Termin entstehen: Aus wenigen Parametern werden stundengenau aufgelöste Lastgänge abgeleitet, Versorgungskonzepte automatisch erstellt, Wirtschaftlichkeit und Nachhaltigkeit live gegenübergestellt und auf Rückfragen hin sofort angepasst. Das Ergebnis ist kein statisches PDF, sondern ein fortschreibbares Modell, das im Projektverlauf mitwächst.

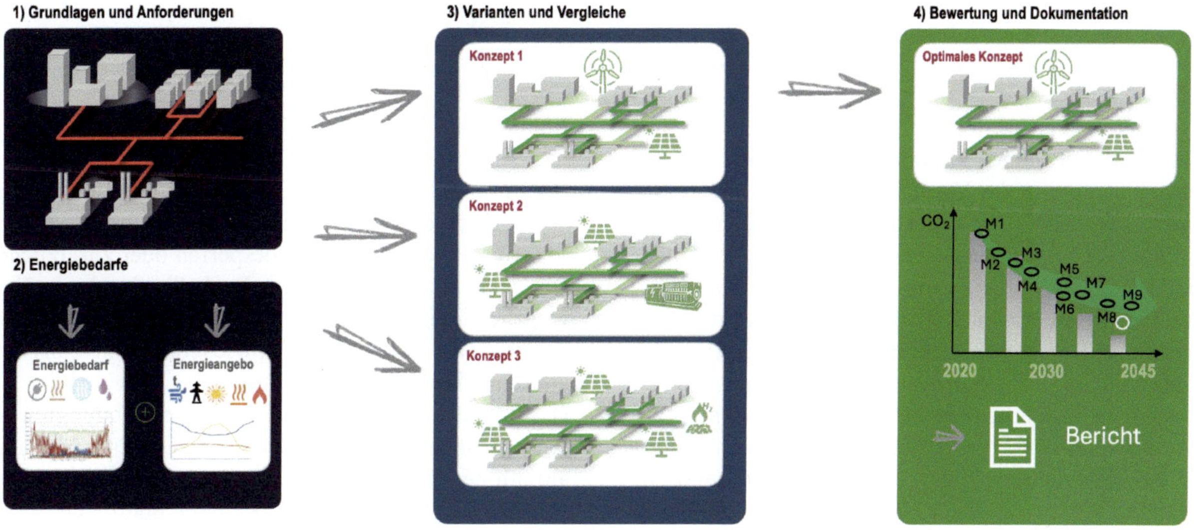

Abbildung 1: 4 Schritte in der Energiekonzeptionierung

2. Schritte einer Energiekonzeptionierung

Üblicherweise lassen sich vier Schritte bei der Energiekonzeptionierung unterscheiden, die teilweise iterativ ablaufen.

2.1 Grundlagen und Anforderungen

Standort, Nutzung und Gebäudeparameter werden erfasst; vorhandene Mess- oder Abrechnungsdaten fließen ein. Gleichzeitig werden Anforderungen erfasst, bspw. hinsichtlich Kostenerwartung, Wirtschaftlichkeit, Autarkie und Nachhaltigkeit.

2.2 Energiebedarfe und -angebot

Aus den Nutzungs- und Gebäudeparametern sowie Standort werden Energiebedarfe abgeleitet, bspw. für Strom, Raumwärme oder Trinkwarmwasser. Üblich sind entweder grobe Schätzungen oder aufwändige Simulationen. Beide Ansätze sind in Zeiten hoher Komplexität bzw. Dynamik (bspw. volatile Energien, schwankende Energiepreise, Speicher) bei gleichzeitig hohem zeitlichem und finanziellem Druck mit erheblichen Nachteilen verbunden. Den Schätzungen fehlt es an Präzision und Auflösung. Simulationen sind hingegen sehr aufwändig. Häufig stimmt das Nutzen/Aufwand-Verhältnis nicht.

2.3 Varianten

Auf Basis der Energiebedarfe werden Versorgungskonzepte erstellt und dimensioniert, bspw. Kombinationen aus Wärmepumpe, Geothermie, PV, Speicher, Kessel oder BHKW. Jede Variante muss hinsichtlich Technik, Wirtschaftlichkeit und Nachhaltigkeit bewertet werden. Die Berechnungen sind in der Regel aufwändig, nicht unbedingt bei einmaliger Berechnung, aber bei Änderungen oder wenn besonders viele Varianten zu betrachten sind.

2.4 Bewertung und Dokumentation

Die Varianten werden über den Lebenszyklus (Investition, Betrieb, Re-Invest, Restwerte) gegenübergestellt; Break-even-Punkte zwischen Varianten werden sichtbar. Die Vorzugsvariante wird dann in der Regel weiter ausgearbeitet. Preis- und CO_2-Szenarien sind hierbei wesentlicher Bestandteil. So werden robuste Lösungen von empfindlichen unterschieden und Entscheidungen begründet vorbereitet.

3. Herausforderungen und klassischer Ablauf

Energiekonzepte in der Vorplanung (HOAI Leistungsphase 2) stehen unter den folgenden gleichzeitigen Zwängen: wachsende technische und regulatorische Komplexität, unsichere Energie- und CO_2-Preispfade, hohe Erwartungen an Nachhaltigkeit sowie begrenzte Planungskapazitäten bzw. Fachkräftemangel. Traditionelle Abläufe sind sequenziell, iterativ und dokumentenlastig. Sie erzeugen Zeitverluste und Ergebnisse, die zum Zeitpunkt der Übergabe korrekt, kurz darauf jedoch veraltet sind. Nötig ist daher weniger „mehr Rechnen", sondern eine andere Arbeitsweise, die Geschwindigkeit, Transparenz und Steuerbarkeit systematisch verbindet.

Der klassische Ablauf folgt einer Kette von Anforderungsaufnahme, Datenaufbereitung, Berechnung in Varianten, Präsentation und anschließender Korrekturschleifen, oft viele. Im ersten Termin werden Ziele und Daten zusammengetragen; darauf folgt eine ein- bis zweiwöchige Phase der Aufbereitung, in der Lastgänge aus den vorhandenen meist dürftigen Quellen abgeleitet und Annahmen getroffen werden.

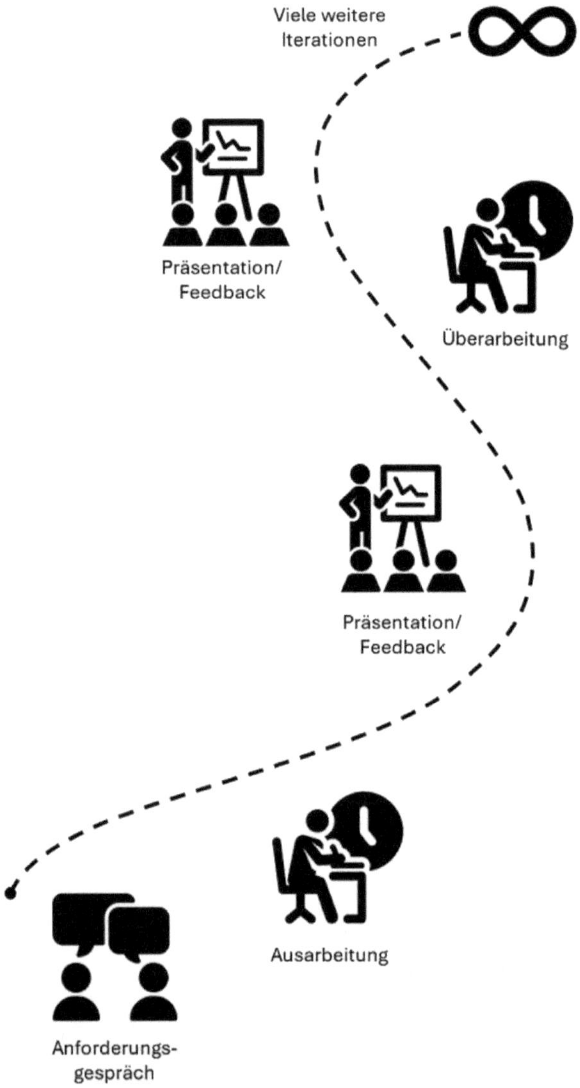

Abbildung 2: klassischer Ablauf

Die anschließende Vorstellung erster Varianten bringt neue Fragen und Erkenntnisse ans Licht, bspw. zu Preisen, CO_2-Pfaden, Technologiesperren oder zusätzlichen Optionen. Es geht zurück ins Backoffice, mehrere Tage vergehen, die Ergebnisse werden angepasst, ein weiterer Termin folgt. Diese Schleifen wiederholen sich, bis eine konsensfähige Variante vorliegt.

Das Resultat dieser Sequenz ist meist ein umfangreicher Bericht als PowerPoint, Word oder PDF. Eine Momentaufnahme, die rasch altert. Zwischenzeitliche Preisbewegungen, geänderte Förderkulissen oder neue Stakeholder-Vorgaben machen die Fortschreibung ohne das ursprüngliche Projektteam aufwendig. Die Nebenwirkungen sind Medienbrüche und Wartezeiten, vermeidbare Kosten in Planung, Einkauf und Betrieb durch späte Korrekturen sowie begrenzte Akzeptanz: Viele Beteiligte sehen Ergebnisse, aber nicht deren Entstehung. Sie können aus den Ergebnissen nicht ableiten, warum bestimmte Entscheidungen getroffen wurden.

4. Grenzen von KI in der Energiekonzeptionierung

Bei „KI" denkt man als erstes an die großen Sprachmodelle wie GPT, Gemini, Claude und Mistral. Der Oberbegriff KI umfasst jedoch ein umfangreiches Spektrum weiterer Ansätze und Verfahren. Es soll nicht Gegenstand des Beitrags sein, stärker darauf einzugehen. Wichtig ist jedoch, dass alle Ansätze in der Regel ähnliche Stärken und Schwächen aufweisen, natürlich in unterschiedlicher Ausprägung. In jedem Fall sollten dem Einsatz von KI im Rahmen der Energiekonzeptionierung einige grundlegende Überlegungen vorausgehen.

Aus didaktischer Sicht erscheint es dennoch sinnvoll, sich die Stärken und Schwächen anhand grundlegender Erfahrungen, die die meisten im Umgang mit großen Sprachemodellen gemacht haben, auf die Domäne der Energiekonzeptionierung zu übertragen. Es empfiehlt sich sogar, selbst den Versuch zu wagen, mit einem großem Sprachmodell ein Energiekonzept zu erstellen. So liefern diese Modelle in der frühen Energiekonzeption zwar erstaunlich schnell plausible Lösungen. Die Ergebnisse sind aber bei näherer Prüfung oft nicht belastbar. Sobald man Details nachfragt, Annahmen ändert oder stundenfeine Lastgänge sehen will, treten fachliche Schwächen zutage. Kernproblem ist die fehlende Präzision und Erklärbarkeit. Ingenieur:innen benötigen erklärbare, simulationsnahe, zeitlich hochaufgelöste Ergebnisse, bspw. konkrete Stundenprofile für Strom, Raumwärme und Trinkwarmwasser mit Bezug zum konkreten Projekt. LLMs erzeugen dagegen statistische Annäherungen, die zwar in unterschiedlichsten Auflösungen ausgegeben werden können, bspw. jährlich, monatlich, täglich oder sogar stündlich, aber bezogen auf ein Projekt nicht konsistent sind.

Sie zeigen zudem ein systemimmanenten Black-Box-Verhalten: Wie ein Ergebnis zustande kam, ist nicht transparent; nachträgliche „Erklärungen" sind nicht der tatsächliche Rechenweg, sondern lediglich wahrscheinlich klingende Begründungen. In der Praxis erschwert das jede Nachvollziehbarkeit und Qualitätssicherung.

Hinzu kommt die schwache Extrapolation. Energiekonzepte müssen mit unsicheren Zukunftsgrößen umgehen (z. B. CO_2-Bepreisung, volatile Energiepreise). Gerade dort, wo sich Randbedingungen außerhalb bekannter Daten bewegen, werden LLM-Aussagen unzuverlässig. Das trifft Entscheidungen unter neuen Randbedingungen oder unsicheren Bereichen, die durch Szenarien abgesichert werden müssten, besonders hart.

Auch das Arbeitsformat „Chat" ist ungünstig für ingenieurmäßiges Arbeiten: Lange Verläufe, verstreute Annahmen und fehlende Referenzen erschweren Versionierung und konsistente Anpassungen. Wenn man das Modell anweist, einzelne Parameter zu ändern, bleibt unklar, ob diese Änderung in allen Ableitungen konsistent übernommen wurde. Steuerbarkeit und Reproduzierbarkeit bleiben damit fraglich.

Was Ingenieur:innen dagegen brauchen, ist eine Kombination aus Präzision (zeitaufgelöste Lastgänge), Transparenz (sichtbare Annahmen und Rechenwege), Steuerbarkeit (zielgerichtete Parametrik) und Geschwindigkeit. LLMs leisten hiervon vor allem Geschwindigkeit und Bedienfreundlichkeit, scheitern aber an Präzision, Erklärbarkeit und reproduzierbarer Konsistenz.

5. Potenziale durch spezialisierte KI und Algorithmen

Der sinnvolle Einsatz von KI liegt daher weniger im „Alleskönner-Chat", sondern in eng gefassten, kontrollierbaren Machine Learning-Bausteinen: etwa bei Lastgang-Prognosen oder der Formalisierung von Best-Practices zu regelbasierten, nachvollziehbaren Algorithmen. So lassen sich Varianten automatisiert und transparent durchrechnen, während die fachliche Bewertung, inkl. Plausibili-

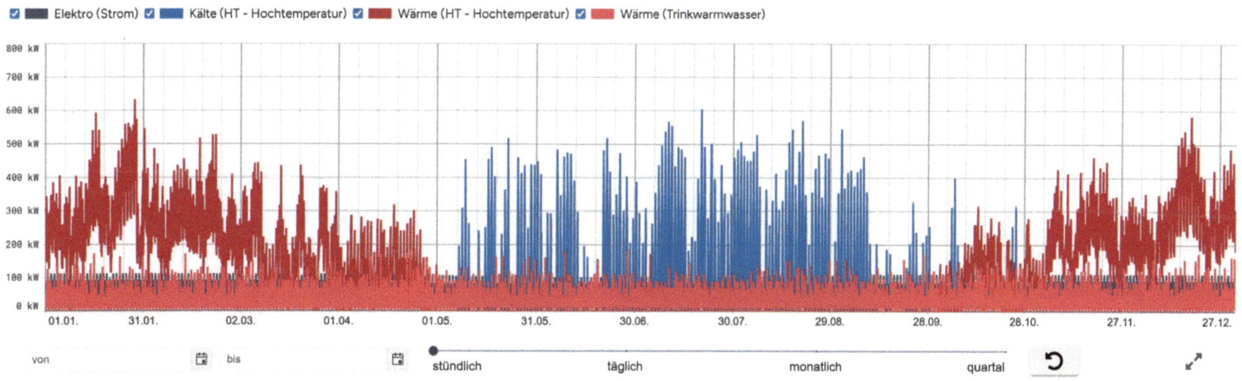

Abbildung 3: stundengenaues Lastprofil

sierung, Randbedingungen und Betriebskonzept, bei den Expert:innen bleibt. Wie das möglich ist, soll exemplarisch anhand der Software „berta & rudi" erläutert werden. Entscheidend für den Beitrag ist jedoch weniger die konkrete Anwendung, sondern wie sich der Einsatz solcher Werkzeuge auf den Planungsprozess auswirken, was in dem darauffolgenden Abschnitt erläutert wird.

5.1 Bedarfsprognose

berta ist ein auf umfangreichen Mess- und Simulationsdaten aus ca. 2,5 Mio. Gebäuden trainiertes KI-Modell und erzeugt stundengenau aufgelöste Bedarfsprofile aus wenigen Eingangsgrößen wie Gebäudemerkmale, Nutzung und Standort. Die Datenbasis ist schlank, plausibel und erweiterbar, um früh arbeitsfähig zu sein und später präziser zu werden. Dadurch sinkt die Einstiegshürde, gerade in frühen Phasen oder im Bestand mit lückenhaften Daten.

Liegen Daten vor, bspw. ein Gasjahresverbrauch aus dem Bestand, kann dieser in einen plausiblen Lastgang überführt und später verfeinert werden. Der Effekt ist methodisch bedeutsam: frühe Aussagen bei niedriger Einstiegshürde.

Die im vorherigen Abschnitt kritisierten Schwächen treten grundsätzlich auch in diesem Anwendungsfall zutage, auch wenn die Modelle deutlich kleiner und weniger komplex sind. Möglich wird dies durch die Qualitätssicherung von Trainingsdaten. Im Gegensatz zu den großen Sprachmodellen, deren Trainingsdaten häufig in Gänze ein unkontrollierbares Ausmaß aufweisen, sind die Trainingsdaten des spezialisierten Anwendungsfalls Energiebedarfsprognose häufig gut vergleichbar und operationalisierbar.

5.2 Energiesystemauswahl und -dimensionierung

rudi ist ein mathematisches Optimierungsverfahren mit lediglich geringem Machine Learning-Anteil, welches aus den Bedarfen Vorschläge für konkrete Versorgungslösungen erstellt, sowohl bestehend aus Energiesystemen, bspw. Wärmepumpen, BHKWs, PV Anlagen etc., als auch Netze, wenn erforderlich. Das inkludiert insbesondere die Auswahl und Dimensionierung aller wesentlicher Komponenten innerhalb vorgegebener Ziele und Restriktionen. Das Optimierungsziel ist wählbar (Investitionskosten, Gesamtkosten/Annuität, CO_2). Harte Randbedingungen wie Technologiesperren, Flächen- oder Genehmigungsrestriktionen wirken in die Technologieauswahl und Dimensionierung hinein. Eigene, manuell konfigurierte Varianten sind darüber hinaus jederzeit möglich.

Der Vorteil des Verfahrens gegenüber KI ist, dass exakte Ergebnisse gewährleistet werden können, welche reproduzierbar und nachvollziehbar sind; Annahmen, Kennwerte und Randbedingungen sind sichtbar und änderbar. Der Nachteil ist die etwas höhere Rechenzeit, welche sich jedoch in der Regel auf wenige Minuten beschränkt.

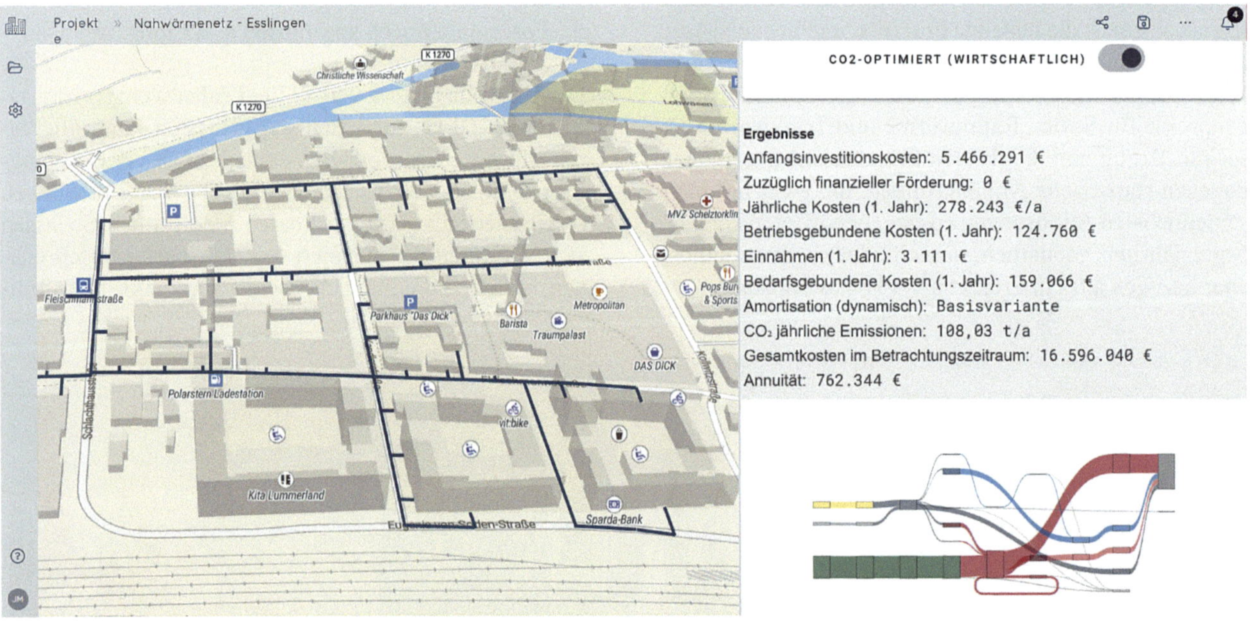

Abbildung 4: Variante für ein Nahwärmenetz mit zugehöriger Energiezentrale

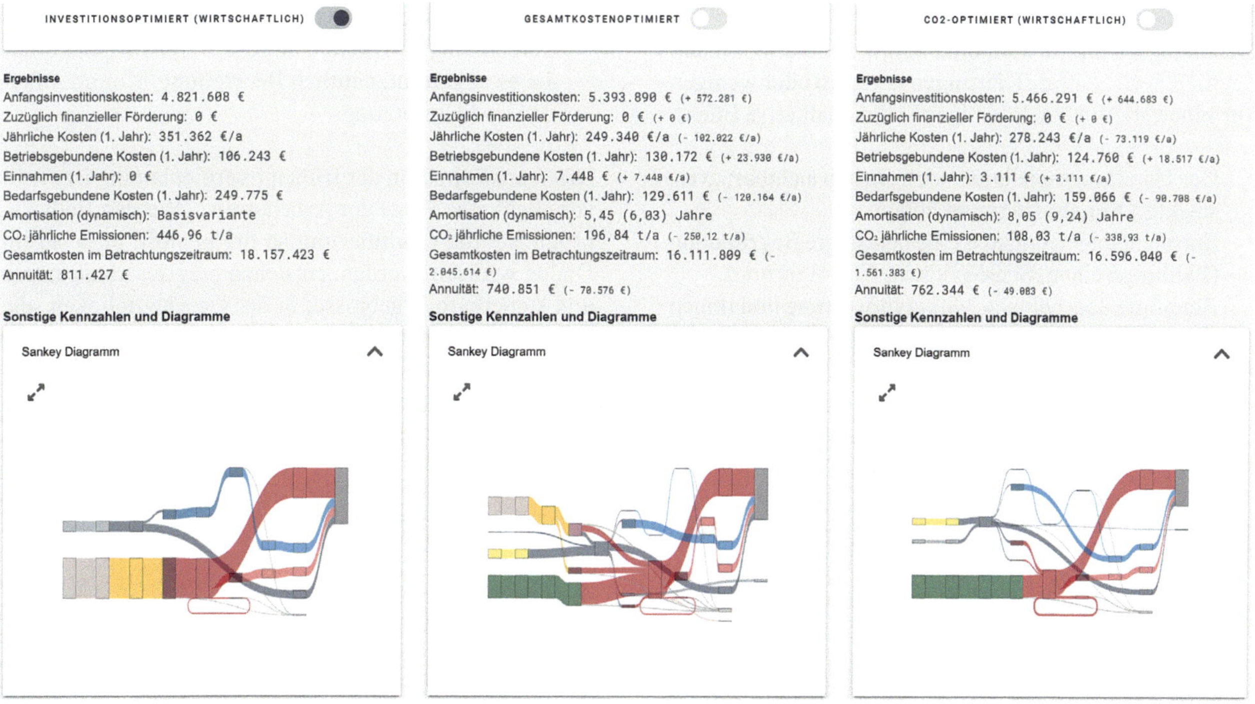

Abbildung 5: Vergleich alternativer Energiezentralen

5.3 Harmonisierung von Erkenntnisgewinn und Entscheidung

Da damit der aufwändige Teil, die Berechnungen, auf wenige Minuten reduziert werden kann, ist der Iterationsrhythmus nun schlicht: Referenz festlegen, zwei bis drei kontrastierende Alternativen bilden, gezielte Fragen abarbeiten („ohne Geothermie", „mit PV", „mehr Autarkie"), Varianten verfeinern, neue Varianten erkunden, Break-even identifizieren, Entscheidung herbeiführen.

6. Planung als Dialog

Die alternative Logik organisiert Planen nun als Dialog. Das Besondere ist, dass Annahmen, Daten und Varianten gemeinsam aufgebaut, berechnet und transparent beurteilt werden. Iterationen passieren dort, wo Fragen entstehen, und zwar im Workshop mit Bauherrschaft und Projektbeteiligten. Das verschiebt den Erkenntnisgewinn aus dem Backoffice in den Raum, in dem entschieden wird, und reduziert Durchlaufzeiten spürbar. Die Vorgehensweise ist skalierbar: Sie funktioniert für Einzelgebäude ebenso wie für Liegenschaften und Quartiere, weil die methodische Struktur gleichbleibt, während der Umfang wächst.

6.1 Rollen der Projektbeteiligten

Die Fachplanung behält die Verantwortung für Plausibilität, Realisierbarkeit und die Übersetzung von Optimierungsergebnissen in umsetzbare Lösungen. Algorithmen liefern Geschwindigkeit, Konsistenz und Variantenbreite, ersetzen jedoch kein Ingenieururteil. Die Arbeitszeit wird reduziert, aber der Druck wächst, da die Varianten fachlich sofort eingeschätzt werden müssen. KI und Algorithmen machen daher, wie so oft, aus schlechten Planern keine guten, sondern aus guten Planern schnellere. Die Auftraggeber- und Betreiberseite wechselt vom Abnehmer zum Mitgestaltenden: Beschaffungspreise, Bauphasen, Genehmigungsgrenzen und strategische Ziele fließen ein, ihre Wirkung wird unmittelbar sichtbar. Diese Beteiligung erzeugt Verbindlichkeit und erleichtert interne Freigaben, weil die Entscheidungslogik geteilt ist.

6.2 Kommunikation

Das Energiekonzept wird zum Kommunikationswerkzeug. An die Stelle statischer Berichte tritt ein lebendiges Modell, das den Dialog strukturiert: Varianten lassen sich erklären, ändern und wieder vergleichen; Ursache-Wirkung wird unmittelbar erlebbar (veränderte Preise verschieben Zahlungsreihen, Technologiesperren verändern Leistungen und Speicherkapazitäten). Die Sichtbarkeit der Annahmen und ihrer Effekte fördert Vertrauen, reduziert Missverständnisse und beschleunigt Abstimmungen.

6.3 Sicherstellung der Qualität

Schnelligkeit verlangt Sorgfalt. Kernpraktiken, um in diesem Umfeld die Qualität zu wahren, sind eine robuste, aber schlanke und transparente Datengrundlage, schnelle Plausibilisierungs-möglichkeiten, konsistente Auswertungsraster über alle Varianten und dokumentierte Änderungen. Einfache Leitlinien sichern die Auditierbarkeit: keine stillen Annahmen, identische Sichten für Vergleiche, Abweichungen benennen, Grenzfälle markieren.

7. Fazit

Die dialogorientierte Methodik verkürzt Iterationszeiten deutlich, weil zentrale Klärungen in einem oder wenigen Terminen stattfinden. Wichtiger ist der qualitative Effekt:

- Der Handlungsspielraum wird ehrlich sichtbar; „versteckte" Annahmen treten zutage.
- Entscheidungen erhalten eine belastbare Begründung (Zahlungsreihen, Sensitivitäten, CO_2-Wirkung).
- Beteiligte übernehmen Mitverantwortung und tragen die Lösung in ihre Organisationen.
- Statt eines Enddokuments entsteht ein anpassbares Modell, das bei neuen Preisen, Förderbedingungen oder Bauphasen ohne Neustart aktualisiert werden kann.
- Knappe fachliche Kapazitäten werden von repetitiven Berechnungstätigkeiten auf die Bereiche gelegt, auf die es ankommt, nämlich Beurteilung, Kommunikation und Umsetzung.

Die Transformation der frühen Energieplanung ist somit vor allem eine Frage der Arbeitsweise. Werden Bedarfsprognose und Optimierung so organisiert, dass sie im Dialog wirksam werden, entstehen präzise, transparente und steuerbare Ergebnisse, in der Geschwindigkeit, die komplexe Projekte heute verlangen. Aus vielen Schleifen wird ein konzentrierter Austausch und aus einer Momentaufnahme ein entscheidungsfähiges, lebendiges, fortschreibbares Energiemodell.

Anhang

Autorenverzeichnis